改訂新版 今すぐ使える

2D CAD 3D CAD 3Dプリンタ

設計技術者必携BOOK

編著：西原 一嘉
著：西原 小百合
森　幸治
新関 雅俊
鄭　聖熹
添田 晴生
吉田 晴行

電気書院

執筆分担

1編　AutoCAD・・・　西原 一嘉、西原 小百合、添田 晴生

2編　SolidWorks・・・鄭　聖熹、新関 雅俊、吉田 晴行

3編　3D プリンタ・・・西原一嘉、森 幸治

まえがき

技術立国を誇る我が国の企業においては、３次元 CAD（3D CAD）は、今や設計の不可欠なツールになっており、設計技術者にとって必須のスキルである。さらに、３次元プリンタ（3D プリンタ）の普及により、従来では不可能であった複雑形状を有する製品の加工が可能になり、誰でもがいわゆるメーカーズ（製造者）になれる時代が到来している。

3D プリンタは 3D データから直接製品を積層造形するというアイデアに基づいている。3D データを得るには 3D CAD、3D CG、3D スキャナ等いくつもの方法があるが、設計技術者の育成という観点に立てば、2D CAD の基礎の上に 3D CAD による 3D データの作成がベストな選択であると考えられる。

本書は、企業や各分野の研究者、学生が 2D CAD、3D CAD および 3D プリンタを容易にかつ短期間で使えるように要点を要領よくまとめたものである。

第１編に 2D CAD の代表である AUTOCAD を、第２編にミッドレンジ 3D CAD の代表である SolidWorks を、第３編では 3D プリンタについての概説を行った。

各章の要点は以下の通りである。第１編では、2D CAD の単なる操作ではなく、空間認識力の向上と図学・製図知識の修得を図るため、CAD の操作法、投影法の原理、断面図の描き方、ねじ・歯車の描き方等の課題を設けた。また CAD 操作を（１）作図の基点の正面図と平面図を与える、（２）作図の基礎となる縦、横の補助線を追加、（３）補助線をなぞって外形図を作図、（４）外形図をもとに寸法を記入、という４つの手順に分けて説明した。今すぐ理解し、今すぐ使いたい人のために超入門の課題を設けた。第２編では、3D CAD の起動方法、パーツ（部品図）の作成方法、アセンブリ（組立図）の作成方法、ドラフティング（３面図）の作成方法について、作図手順をステップに分けて、丁寧な説明を行った。また今すぐ使いたい人のために、超入門の課題を設けた。第３編では、設計技術者が今後必ず身につけてほしい 3D プリンタの原理と種類、3D プリンタ用ファイルへの変換の方法、3D プリンタによる造形の実際について説明を行った。

本書によって 2D CAD、3D CAD、3D プリンタを自由に使える設計技術者が多数生まれることを期待する。本書出版にあたり、多大なご配慮をいただいた㈱電気書院の近藤知之氏に厚く謝意を表する。

令和元年９月　編著者記す

◆◇ 目　次 ◇◆

第2編 SolidWorks

第１編　Auto CAD

第1章 Auto CADの要点

本章ではAUTODESK社製Auto CAD2020（2024もほとんど同じ）を用いた2次元CADの要点を説明する。

1. Auto CAD 2020の起動

［すべてのプログラム］→［AUTODESK］→［Auto CAD 2020-Japanese］
→［Auto CAD 2020-Japanese］

または  アイコンをダブルクリック

2. Auto CAD 2020のウィンドウ

図1.1.1にAuto CAD 2020を起動した後のウィンドウと操作部分の名称を、図1.1.2～図1.1.13に各操作部の詳細を示す。図1.1.1において、作図ウィンドウは図形を作成する領域である。作図は、コマンドラインの指示を通じて、［作成］パネル、［修正］パネル等の各パネル内のコマンドをマウス操作することにより行われる。

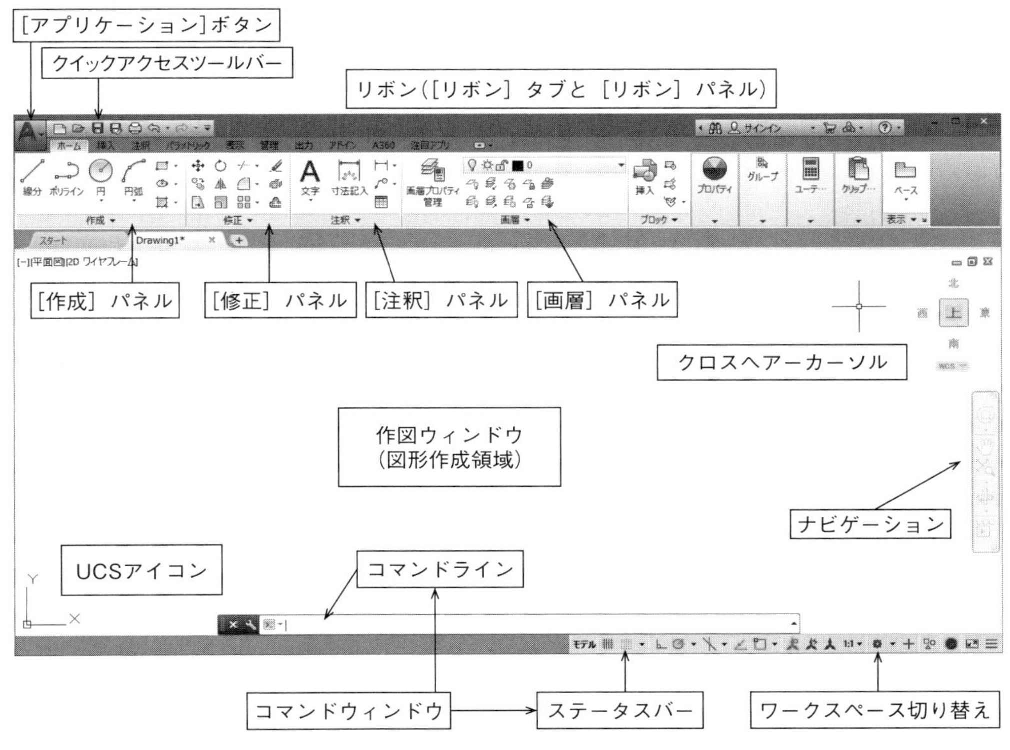

図 1.1.1　Auto CAD のウィンドウ

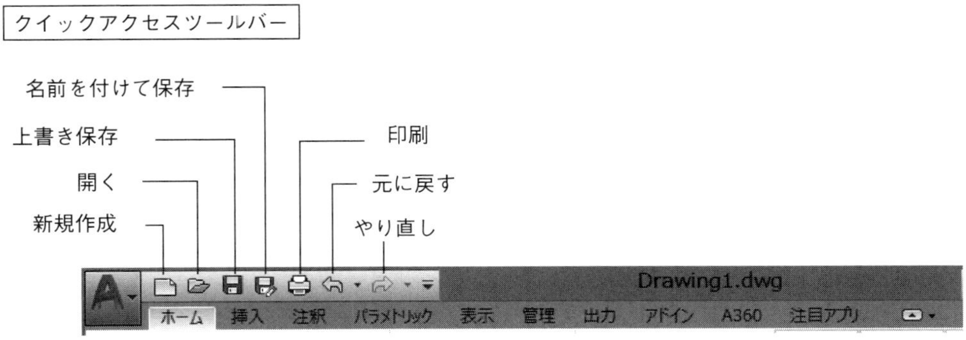

クイックアクセスツールバー

名前を付けて保存

上書き保存

開く

新規作成

印刷

元に戻す

やり直し

Drawing1.dwg

ホーム　挿入　注釈　パラメトリック　表示　管理　出力　アドイン　A360　注目アプリ

図 1.1.2　クイックアクセスツールバー

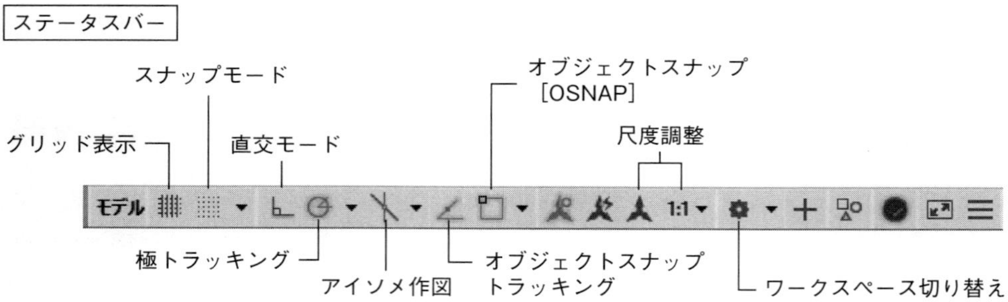

ステータスバー

スナップモード
オブジェクトスナップ
［OSNAP］
グリッド表示
直交モード
尺度調整
モデル
1:1
極トラッキング
アイソメ作図
オブジェクトスナップ
トラッキング
ワークスペース切り替え

図 1.1.3　ステータスバーとワークスペース切り替え

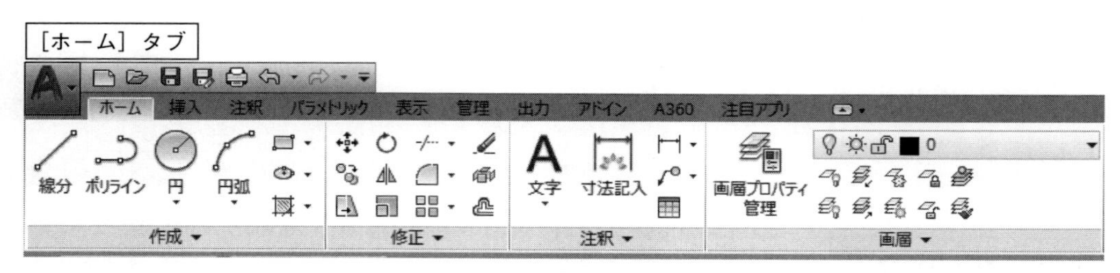

図 1.1.4　［ホーム］タブ

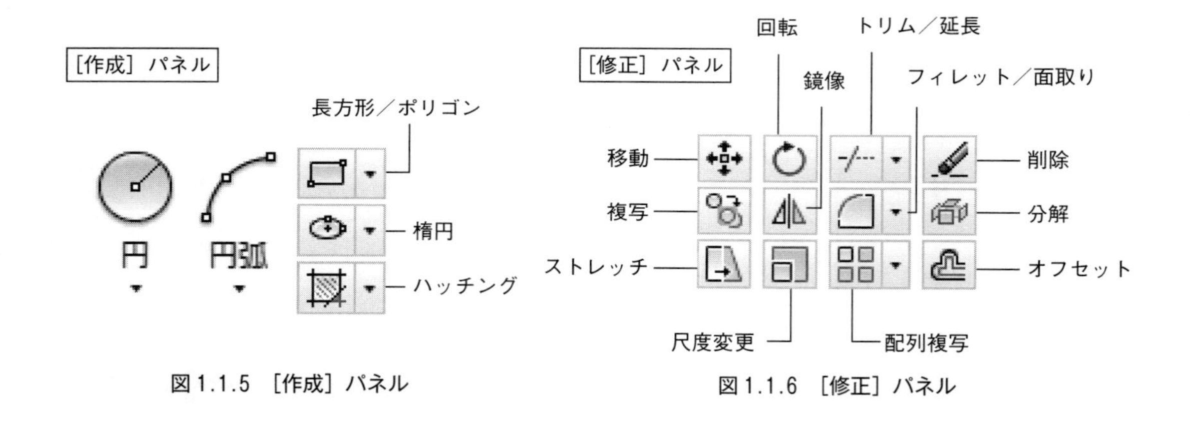

図 1.1.5　［作成］パネル

図 1.1.6　［修正］パネル

［作成］パネルプルダウン

スプラインフィット

スプライン制御点

構築線

放射線

複数点

ディバイダ

計測

作成

図 1.1.7 ［作成］パネルプルダウン

［修正］パネルプルダウン

ハッチング編集

修正

位置合わせ

部分削除

点で部分削除

結合

反転

図 1.1.8 ［修正］パネルプルダウン

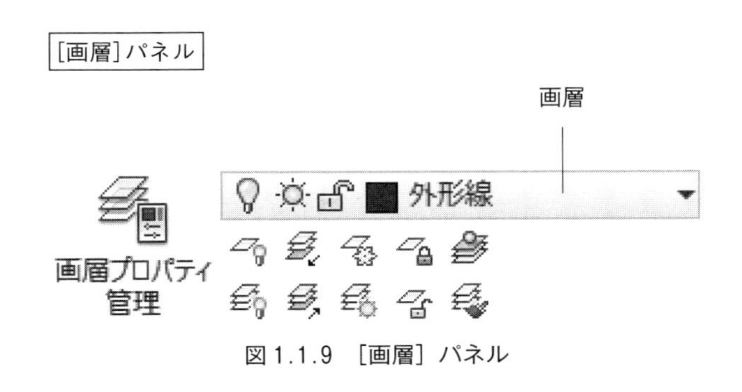

図 1.1.9 ［画層］パネル

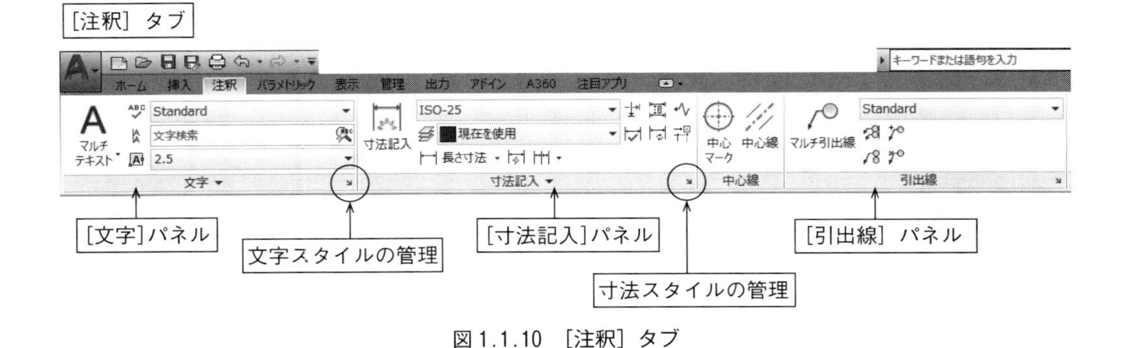

図 1.1.10 ［注釈］タブ

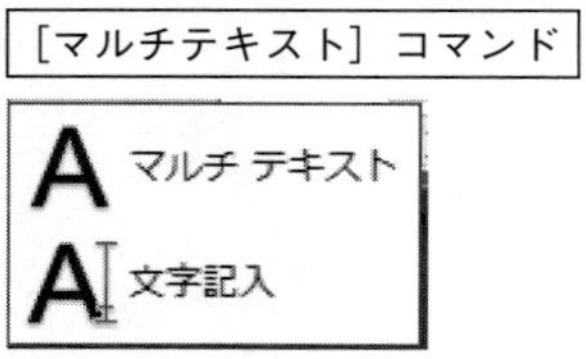

［マルチテキスト］コマンド

A マルチ テキスト

A 文字記入

図 1.1.11 ［マルチテキスト］コマンド

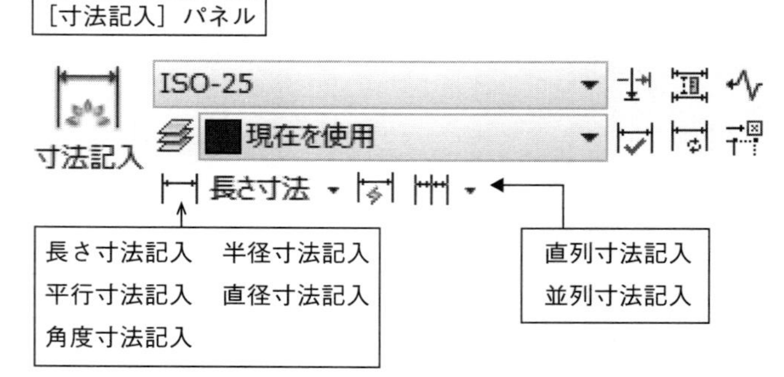

図 1.1.12 ［寸法記入］パネル

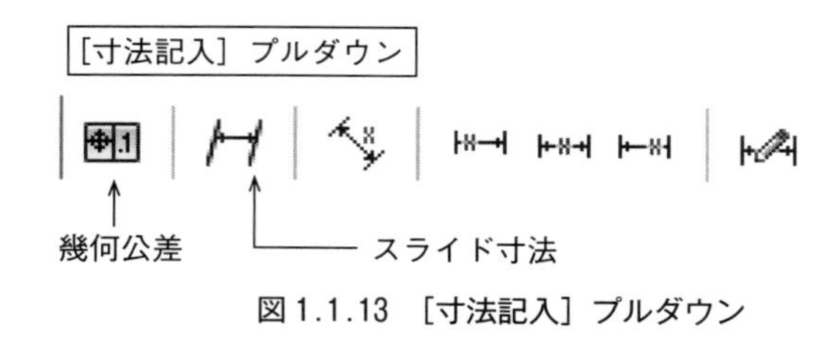

図 1.1.13 ［寸法記入］プルダウン

以下に各操作部の概要を記す。

①ワークスペース（図 1.1.1、図 1.1.3）

ワークスペースとは作業内容に応じた作図環境で、その環境に関連する作業を実行するために必要なツールとインターフェース要素のみが表示される。Auto CAD には図 1.1.3 に示すワークスペース切換設定がある。本章で扱う Auto CAD 2020 は［製図と注釈］ワークスペースに基づいている。

②アプリケーションボタン

［アプリケーション］ボタン（図 1.1.1）をクリックするとアプリケーションメニューが開く。アプリケーションメニューには、ファイル操作などの基本的な操作に関連する項目が配置されている。アプリケーションメニューの右下部には［オプション］ダイアログボックスを表示するためのボタンや、Auto CAD を終了するためのボタンがある。

③クイックアクセスツールバー（図 1.1.2）

クイックアクセスツールバーには、［クイック新規作成］［開く］［上書き保存］［名前をつけて保存］［印刷］［元に戻す］［やり直し］の７つのコマンドが用意されている。［元に戻す］ボタン右側の▼ボタンを押すと、コマンドリストの履歴が表示されるほか、ツールバーの右クリックで表示されるメニューから、クイックアクセスツールバーのカスタマイズが行える。また、この右下側にある▼ボタンをクリックすると、表示されるメニューからクイックアクセスツールバーへの［コマンドの追加／削除］が可能である。

④リボン（図 1.1.1）

リボンは［リボン］タブと［リボン］パネルで構成されている。［リボン］タブには［ホーム］［挿入］［注釈］［パラメトリック］［表示］［管理］［出力］［アドイン］［A360］［注目アプリ］の 10 つのタブがあり、各タブは目的の操作に応じたリボンパネルで構成されている。パネルには目的に応じたコマンドが割り付けられており、カスタマイズも可能である。

パネルタイトルに▼ボタンが表示されているときは、パネルの展開が可能である。パネルを展開するとコマンドのアイコンがさらに表示され、ピンのマークのボタンをクリックすると展開部分が固定される。パネルタイトル右端にある右下向き矢印ボタンをクリックすると、関連するダイアログボックスやパレットが表示される。

◎［ホーム］タブ（図 1.1.4）：［作成］パネル（図 1.1.5、図 1.1.7）、［修正］パネル（図 1.1.6、図 1.1.8）、［画層］パネル（図 1.1.9）等がある。▼ボタンにより、［作成］パネルを展開すると、［円］、［円弧］、［長方形／ポリゴン］、［楕円］、［ハッチング／グラデーション］のコマンドのアイコンが表示され（図 1.1.5）、［修正］パネルを展開すると［移動］、［回転］、［複写］、［トリム／延長］、［鏡像］、［削除］等のコマンドのアイコンが表示される（図 1.1.6）。さらにプルダウンすることにより、［スプライン］、［点］、［デバイザー］（図 1.1.7）、［ハッチング］、［部分削除］（図 1.1.8）等のコマンドのアイコンが次々に表示される。

◎［注釈］タブ（図 1.1.10）：［文字］パネル、［寸法記入］パネル、［引出線］パネル等がある。▼ボタンにより、［マルチテキスト］コマンド（図 1.1.11）、［長さ寸法］、［平行寸法］、［角度寸法］、［半径寸法］、［直径寸法］、［直列寸法記入／並列寸法記入］コマンド（図 1.1.12）、［マルチ引出線］コマンド（図 1.1.10）等のアイコンが表示される。さらに各パネルの右下向き矢印ボタンをクリックすると、関連する

［文字スタイル管理］、［寸法スタイル管理］、［マルチ引出線スタイル管理］のダイアログボックスが表示される。

⑤コマンドウィンドウ（図1.1.1）

コマンドウィンドウの上部には、直前に実行したコマンドの履歴が表示され、コマンドウィンドウの一番下に表示されるコマンドラインには、次に何をすればよいかが表示される。またコマンドラインには、座標値や距離、実行するコマンドをキーボードから入力できる。

⑥ステータスバー（図1.1.3）

ステータスバーには、画面表示や縮尺に関するボタンなどがある。各ツールボタンを右クリックすると、そのツールに固有のオプションが表示される。オブジェクトスナップの設定変更、極スナップの増分設定も右クリックメニューから選択できる。

3. 作図の準備（各種設定）

3.1 インテリマウスとキーボードの使い方

◎インテリマウス

① 左ボタン：通常のクリック時に使う。

② 右ボタン：［線分］コマンドを終了するときに、［Enter］キーや［スペース］キーを押す代わりに、右クリックして［Enter］を選択して終了できる。スティタスバーの［OSNAP］ボタンを右クリックすると［設定］を選択できる。作図中の線分、寸法等をクリックした後、右クリックすると［ショートカットメニュー］が開く。その中の［オブジェクトプロパティ管理］をクリックすると、［オブジェクトプロパティ］ウィンドウが開く。そこで、破線の場合は線種尺度を1から0.5にすると、破線の表示を細かくできる。また寸法の場合は、精度を変えたり、寸法許容差を表示することができる。

③ ホイール：ホイールを回すと、［リアルタイムズーム］として拡大・縮小が可能であり、ホイールを押したままマウスを移動すると、［リアルタイム画面移動］として画面移動ができる。ホイールを押すとマークが表示されて、ドラッグした方向と距離によって自動的に移動方向と移動スピードが決まる。また、ホイールをダブルクリックすると［オブジェクト範囲ズーム］になる。作図している位置からツールバーボタンの位置へカーソルを動かして、目的のボタンを探してクリック、画面操作をしてクリック・・・という一連の操作がホイールを使うことで省略できる。

◎キーボード

① Esc：コマンドの中止

② Enter：図面の入力と終了

③再作図：コマンドラインに「re」と入力すると、円が滑らかに表示される。

3.2 モデル空間での作図設定（図 1.1.1 の［アプリケーション］ボタンをクリック）

Auto CAD では、図面の作成を、モデル空間（［モデル］タブ）を使用して行う。これに対してペーパー空間あるいはレイアウト空間（［レイアウト］タブ）は印刷のために考えられたものである。1つの図面に対してモデル空間は1つしか作れないが（尺度1：1）、レイアウトはいくつでも作ることができ、初期設定でも2つ用意されている（例えば尺度2：1でも5：1でも印刷される）。

［モデル］タブの背景色は初期設定では「black」（黒）に設定されている。（逆に［レイアウト］タブの背景色は通常「white」（白）に設定されている。

◎モデル空間の背景の色を変更したいとき
［アプリケーション］ボタン（図 1.1.1）→［オプション］→［オプション］ダイアログボックス→［表示タブ］→［ウィンドウの要素］→［色ボタン］→［作図ウィンドウの色］ダイアログボックスで変更することができる。

3.3 文字スタイルの設定

新規図面を作成したときに設定されているフォントは「txt. shx」だけであるが、漢字やひらがなを表示できるように、日本語フォントである「romans. shx」と「extfont. shx」を追加する。ビッグフォントは、日本語を表示するための拡張フォントで、JIS 第一水準の漢字を含む「BIGFONT. SHX」と、第二水準の漢字を含む「EXTFONT. SHX」の 2 つがある（拡張子「SHX」は shaped file の略）。ビッグフォントを使わずに Windows に付属する TrueType フォント（T “MS 明朝” のように頭に T がついている）を使うこともできるが、互換性、表示速度の面で劣る。

◎新しい文字スタイル「Add_A」の設定

① ［注釈］タブ→［文字］パネルのパネルタイトル右端にある矢印ボタン（図 1.1.10）をクリックする。

② ［文字スタイル管理］ダイアログボックスの［新規作成］をクリックする。

③ ［新しい文字スタイル］ダイアログボックスで、［スタイル名］に「Add_A」と

入力し、［OK］をクリックする。

④［文字スタイル管理］ダイアログボックスに戻り、次のように設定する。

・［フォント名］で［romans. shx］を選択する。

・［ビッグフォントを使用］にチェックを入れる。

・［ビッグフォント］で［extfont2. shx］を選択する。

・［異尺度対応］にチェックを入れる。

⑤［適用］をクリックし、この設定を保存する。

3.4 寸法スタイルの設定

寸法については、あらかじめ寸法線の詳細、矢印の形状、寸法値のサイズと位置などを設定した寸法スタイルを作成しておく。

◎新しい寸法スタイル「Add_A」の作成

①［注釈］タブ→［寸法記入］パネルのパネルタイトル右端にある右下向き矢印ボタン（図 1.1.10）をクリックする。

②［寸法スタイル管理］ダイアログボックスの［新規作成］をクリックする。

③［寸法スタイルを新規作成］ダイアログボックスで、［新しいスタイル名］に「Add_A」と入力する。

④［続ける］をクリックする。

◎各種寸法のアレンジ

①［寸法スタイルを新規作成］ダイアログボックスの［寸法線］タブをクリックする。寸法線に色を付けるには次のように設定する。

・［寸法線］の［色］を［色 144］にする。

・［寸法補助線］の［色］を［色 144］にする。

色 144 の指定：［色］のドロップダウンリストから［色選択］を選択し、表示される［色選択］ダイアログボックスの［インデックスカラー］タブで［色］に［144］と入力して［OK］をクリックする。並列寸法の寸法線の間隔を 10 mm とする。

②［寸法スタイルを新規作成］ダイアログボックスの［シンボルと矢印］タブをクリックする。矢印の欄で 1 番目、2 番目、引出線を「30 度開矢印」とする。

③文字スタイルを設定する。［寸法値］タブをクリックし、次のように設定する。

・［寸法値の表示］の［文字スタイル］を先に作成した「Add_A」にする。
文字の高さを「5」とする。

④［基本単位］タブをクリックし、次のように設定する。

・［長さ寸法］の［精度］を「0.0」（小数点以下 1 位の場合）にする。

・［十進法の区切り］を「. ピリオド」にする。

・［角度寸法］の［精度］を「0」にする。

⑤異尺度対応の設定をする。［フィット］タブをクリックし、［異尺度対応］にチェックを入れる。

⑥OKをクリックし、［寸法スタイルを新規作成］ダイアログボックスを閉じる。

3.5 引出線スタイルの設定

引出線についても、あらかじめ引出線の形式、引出線の構造、内容などを設定しておく。

◎新しい寸法スタイル「Add_A」の作成

①［注釈］タブ→［引出線］パネルのパネルタイトル右端にある右下向き矢印ボタン（図1.1.13）をクリックする。

②［マルチ引出線スタイル管理］ダイアログボックスの［新規作成］をクリックする。

③［マルチ引出線スタイルを新規作成］ダイアログボックスで、［新しいスタイル名］に「Add_A」と入力する。

④［修正］をクリックする。

◎各種アレンジ

①［マルチ引出線スタイルを修正］ダイアログボックスの［引出線の形式］タブをクリックし、次のように設定する。

・［矢印］の［記号］を［30度開矢印］にする。

・［サイズ］を「4」にする。

②［マルチ引出線スタイルを修正］ダイアログボックスの［引出線の構造］タブをクリックし、次のように設定する。

・［拘束］の［引出線の折り曲げの上限］にチェックを入れ、「2」にする（「3」にすると、3回折れ曲げさせることができる）。

・［参照線の長さ］を「2」とする。

・［尺度］の［異尺度対応］にチェックを入れる。

③［マルチ引出線スタイルを修正］ダイアログボックスの［内容］タブをクリックし、次のように設定する（内容は「ブロック」、「マルチテキスト」、「なし」の3通りがある）。

・［文字スタイル］を［Add_A］にする。

・［文字の高さ］を「5」にする。

・［引出線の接続］の［左右に接続］にチェックを入れ、［左側の接続］を［先頭行に下線］にし、［右側の接続］を［最終行に下線］とする。

④［OK］をクリックし、［マルチ引出線スタイルを修正］ダイアログボックスを閉じる。

⑤［マルチ引出線スタイル管理］を閉じる。

3.6　オブジェクトスナップの設定

ステータスバーの［オブジェクトスナップ］（図 1.1.3）を右クリック→［設定］→［オブジェクトスナップ］表示（図 1.1.14）→［端点、交点、垂線］等にチェック　→［オブジェクトスナップオン］にチェック→［OK］をクリックで、オブジェクトスナップが設定される。

オブジェクトスナップ

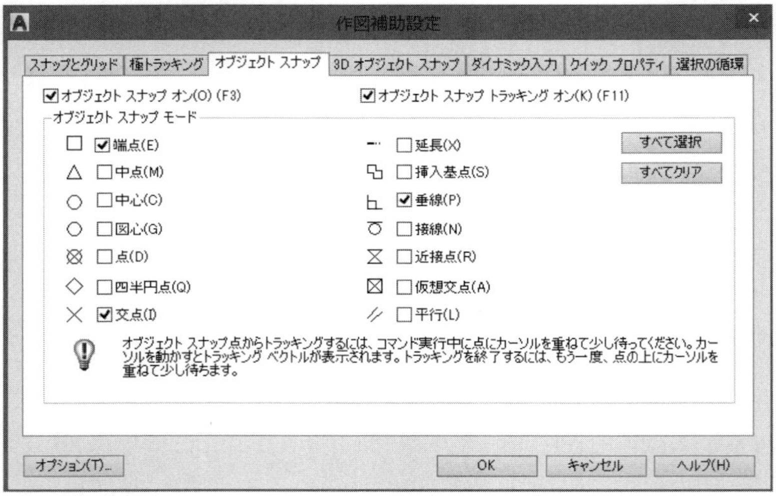

図 1.1.14　オブジェクトスナップの設定

3.7　画層プロパティ管理（線の色、線種、線の太さの設定）

CAD の特長は、線の種類ごとあるいは部品の種類ごとに作図の図面を何枚にも分けて行えることである。これを画層という。ここでは線の種類ごとに画層の設定を行う（図 1.1.4、図 1.1.9）。

図 1.1.9 の［画層］パネルの▼をクリックすると、図 1.1.15 の［画層プロパティ管理］ダイアログが開く。図中の［新規作成］アイコンをクリックし、設定したい線の名称、線の色、線の太さを順次決定することができる。

画層の設定にあたっては、あらかじめ［Alt］＋［半角／全角］、あるいは右下のタスクバーのトレイから文字種を引き出して、日本語入力でひらがなにしておく。

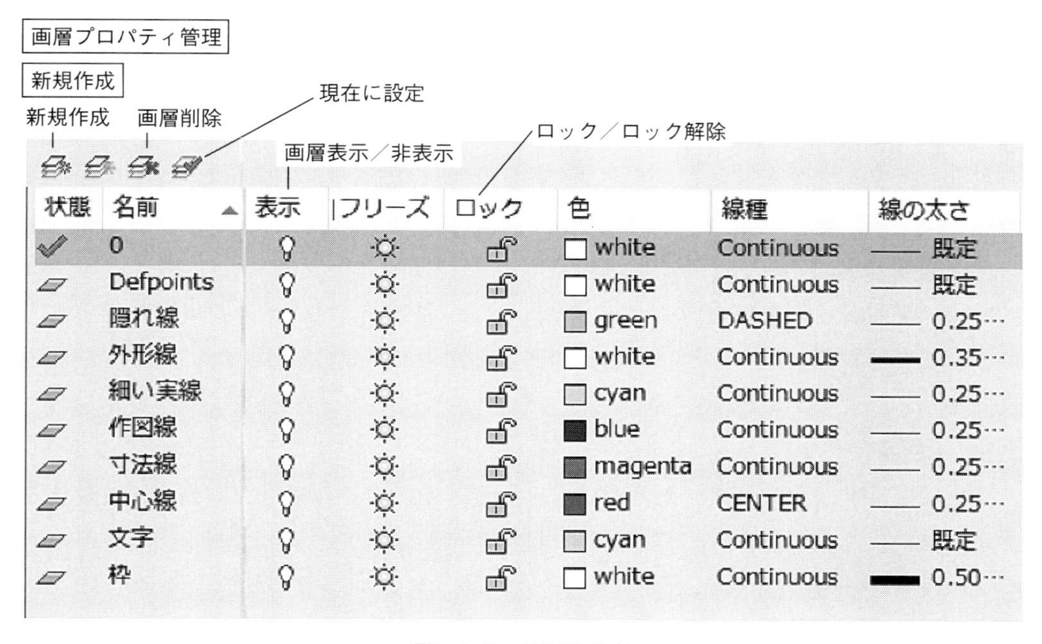

図 1.1.15　画層の設定

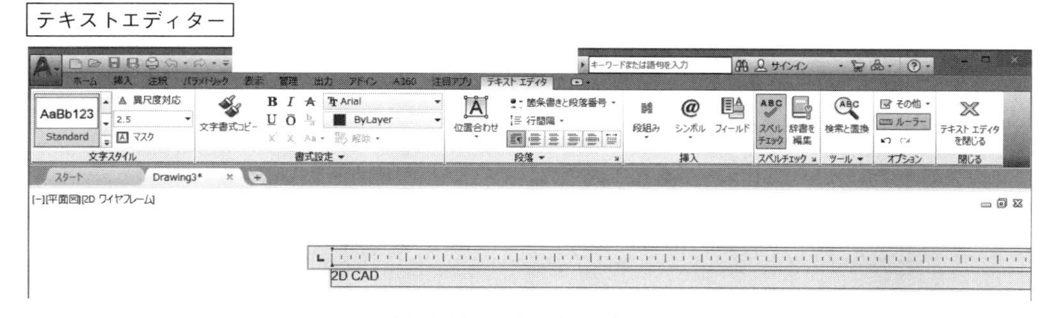

図 1.1.16　テキストエディター

例えば、外形線の設定は以下のようにして行う。

［新規作成］→『0番目の下に青で一行分の表示』→（左端に外形線と入力）→『色』→『色種』表示→［白色］→［線種］→『線種を選択』して、実線にする。適当な線種がない場合→［ロード］→『線種のロードまたは再ロード』表示→（選択して OK）→［線の太さ］→『線の太さ』表示、この場合は例として「0.35」としておく→［選択］→［OK］とする。

［線の太さ］: 画面右下の3本線記号「カスタマイズ」をクリックし、“線の太さ”にチェックをいれると“線の太さの表示／非表示”記号を画面に出すことができる。

各線について［新規作成］を繰り返し、最終的に図 1.1.15 のように設定を行う。

3.8　文字入力の方法　～（例）出席番号と名前の作成～

ここでは入力例として「出席番号と名前の作成」を行う。

［注釈］タブの［文字］パネル（図 1.1.10）の［A マルチテキスト］の▼をクリックすると［マルチテキスト］コマンド（図 1.1.11）が開く。引き継き、［A マルチテキスト］サブコマンドをクリックし、文字を書きたいところで、［第 1 点目をクリック］→適当なところで、［第 2 点目をクリック］すると→テキストエディター（図 1.1.16）が開く。文字の大きさ「5」と入れる。日本語入力 OFF で出席番号を入力する。また日本語入力 ON として自分の名前を入力し→［OK］とする。

3.9　保存

コンピュータがフリーズしたときにも、設定した内容や作成した図面を再度使えるよう、保存はこまめに行う必要がある。保存の手順は以下の通りである。

クイックアクセスツールバー（図 1.1.2）の［名前をつけて保存］をクリック→『保存先を例えばマイドキュメント』に変更し、フォルダを作っておき（例えば『cad』と名前を付け）、『ファイル名』を例えば『画層』として保存する。

3.10　印刷

クイックアクセスツールバー（図 1.1.2）から［印刷］を選ぶと、［印刷・モデルウィンドウ］が出る。ここで、プリンタの［名前］を［なし］から［予定のプリンター名］に変更する。用紙サイズを［A4（210 × 298）］とし、［ヘルプ］の右側の矢印＞をクリック、［図面の方向］を例えば［◎縦］を選ぶ。［印刷オフセット］を［□印刷の中心］にチェック、用紙に合わせた大きさで印刷するときは、［□用紙にフィット］にチェック（寸法通りの大きさで印刷するときは、［□用紙にフィット］のチェックを外し、尺度のカスタムを 1 ： 1 とする）する。［印刷対象］を［表示・画面］から［窓］に変えると、CAD の作図ウィンドウに戻る。指示に従い、印刷したい図面をマウスで囲むと、再度［印刷・モデルウィンドウ］が出る。ここで［OK］を押すと A4 縦の図面が印刷される。

3.11　終了

Auto CAD 2020 のウィンドウ（図 1.1.1）の右上にある［閉じる］ボタンをクリックする。あるいは、［アプリケーション］ボタンの▼をクリックしてアプリケーションメニューを開き、その右下に表示されている［Auto CAD 2020 を終了］ボタンをクリックする。

第2章 CADの基本操作

1. ［作成］パネルの各コマンドの操作（図1.1.5、図1.1.7）

・［ユーティリティ］パネル（図1.1.1）の［点スタイル管理］により点を「×印」で表すことにする
・［作成］パネルプルダウン（図1.1.7）の［複数点］により、［点］を作成しておく
・オブジェクトスナップ（図1.1.14）［端点］［中点］［点］［交点］［垂線］を設定（チェックを入れる）しておく

1.1 直線の作図Ⅰ（図1.2.1）

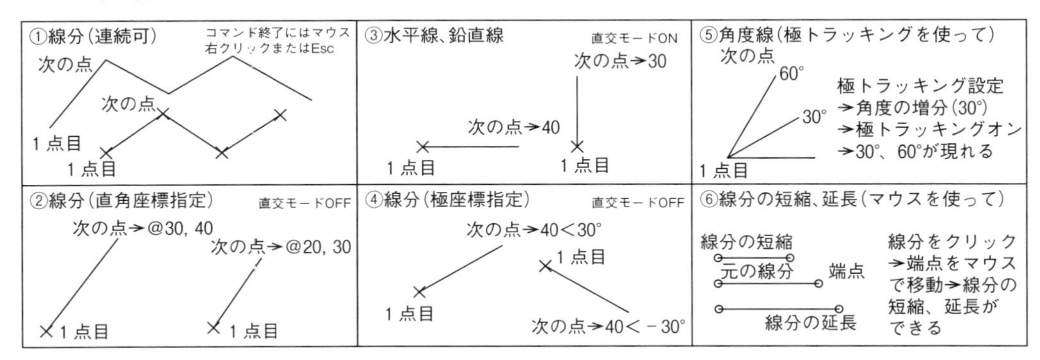

図1.2.1　直線の作図Ⅰ

①線分（連続可）（図1.2.1①）

直線の作図はマウス、あるいはキーボードで入力する2つの方法がある。

［作成］パネルの［線分］をクリック（このときコマンドウィンドウには、「line 1点目を指定」と表示される）→画面の適当な位置で1点目をクリック（このときコマンドウィンドウには「次の点を指定または［元に戻す（U）］」と表示される）→2点目をクリック→3点目、4点目をクリックしていくと連続線が引ける→ここで終了したい場合には→右クリック→［Enter］キーを押す→線分が完成する。

なお、終了する別の方法として、右クリックからの［Enter］キーを押す代わりに［Esc］キーを押す方法がある。

②線分（直角座標表示）（図 1.2.1 ②）

［作成］パネルの［線分］→［次の点を指定］のところで、@ 30, 40（または単に 30, 40）とすれば、相対座標で線分が描ける。

③水平線、垂直線（図 1.2.1 ③）

これらの線を引く場合にはスティタスバーの［直交モード］を ON にしておき、次のようにする。

［作成］パネルの［線分］→画面の適当な位置で 1 点目をクリック→横に線を引いて→［次の点を指定］のところで→ 40［Enter］キーを押すと→ 40 mm の水平線が引ける。 次に［作成］パネルの［線分］→画面の適当な位置で 1 点目をクリック→縦に線を引く→［次の点を指定］のところにおく→ 30［Enter］キーを押すと→ 30 mm の垂直線が描ける。

④線分（極座標表示）（図 1.2.1 ④）

スティタスバーの［直交モード］を OFF にしておき、次のようにする。［作成］パネルの［直線］→［次の点を指定］のところで→ 40 < 30 あるいは 40 < − 30 とすると、極座標表示の線分が描ける。

⑤角度線（極トラッキングを使用）（図 1.2.1 ⑤）

［極トラッキング］（図 1.1.3）で 30° を設定しておく。［作成］パネルの［直線］→［次の点を指定］のところで→ 30° または 60° が表示されるところでクリックすると、30° または 60° の角度線が描ける。

⑥線分の短縮、延長（図 1.2.1 ⑥）

マウスを使って線分の端点をクリックし、線分を短縮または延長するように移動させる。

1.2 直線の作図Ⅱ（図 1.2.2）

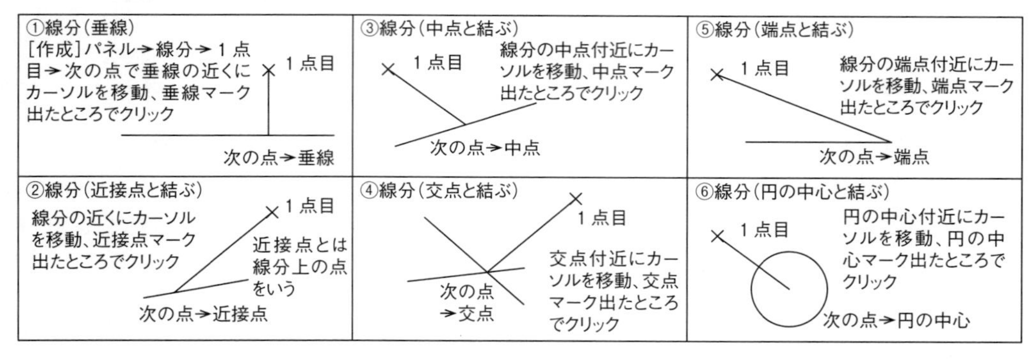

図 1.2.2 直線の作図Ⅱ

スティタスバーの［OSNAP］をONにしておく（［OSNAP］を右クリックして設定をクリックすると、作図補助設定が表示されるので、［端点］、［中点］、［点］、［中心］、［垂線］、［交点］、［近接点］等にチェックを入れて、［OSNAP］をONとする）。［作成］パネルの［線分］→［1点目を指定］で画面の適当な位置でクリックする。［次の点を指定］で、他の直線の端点（あるいは中点、交点）近くにカーソルをもっていき、それぞれのマークが出たところで［Enter］キーを押すと、それぞれの線分が描ける。例えば、［次の点を指定］で、垂線で［Enter］キーを押すと垂線が、（①の場合）近接点で［Enter］キーを押すと直線上の点とを結ぶ線分が（②の場合）描ける。

1.3　長方形（正方形を含む）の作図（図1.2.3）

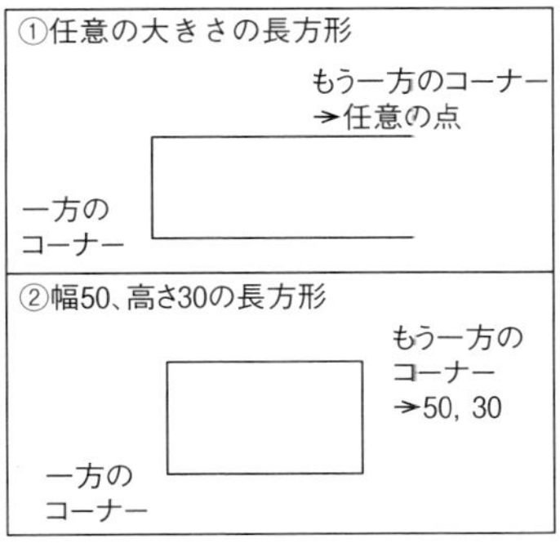

①任意の大きさの長方形
もう一方のコーナー→任意の点
一方のコーナー
②幅50、高さ30の長方形
もう一方のコーナー→50, 30
一方のコーナー

図1.2.3　長方形の作図

1.4　ポリゴン（正多角形）の作図（図1.2.4）

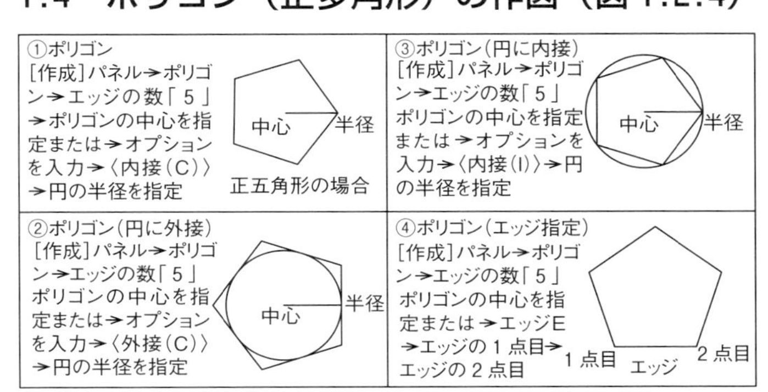

図1.2.4　ポリゴンの作図

1.5　円の作図（図1.2.5）

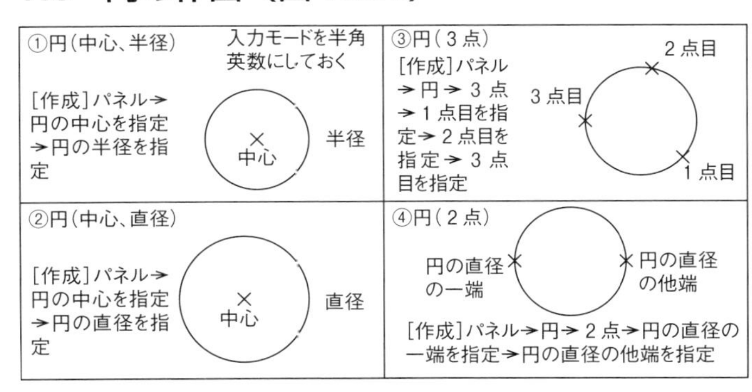

図1.2.5　円の作図

1.6　円弧の作図（図1.2.6）

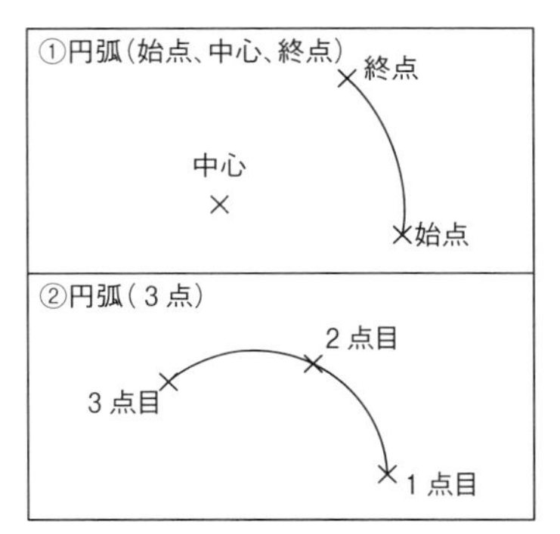

図1.2.6　円弧の作図

［作成］パネルの［円］→任意の円の中心点でクリック→マウスを動かすと円の大きさが変わるので、適当なところでクリック→円が完成→終了（右クリックは不必要）。半径を指定する場合には、半径を指定するところで、キーボードより半径数値（例えば「20」）を入力し、［Enter］キーを押せばよい（図1.2.5）。

1.7 円の再作図、円の接線（図1.2.7）

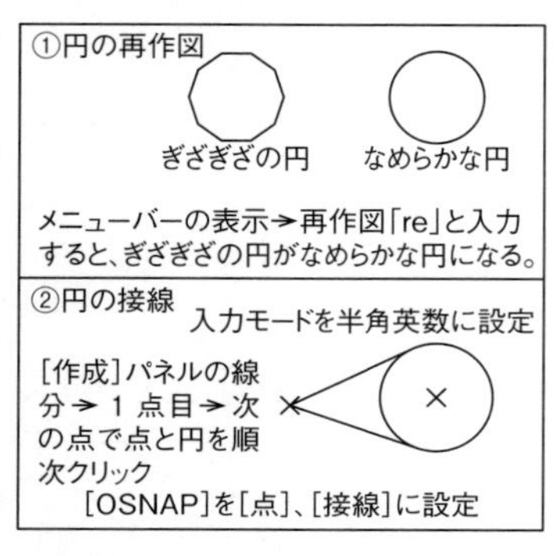

図1.2.7 再作図、円の接線

1.8 2円の共通接線の作図（図1.2.8）

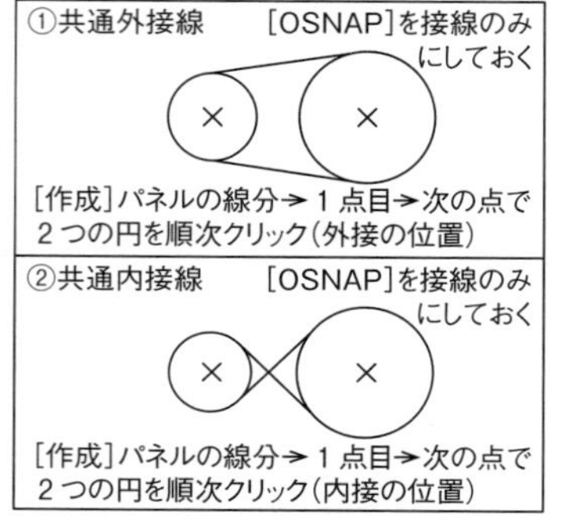

図1.2.8 共通接線の作図

1.9 直線に接する円の作図（図1.2.9）

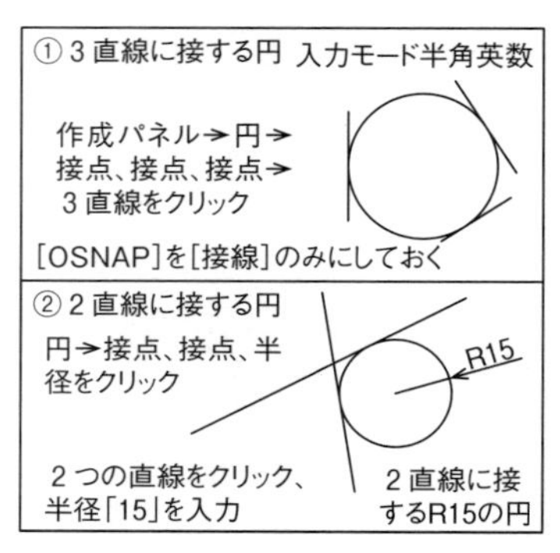

図1.2.9 直線に接する円の作図

スティタスバーの［直交モード］をOFF、［OSNAP］をONにし、［OSNAP］［点］との［接線］だけにチェックを入れる。［作成］パネルの［線分］→円外の任意の点で［クリック］→円周上まで線を引くと接線にあたるところで接線記号（横棒の下に円）が出る時に［クリック］→［右クリック］→［Enter］キーを押す→1点から1つの円への接線が引ける（図1.2.7）。同様に2円に対する共通外接線（図1.2.8）、共通内接線（図1.2.9）を引くこともできる。

1.10 線分と角の等分割、メジャー、複数点の作図（図1.2.10）

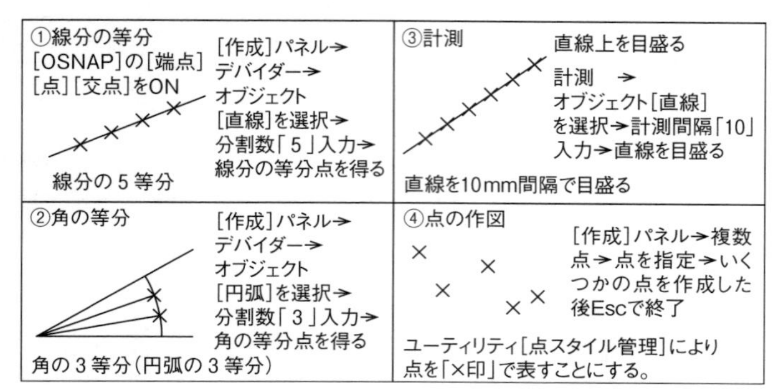

図1.2.10 等分割、等分目盛、複数点の作図

1.11 ハッチングの作図（図1.2.11）

①ハッチング1　入力モード半角英数
［作成］パネル→ハッチング→パターン［ユーザー定義］→ハッチング角度「45」→ハッチング間隔「2」→内部の点をクリック
②ハッチング2　入力モード半角英数
［作成］パネル→ハッチング→パターン［ユーザー定義］→ハッチング角度「45」→ハッチング間隔「2」→外部の点をクリック

図1.2.11 ハッチングの作図

2. [修正] パネルの各ツールの操作

2.1 削除（図 1.2.12）

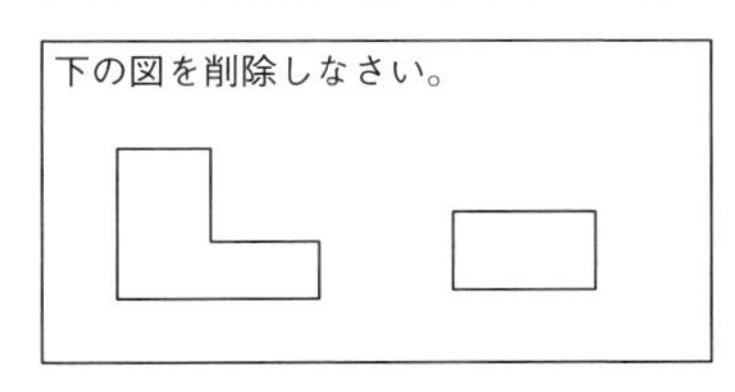

図 1.2.12　削除

2.2 移動（図 1.2.13）

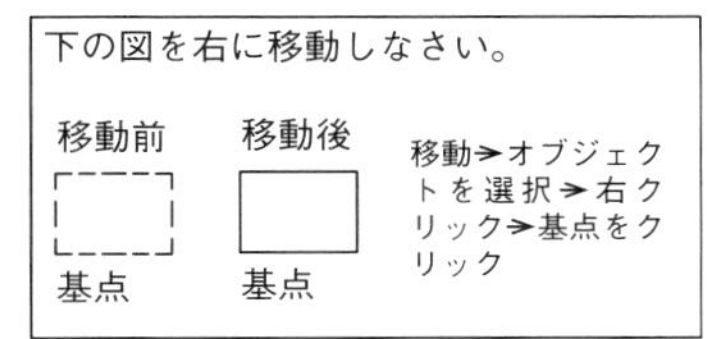

図 1.2.13　移動

2.3 回転（図 1.2.14）

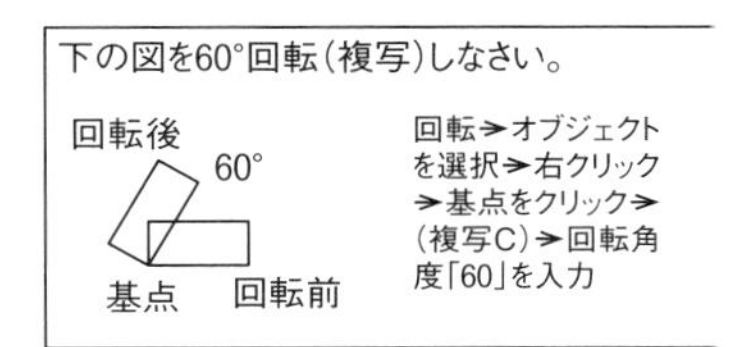

図 1.2.14　回転（回転複写）

引いた線を消去するには（図 1.2.12 の場合）[修正] パネルの [削除] → [オブジェクト（削除図形）を選択] →図形が破線表示になるときに右クリック→図形が消去される。

図形を一括して消去するには次のようにする。対角 2 点クリックで図形を囲みクリック→図形が破線表示になるときに [修正] パネルの [削除] →図形が消去される。

2.4 複写（図 1.2.15）

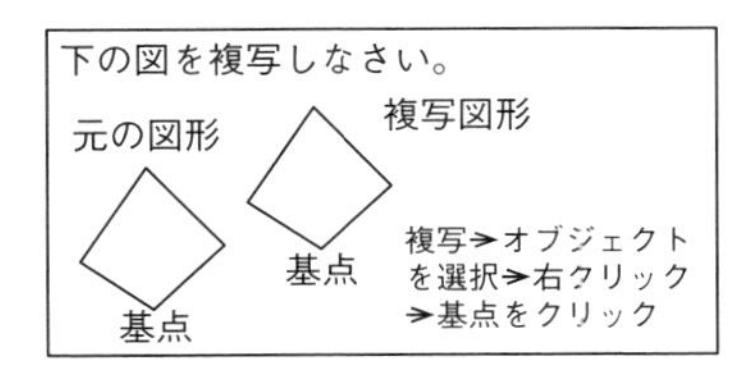

図 1.2.15　複写

2.5 鏡像（図 1.2.16）

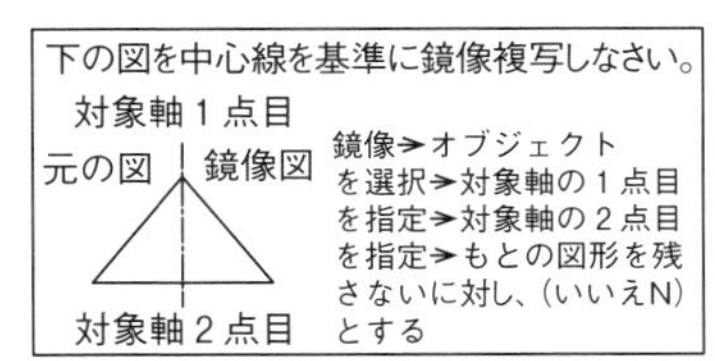

図 1.2.16　鏡像複写

2.6 参照回転(図 1.2.17)

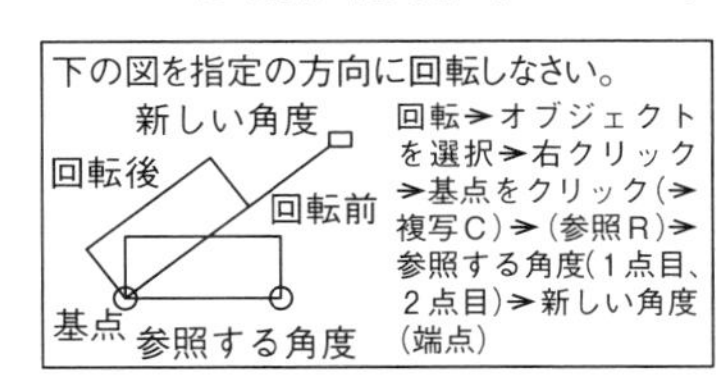

図 1.2.17　参照回転

図形を複写するには（図 1.2.15 の場合）オブジェクト選択と聞いてくるので、コピーする線分を選択すると再度オブジェクト選択を聞いてくるので、すべて選択できたときに右クリックで止める。基点の位置を聞いてくるので、コピーする線分の（例）端点を指定し、任意の位置に複写する。これで平行移動ができたことになる。

2.7 オフセット（図1.2.18）

①5mm間隔で平行線を描きなさい。
直線
右へオフセット
オフセット→オフセット距離を指定「5」→オフセットするオブジェクトを選択→オフセットする側の点を指定〈右または左〉

③5mm間隔で同心円を描きなさい。
円
外へオフセット
オフセット→オフセット距離を指定「5」→オフセットするオブジェクトを選択→オフセットする側の点を指定〈内または外〉
内へオフセット

②点を通る平行線を描きなさい。
× 通過点
オフセット→オフセット距離を指定または「通過点（T）」→T→オフセットするオブジェクトを選択→通過点を指定

④5mm間隔で長方形をオフセットしなさい。
長方形
外へオフセット
オフセット→オフセット距離を指定「5」→オフセットするオブジェクトを選択→オフセットする側の点を指定〈内または外〉→E（終了）
内へオフセット

図1.2.18　オフセット

2.8 トリム（図1.2.19）

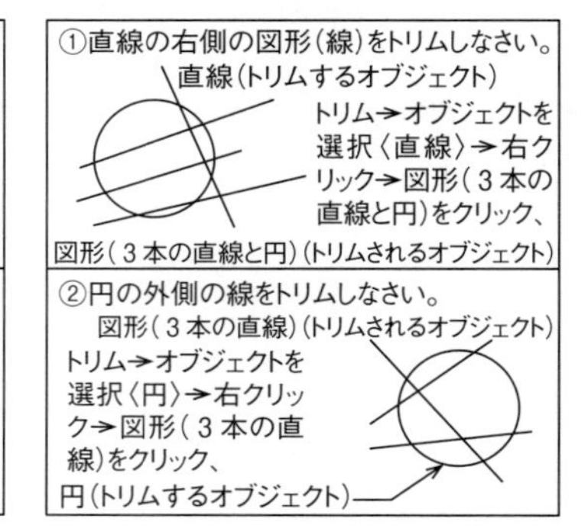

図1.2.19　トリム

平行線を描くには（図1.2.18①の場合）ステイタスバーの［直交モード］をOFFにしておく。［作成］パネルの［線分］→画面中央の適当な位置で線分を引く→［修正］パネルの［オフセット］→オフセット間隔を聞いてくるので、基準線からの距離を数値で入力する→［Enter］→［基準をクリック］→［オフセットしたい側をクリック］→平行線が引ける（同じ操作で何本でも引ける）。

2.9 延長（図1.2.20）

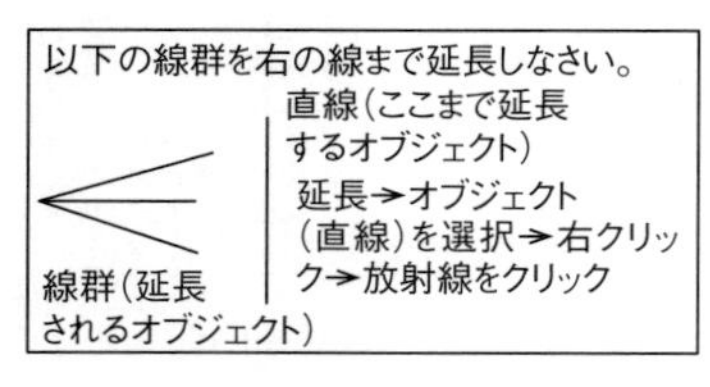

図1.2.20　延長

2.10 ストレッチ（図1.2.21）

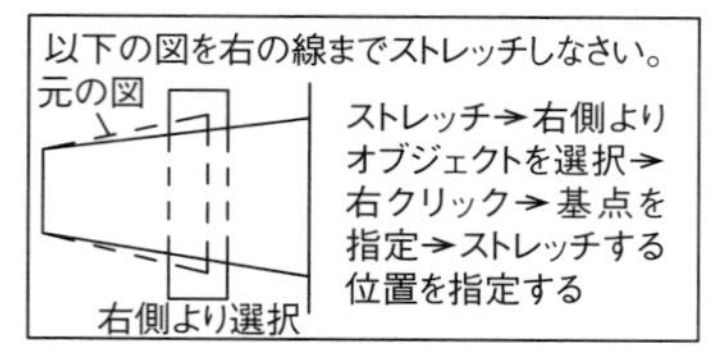

図1.2.21　ストレッチ

2.11 尺度変更（図1.2.22）

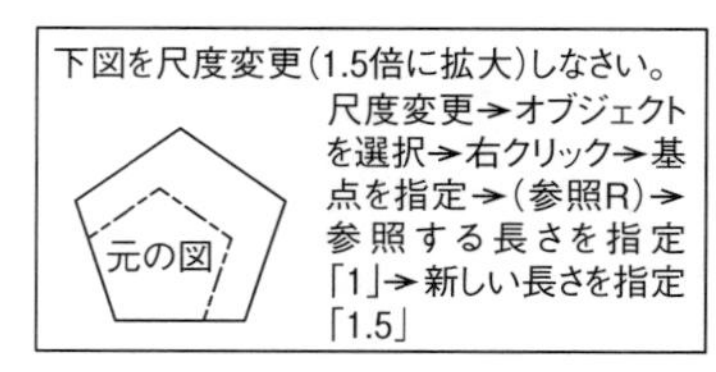

図1.2.22　尺度変更

2.12 面取り、フィレット（図1.2.23）

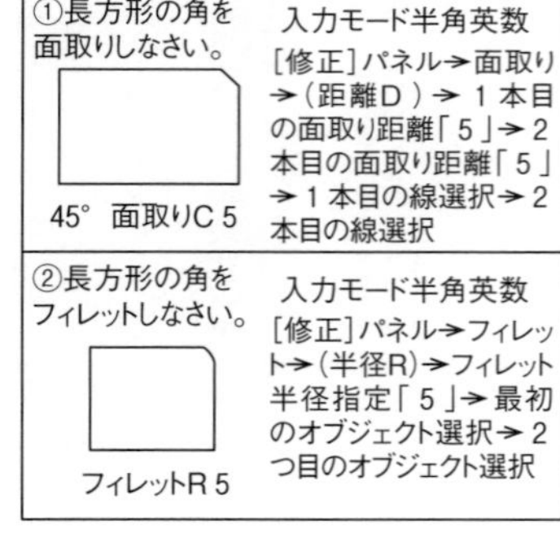

図1.2.23　面取り、フィレット

2.13 配列複写（図1.2.24）

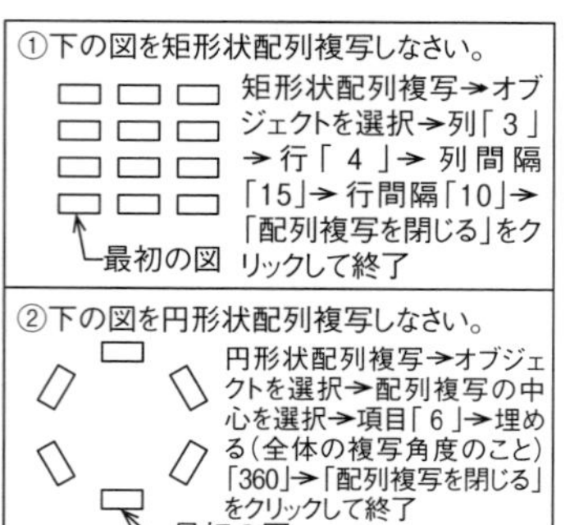

図1.2.24　配列複写

2.14 部分削除（図1.2.25）

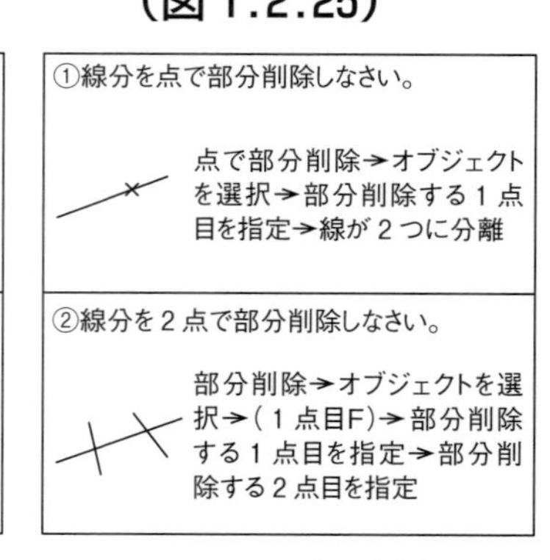

図1.2.25　部分削除

3. ［修正］パネルのマルチテキストの操作

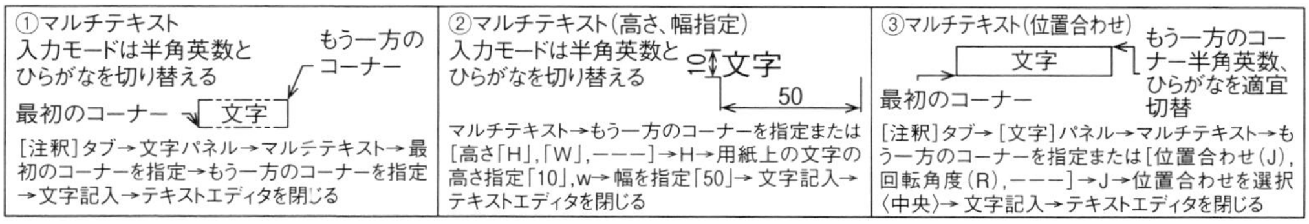

①マルチテキスト	②マルチテキスト（高さ、幅指定）	③マルチテキスト（位置合わせ）
入力モードは半角英数とひらがなを切り替える もう一方のコーナー 最初のコーナー 文字	入力モードは半角英数とひらがなを切り替える 10 文字 50	文字 もう一方のコーナー半角英数、ひらがなを適宜切替 最初のコーナー
［注釈］タブ→文字パネル→マルチテキスト→最初のコーナーを指定→もう一方のコーナーを指定→文字記入→テキストエディタを閉じる	マルチテキスト→もう一方のコーナーを指定または［高さ「H」,「W」,－－－］→H→用紙上の文字の高さ指定「10」,w→幅を指定「50」→文字記入→テキストエディタを閉じる	［注釈］タブ→［文字］パネル→マルチテキスト→もう一方のコーナーを指定または［位置合わせ（J），回転角度（R），－－－］→J→位置合わせを選択〈中央〉→文字記入→テキストエディタを閉じる

図 1.2.26　マルチテキスト

［ホーム］タブの［文字］パネル（アルファベットのAで表示）をクリックし、さらに［Aマルチテキスト］コマンドをクリックすると、ステータスバーで「最初のコーナーを指定」と聞いてくる。適当なところで最初のコーナーをクリックすると、次に「もう一方のコーナーを指定または［高さ（H）／位置合わせ（H）／行間隔（L）／回転角度（R）／文字スタイル（S）／幅（W）／段組み（C）］」と聞いてくる。単にもう一方のコーナーをクリックすると（図 1.2.26 ①の場合）、マルチテキストウィンドウが開くので、そこに例えば出席番号（日本語入力 OFF）あるいは名前（日本語入力 ON）を入力し、エディタを閉じる。マルチテキストウィンドウの高さ（10 mm）、幅（50 mm）を指定したい場合（図 1.2.26 ②の場合）は、「もう一方のコーナーを指定または」のところで「H」＋［Enter］→「10」＋［Enter］→「50」＋［Enter］と入力する。

決められた大きさの枠の中央に文字を書きたい場合（図 1.2.26 ③の場合）、「もう一方のコーナーを指定または」のところで「J」＋［Enter］→「MC」＋［Enter］→もう一方のコーナーをクリック→文字入力→エディタを閉じる。

第3章 製図用紙の作成、保存、印刷

作図の準備が一通り終了したので、これより実際にA4の用紙を用いた製図用紙の作成と保存の一連の操作を順に説明する。

1. A4用紙の縁の作図（図1.3.1（1））

・最初に作図線の画層を使ってA4の用紙（縦置き）（210 mm × 297 mm）の縁の線を作図する。

1.1 A4用紙の縁の作図

［画層］パネルの［画層］で現在画層を細い実線にする。また、一番下のステータスバーの［直交モード］をクリックし、ONの状態に設定する。さらに2つ隣の［オブジェクトスナップ］も［オブジェクトスナップON］の状態に設定する。［作成］パネルから［長方形］を選択し、画面の左下の適当なところで左クリックする。コマンドラインを見るとAuto CADが［もう一方のコーナー］と尋ねてくるので、コマンドラインにA4の対角の座標として（210, 297）を入力し、［Enter］キーを押す。これでA4の縁が完成する。

2. 図面枠及び中心図記号の作図（図1.3.1（2））

2.1 枠線の作図

［修正］パネルから［オフセット］を選択する。オフセット間隔として、「10」をコマンドラインに入力する。オフセットするオブジェクトを聞いてくるので、先ほど作成したA4の縁を選択しクリックする。さらに、オフセットする側を聞いてくるので、A4の縁の内側の適当な場所でクリックする。これでA4の縁より10 mm内側に図面枠（ただし補助線で表示されているので、この枠線をクリックし、画層を枠に

変えて、[Enter] キーを押す) が完成したことになる。

2.2 中心図記号の作図

[画層] パネルの [画層] で現在画層を [枠] にする。ステータスバーの [OS-NAP] にカーソルをもってきて右クリックし、設定をクリックする。 作図補助設定で [中点] にチェックを入れ、[OK] を押す。[作成] パネルの [線分] を選択し、図面枠の一辺にカーソルを持っていくと、三角形の点スナップ記号が現れるのでそこで左クリックする。そこから水平方向「15」をキーボードで入力し、[Enter] キーを押す。ここでコマンド終了のために [Esc] キーを押す。この操作を図面枠の残りの辺についても同様に行う。

3. 表題欄の作成 (図 1.3.1 (3))

3.1 表題欄の作図

見やすくするため右下部分を拡大表示する。マウスのホイールを前後に動かすと拡大縮小が行える。次に、ステータスバーの [直交モード] を ON とする。[OSNAP] を [端点]、[交点]、[垂線] で ON とし、[作成] パネルの [線分] を選択し、表題欄の右下の頂点のところにカーソルを合わせると、点スナップの端点マークが現れるのでそこで左クリックする。左水平方向に「50」を代入する。さらに上 (垂直方向) に「10」を入力してから [Enter] キーを押し、右の枠線に垂線を引く。同様にして、表題欄の 3 つの枠が作成される。

3.2 テキストの入力 (図 1.2.26)

表題欄に氏名、学生番号、品名 [例えば V ブロック] の入力を行う。まず [画層] を文字に変更し、[注釈] パネルの [文字]、[マルチテキスト] を選択すると、コーナーの指定を聞いてくるので、3 列に分かれている表題欄の最上列の左下と右上 (対角) を指定する。「マルチテキスト エディタ」が現れるので、全角カタカナで「タイトル」と入力し、それを閉じる。同様の操作を学生番号、氏名についても行う。

4. 図面の保存と印刷

4.1 保存

ここまでの図面を保存する。クイックアクセスツールバーから [名前をつけて保存] を選び、ファイル名に任意の名前をつけ、自分のフォルダを作り、マイドキュメントに保存する。

4.2 印刷

クイックアクセスツールバーから［印刷］を選ぶと、［印刷・モデルウィンドウ］が現れる。ここで、プリンタの［名前］を［なし］から［予定のプリンタ名］に変更する。用紙サイズを［A4（210 × 297）］とし、［ヘルプ］の右側の矢印＞をクリック、［図面の方向］の例えば［◎縦］を選ぶ。「印刷オフセット」を［□印刷の中心］にチェック、［印刷対象］を［表示・画面］から［窓］に変えると、CAD の［作図ウィンドウ］に戻る。指示に従い、印刷したい図面を長方形で囲むと、再度［印刷・モデルウィンドウ］が現れる。ここで［OK］を押すと印刷される。

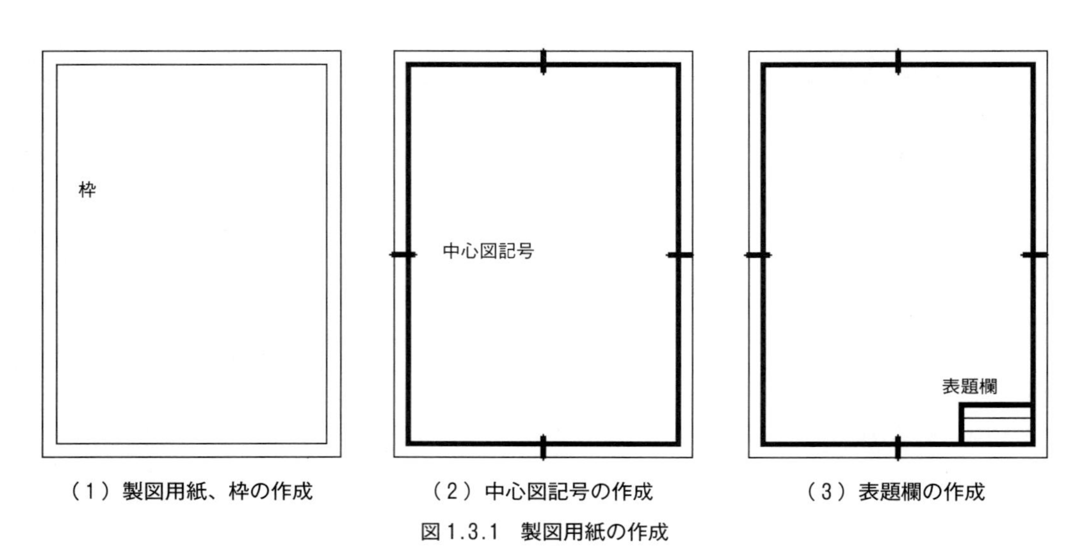

（1）製図用紙、枠の作成　（2）中心図記号の作成　（3）表題欄の作成

図 1.3.1　製図用紙の作成

第4章 機械部品の製図方法

1. Auto CAD 超入門（V ブロックの CAD 製図）

これより、A4 の用紙を用いた V ブロック（図 1.4.1）の CAD 製図（図 1.4.2）と、プリンター出力までの一連の操作を、図 1.4.3 の作図手順に従い説明する。ただし、画層、寸法線、引出線、文字等は設定済とする。なお立体（図 1.4.1）を表すには、通常正面から見た正面図（Front view, F 面図）と、真上から見た平面図（Top view, T 面図）、側面から見た側面図（Side view, S 面図）の三面図が必要であるが、この場合は F 面図と T 面図の二面図（図 1.4.2）だけで事足りている。

1 作図基点 A の位置を与える（図 1.4.1、図 1.4.3 ①）

直交モードにして、画層を作図線にし、［作成］パネルから線分を選択して図のように補助線を引く。

作図起点 A の正面図 a_Fと平面図 a_Tの位置を与える。

2 補助線の追加（図 1.4.3 ②）

入力モードを半角英数に変える。

◎縦方向補助線の追加

［修正］パネルから［オフセット］を選択し、オフセット間隔 50 をコマンドラインに入れる。オフセットするオブジェクトを聞いてくるので、先に与えられている縦方向の中心線を選択し左クリックする。オフセットする側を聞いてくるので、縦方向中心線の左側の適当な場所で左クリックする。コマンド終了のために［Esc］キーを押す。

同様に縦方向中心線からオフセット間隔 30 と 2.5 にして線分を引く。さらに縦方向中心線を右側にオフセットして、3 本の縦方向補助線を追加する。

◎横方向補助線の追加

［修正］パネルから［オフセット］を選択し、オフセット間隔 65 をコマンドライン

に入力する。オフセットするオブジェクトを聞いてくるので、先ほど引いた線分を左クリックで選択する。オフセットする側を聞いてくるので、線分の上の方の適当な場所で左クリックする。

同様にして、上に100 mm、40 mmオフセットして、水平補助線を追加する。ステータスバーの［線の太さ］をクリックすると線の太さが表示される。

◎Vブロックの斜面の補助線の作図

まず［作成］パネルから［線分］を選択し、1点目としてVブロックの左側斜面の角の点を交点スナップで選択する。次の点を指定するときに「50＜-45」と入力すると、長さ50 mm右下方45°の補助線が引ける。同様にして左側斜面の角の点より、「50＜-135」により、長さ50 mm左下方45°の補助線が引ける。

3 外形線、中心線の作図（図1.4.3③）

◎外形線の作図

これで、外形線を描くためのすべての補助線が引けたので、これからは外形線の作図に入る。画層を外形線に変更し、［作成］パネルから［線分］を選び、交点スナップをうまく利用し、補助線をなぞることにより外形線を作図する。

◎中心線の作図

次に［OSNAP］を［近接点］のみチェックを入れて、正面図、平面図の縦方向の中心線を適当な長さで描く。

4 面の性状の記号の作成（図1.4.3③）

まず面の性状（粗さ記号）を作成する。画層を補助線に変更し、正面図の下側に示すように、横方向の線分を1本引く。その線分を5と10オフセットする。最初に引いた線分のほぼ中央に縦方向の線分を引き、その交点を始点とする。

［寸法］パネルから［線分］を選択し、上の始点を交点スナップで選択する。終点を選択するとき「15＜60」と入力すると、上方60°、「7＜120」と入力すると、上方120°の補助線が引ける。画層を作図線に変更し補助線をなぞることで面の性状の記号を仕上げる。［注釈］パネルの［マルチテキスト］を選択し、文字高さを5 mmとして、数値を入れる位置をマウスで指定して「Ra 1.6」を入れる。

5 面の性状の記号のブロック定義（図1.4.3③）

次に、この面の性状の記号をブロックとし、任意の場所に挿入できるようにする。［ホーム］タブの［ブロック］パネルの［登録］をクリックする。［ブロック定義］ウィンドウが開くので、名前のところに“面の性状”と入力、［基点］、［オブジェクト］のところを「画面上で指定」とし、異尺度対応にチェックを入れて、［OK］を押す。そこで［挿入基点］をクリックし、面の性状の記号を囲み選択し、［Enter］キーを押すと登録が完了する。

6 寸法線の記入（図 1.4.3 ④）

作図線の画層設定の一番左にある電球マークをクリックして、作図線を非表示にする。

◎長さ寸法の記入

次に寸法線を記入する。まず画層を［寸法線］に変更し、［注釈］タブの［寸法記入］パネルから［長さ寸法記入］を選択する。交点スナップを利用して寸法を入れたい箇所に入れていく。ただし寸法線の位置は、寸法線と外形線との間隔をほぼ 10［mm］程度にとる。

◎角度寸法の記入

V ブロックの斜面の角度寸法は、［寸法記入］パネルから［角度寸法記入］を選択し、2つの斜面を左から右の順に選択して記入する。

◎面の性状の記号のブロック挿入

［作成パネル］の［ブロック挿入］をクリックし、名前を選択して、OK とする。図面上所定のところにカーソルをもってきて左クリックすればブロック挿入が完了となる。

～図面の保存～

図面は作図途中でもこまめに保存することが望ましい。［クイックアクセスツールバー］から［名前をつけて保存（A）］を選択し、適当なファイル名をつけて各自の［マイドキュメント］に保存する。

～印刷～

［クイックアクセスツールバー］から［印刷］を選ぶと、［印刷・モデルウィンドウ］が現れる。ここで、プリンタの［名前］を［なし］から使用するプリンター名に変更する。用紙サイズを［A4（210 × 298）］とし、［ヘルプ］の右側の矢印「>」をクリック、［図面の方向］を例えば［◎縦］を選ぶ。「印刷オフセット」を［□印刷の中心］にチェック、［印刷対象］を［表示・画面］から［窓］に変えると、CAD の作図ウィンドウに戻る。指示に従い、印刷したい図面を長方形で囲むと、再度［印刷・モデルウィンドウ］が現れる。ここで［OK］を押すと印刷される。

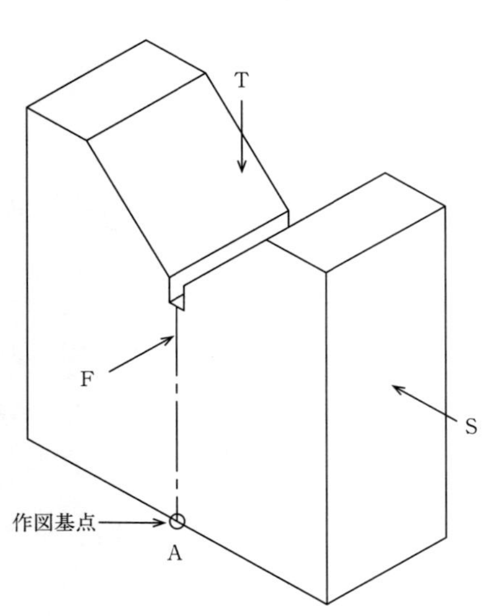

図1.4.1　Vブロック

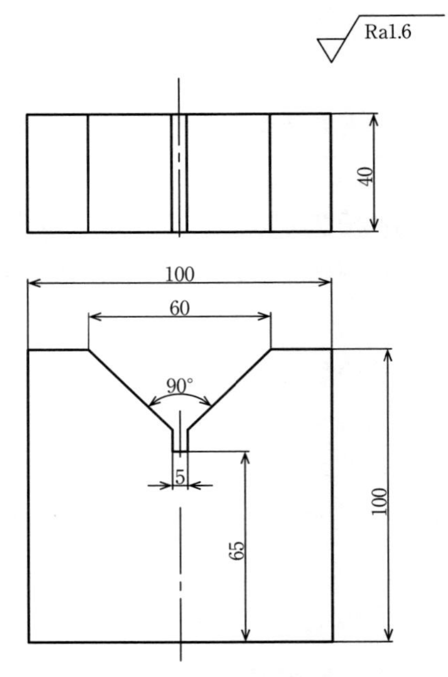

図1.4.2　VブロックのCAD製図
（完成図）

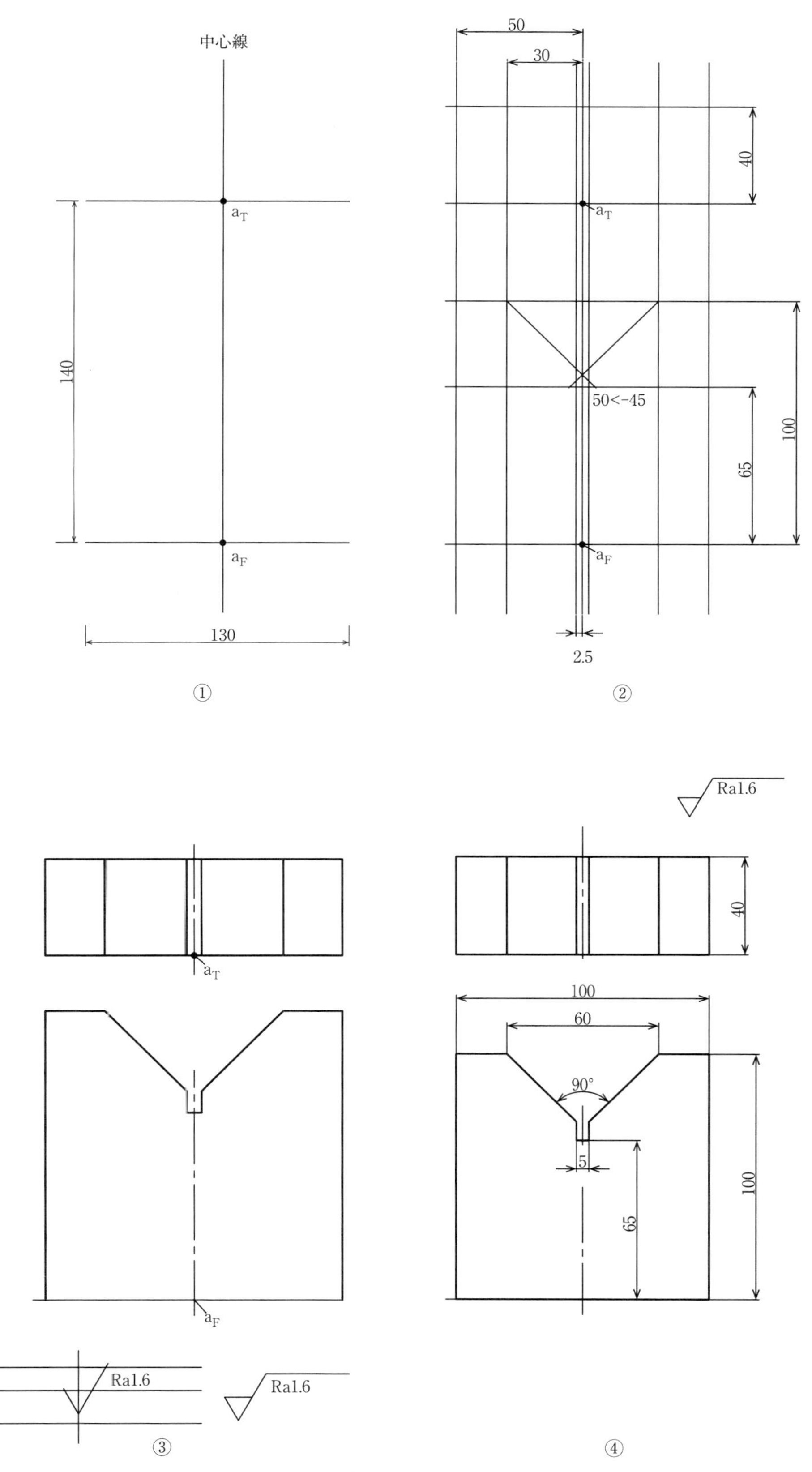

図 1.4.3　V ブロックの CAD 製図の作図手順

2. 軸部品のCAD製図

軸部品（図1.4.4）を表すには、正面図だけの単面図（図1.4.5）で事足りる。製図では軸は長手方向に切断せず、外形図で示すことになっている。

以下に軸部品のCAD製図の作図手順を示す（図1.4.6に対応している）。

1 作図起点Aの位置を与える（図1.4.4、図1.4.6①）

直交モードにして、画層を作図線にし、［作成パネル］から線分を選択して図のように補助線を引く。

作図基点A（軸の右端の中心）の正面図a_Fの位置を与える。

2 縦方向及び横方向の補助線の追加（図1.4.6②）

入力モードを半角英数に変えた後、［修正］パネルの［オフセット］を利用して、必要な縦方向及び横方向の補助線を追加する。参考までにオフセットする距離を示している。

3 外形線の作図（図1.4.6③）

画層を外形線にし、［OSNAP］で［交点］、［垂線］にチェックを入れ、補助線をなぞり、外形図を作成する。

次に、［OSNAP］で［近接点］にチェックを入れ、画層を中心線にして、長すぎないように中心線を引く。

4 外形図の完成（図1.4.6④）

◎ 45° 面取りC1の作成

「C1」のCは、45° 面取りを示す「Chamfer」の頭文字である。面取りは、［修正］パネルの［面取り］を選ぶ。次に「d」と入力し［Enter］を押す。一本目の長さで「1」と入力し［Enter］を押し、2本目の長さで「1」と入力し［Enter］を押す。コマンド部分が最初に戻るので、面取りしたい角の2本の直線を順次選択するとC1の面取りの外形線が引ける。

5 寸法の記入（図1.4.6⑤）

作図線の画層設定の一番左にある電球マークをクリックして、作図線を非表示にする。画層を寸法線にして、外形線を基に長さ寸法を記入する。

◎並列寸法40、55、83の記入

［注釈］タブの［寸法記入］パネルの［長さ寸法記入］を利用して、中心線に沿って 40 mm の寸法を記入した後、［寸法記入］パネルの［並列寸法記入］を利用して、並列寸法 55、83 を描く。

◎直径寸法 φ 20、φ 28、φ 60 の記入

［寸法記入］パネルの［長さ寸法記入］を利用して、20、28、60 の寸法を記入した後、まず修正すべき寸法 20 をダブルクリックすると、［テキスト エディタ］となるので、シンボル@の直径（%％C）をクリックすると、直径寸法 φ 20 が記入される。同様の操作により φ 20、φ 28、φ 60 が記入される。

6 面取り寸法 C1 の記入（図 1.4.6 ⑤、⑥）

［OSNAP］の［中点］を設定した後、［注釈］タブの［引出線］パネルをクリックし、カーソルを斜辺の中点にあて、水平方向に引出し 1 回クリックし、「C1」と記入する（C は大文字）と面取り寸法 C1 が記入される。これを、中点を基点にして −45° 回転させる。

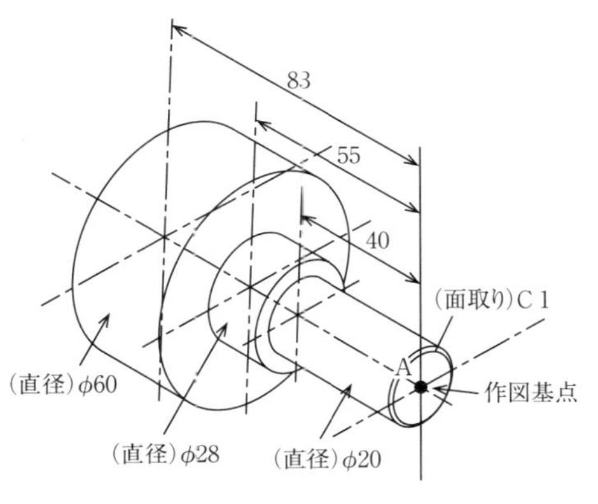

図 1.4.4 軸部品

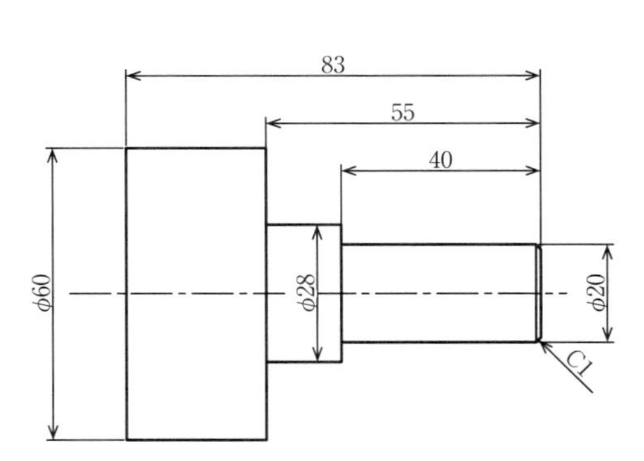

図 1.4.5 軸部品の CAD 製図（完成図）

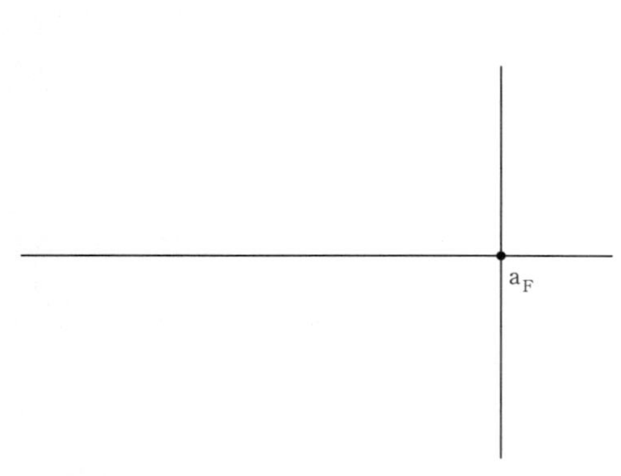

作図基点 a_Fの位置と a_Fを通る縦、横の線を与える。

①

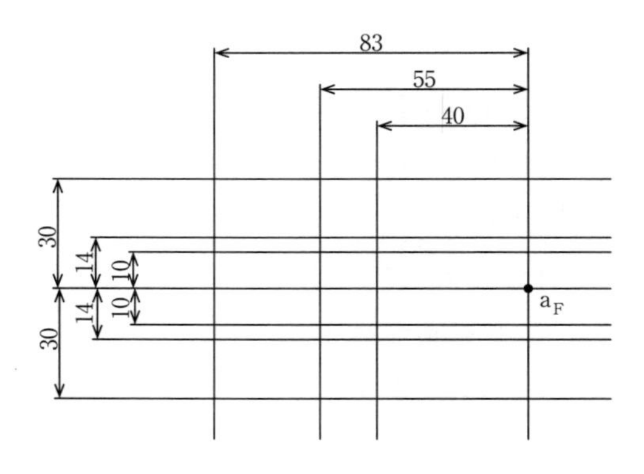

［オフセット］により縦、横の線を追加

②

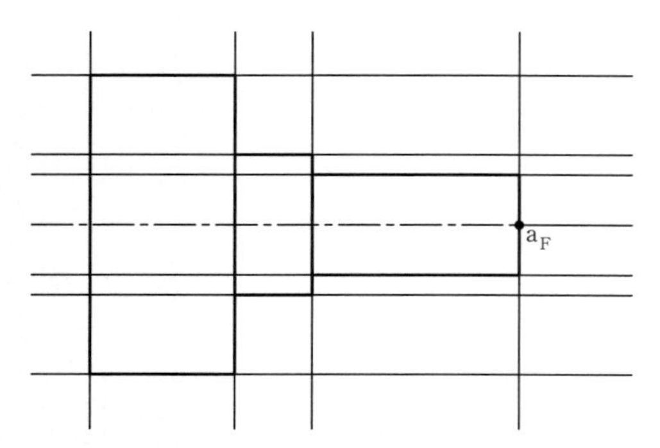

画層を中心線にして、［OSNAP］を近接点だけにして、中心線を引く。

③

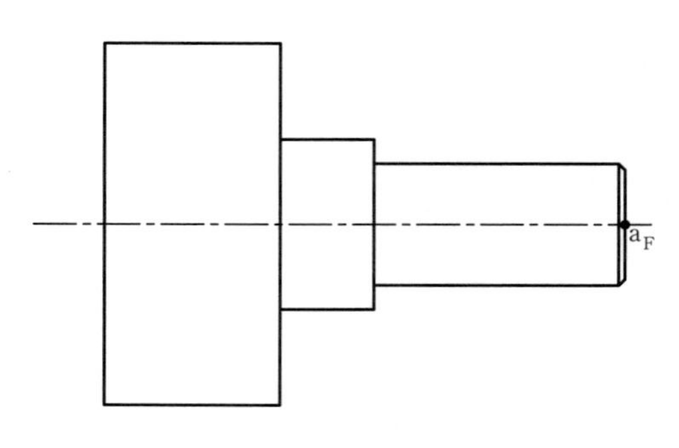

［修正］パネルの［面取り］により、C1 の面取り部を作成。軸は断面表示をしないので、［作成］パネルの［線分］により、面取り部の外形線を作図。

④

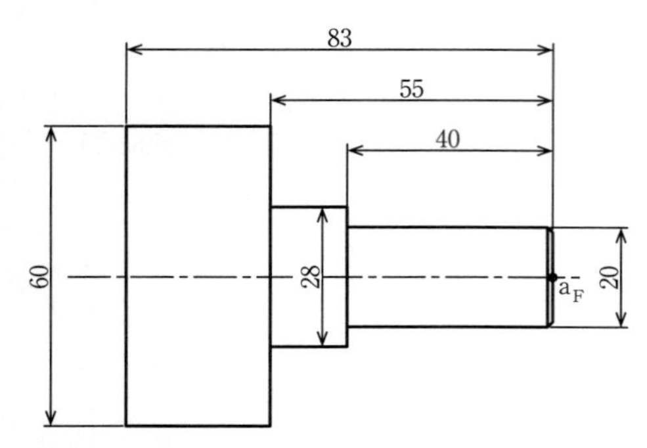

［注釈］タブ→［寸法記入］パネル→［長さ寸法記入］として、縦方向、横方向の寸法を記入（横方向はさらに［並列寸法記入］）。直径寸法例えば 60 の上にカーソルを持っていき、ダブルクリックをすると［テキストエディタ］が開くので、60 の前でシンボルの直径をクリックすると φ 60 となる。

⑤

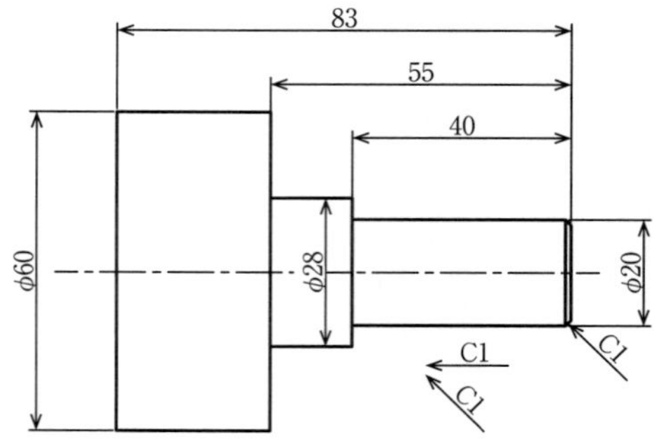

［マルチ引出線］により面取り部斜辺の中点より水平に引出し、1 回クリックし、C1 と記入、これを −45° 回転する。

⑥

図 1.4.6　軸部品の CAD 製図の作図手順

3. 三面図教材模型の CAD 製図

投影の基本は三面図である。三面図とは1つの立体を正面から見た正面図（Front view)、上から見た平面図（Top view)、横から見た側面図（Side view）を1つの平面上に同時に表したものである。ここでは図 1.4.7 の三面図教材模型の CAD 製図（図 1.4.8）を図 1.4.9 の作図手順により説明する。立体と第三角法による三面図の対応関係をしっかりと理解する必要がある。

1 作図起点 A の位置を与える（図 1.4.7、図 1.4.9 ①）

直交モードにして、画層を作図線にし、［作成パネル］から線分を選択して、図のように補助線を引く。

作図起点 A の正面図 a_F と平面図 a_T 及び側面図 a_S の位置を与える。

2 補助線の追加、外形線の作成（図 1.4.9 ②）

［修正］パネルの［オフセット］により、縦横の補助線を追加する（参考までにオフセットする距離を示す)。

画層を外形線とする。補助線をなぞり、外形図を作成する。補助線をなぞり（［OSNAP］を［近接点］のみとし）必要な中心線を引く。

3 外形図の完成（図 1.4.9 ③）

作図線を非表示とすると、外形図のみ表示される。

4 寸法の記入（図 1.4.9 ④）

［注釈］タブの［寸法記入］パネルの［長さ寸法記入］、［半径寸法記入］により寸法を記入し完成となる。

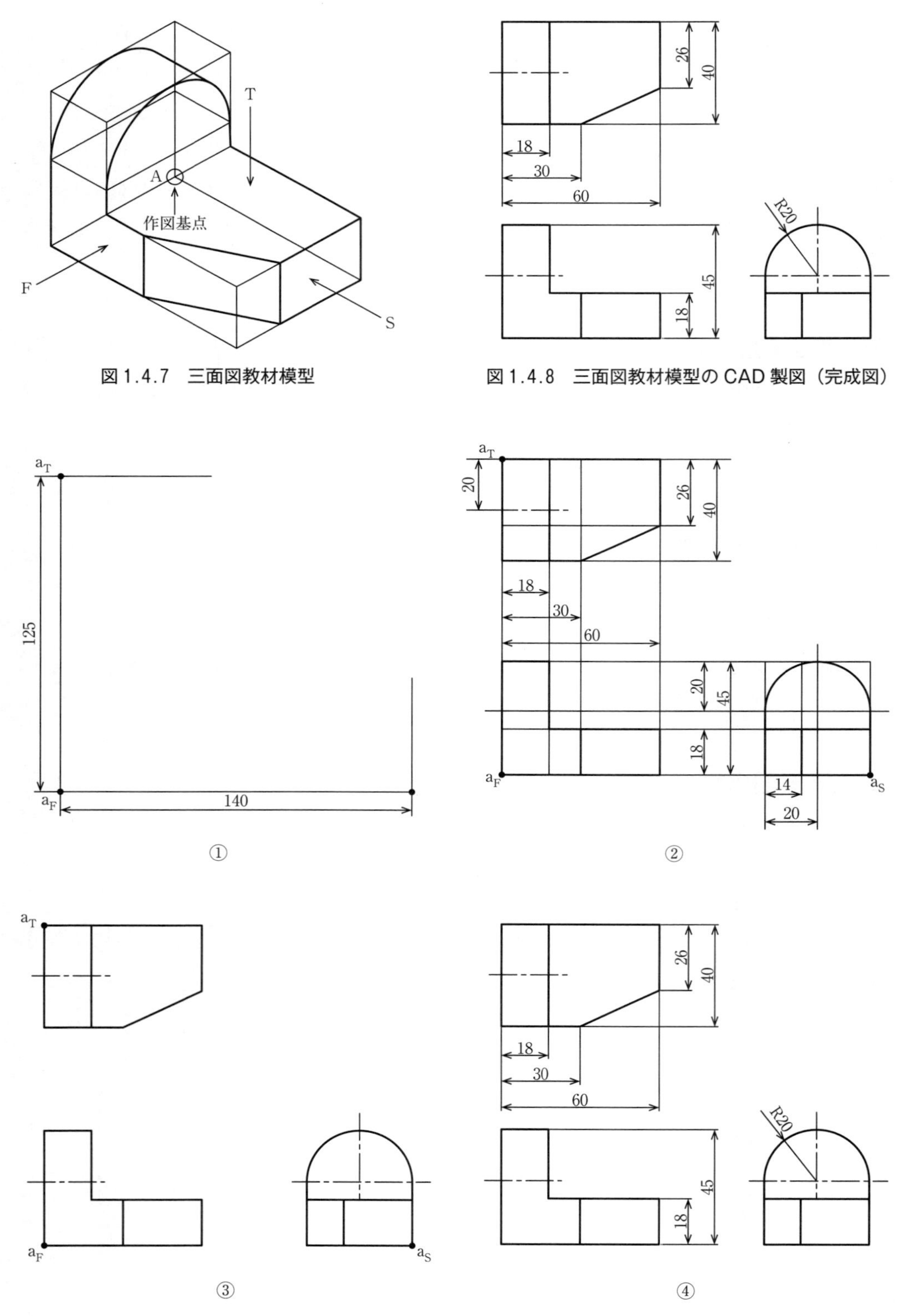

図 1.4.7　三面図教材模型

図 1.4.8　三面図教材模型の CAD 製図（完成図）

図 1.4.9　三面図教材模型の CAD 製図の作図手順

4. ブラケットのCAD製図

図1.4.10のブラケットのCAD製図（図1.4.11）を図1.4.12に示す作図手順で行う。

1 作図起点Aの位置を与える（図1.4.10、図1.4.12①）

作図起点のAの正面図a_F、平面図a_T、側面図a_Sの位置を与える。

2 縦、横の補助線の追加（図1.4.12②）

［修正］パネルの［オフセット］により、縦、横の補助線を追加する（参考までにオフセットする距離を示す）。

3 円、円弧部の作図、中心線の追加（図1.4.12③）

画層を作図線とする。［作成］パネルの［円］により、直径8 mmのキリ穴を、［作成］パネルの円弧により、半径10 mm、半径20 mmの円弧を描く。これに対応する補助線を追加する。画層を中心線とする。［OSNAP］を［近接点］だけにチェックを入れて、必要な中心線を描く。

4 外形図の作成（図1.4.12④）

画層を外形線とする。線分、円弧により補助線をなぞり、外形を描く。作図線を非表示とする。

5 フィレットの作成（図1.4.12⑤）

［修正］パネルの［フィレット］により、R2のフィレットを作成する。［修正］パネルの［フィレット］をクリックすると、コマンドラインに「最初のオブジェクトを選択または［半径（R）、複数（M）］」と現れるので、「R」を入力後［Enter］、「2」を入力後［Enter］を押す。再度「最初のオブジェクトを選択または［半径（R）、複数（M）］」と現れるので、1つ目の線をクリック、［2つ目のオブジェクトを選択］と現れるので、2つ目の線をクリックするとR2のフィレットが作成される。同様の指示に従い、平面図の4か所と正面図の2か所のフィレットが作成される。

6 寸法記入（図1.4.12⑥）

［注釈］タブの［寸法記入］パネルの［長さ寸法記入］で、縦、横の寸法線を入れる。引出線はあらかじめ60°の方向の補助線を引いておき、これをもとに作成する。「×」は「かける」で変換する。

7 参考寸法・直径寸法の作成（図 1.4.12 ⑦）

参考寸法の「100」をクリックし、100 の数字の前後に、「(　)」を入力する。直径寸法の「20」をクリックすると［テキスト エディタ］が開くので、シンボルより直径記号を付けて ϕ 20 とする。

8 中心線・かくれ線の尺度の修正（図 1.4.12 ⑧）

中心線（細い一点鎖線）と隠れ線（破線）の線の尺度は粗すぎるので、これをさらに細かく表示する。マウスで中心線を選択し、右クリックするとショートカットメニューが表示される。ここで、［オブジェクト プロパティ管理］をクリックすると、［オブジェクト プロパティ］ウィンドウが開く。そこで一般の項目中の線種尺度を 1 から 0.25 に変えると中心線が細かく表示される。隠れ線も同様にして、細かく表示される。

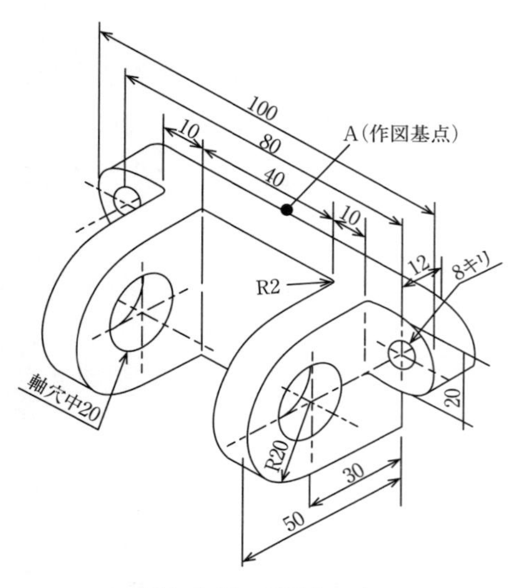

図 1.4.10　ブラケット

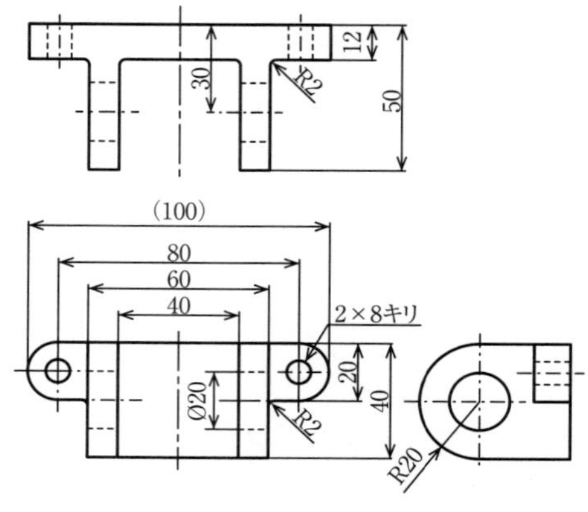

図 1.4.11　ブラケットの CAD 製図（完成図）

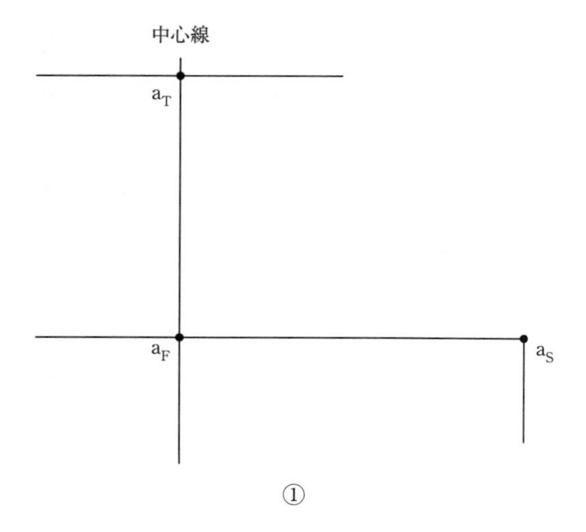

①

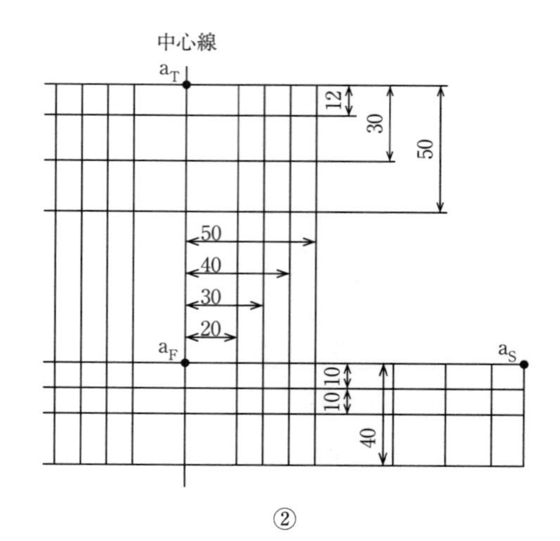

②

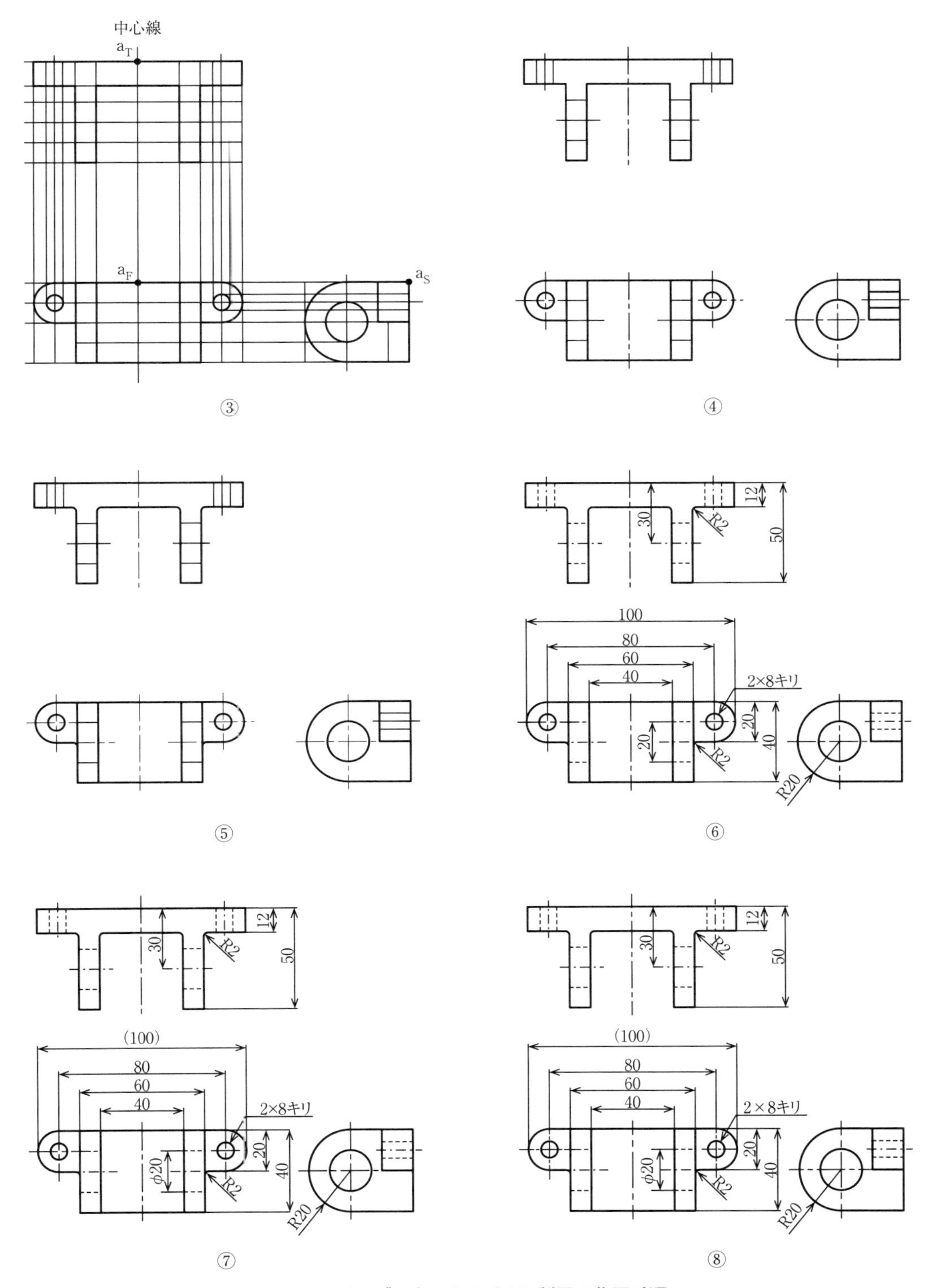

図 1.4.12　ブラケットの CAD 製図の作図手順

5. 全断面図教材模型のCAD製図

図1.4.13に示すように、全断面図とは、基本中心線より手前の部分を取り去ったと考え、残った部分の正面図を示す方法である。この場合、断面部の奥側の見える線もすべて示す。

図1.4.14に全断面図教材模型のCAD製図を示す。全断面図の場合は、切断線は描かなくてよい。以下に全断面図教材模型のCAD製図の作図手順を示す（図1.4.15に対応している）。

1 作図起点Aの正面図と平面図の位置を与える（図1.4.13、図1.4.15①）

作図起点Aの正面図 a_F と平面図 a_T の位置を与える。

2 補助線の追加（図1.4.15②）

◎縦方向及び横方向の補助線（平面図）の追加

入力モードを半角英数に変えた後、［修正］パネルの［オフセット］を利用して、平面図において必要となる縦方向及び横方向の補助線を追加する（円は中心位置のみ）（参考のためにオフセットする寸法を示している）。

◎縦方向及び横方向の補助線（正面図）の追加

まず、［作成パネル］の［円］の［中心、半径］により、平面図の2つの円を作図する。次に［修正］パネルの［オフセット］により、正面図の横方向の補助となる線を追加する。さらに［修正］パネルの［延長］または［作成］パネルの［直線］、［垂線］により、平面図に対応して、正面図の縦方向の補助線を追加する。

3 外形図の作成（図1.4.15③）

画層を外形線にし、［OSNAP］で［交点］、［垂線］にチェックを入れ、補助線をなぞって外形図を完成させ、不要な線を削除する。画層を中心線に変え、［OSNAP］の［近接点］にチェックを入れ、必要な中心線を追加する。

4 フィレットによるR3の円弧部の作図（図1.4.15④）

◎円のアール部の作成

［フィレット］をクリック、キーボードより「R」を入力の後［Enter］、「3」を入力の後［Enter］を押し、一番目の線、二番目の線をクリックするとアール部分が作成される。

◎円のアール部の寸法記入

「円弧の寸法記入」として、この部分をクリックするとR3が記入される。

◎寸法を入れるべき円の中心より60° の方向に補助線を引いておく。

[極トラッキング]（角度の増分30° ）をONにし、画層を作図線にして円の中心より、60° の角度線を引く。

5 寸法の記入（図1.4.15⑤）

画層を寸法線にする。外形線を基に長さ寸法を記入する。

◎平面図の直列寸法24、52の記入

[注釈]タブ→[寸法記入]パネル→[長さ寸法記入]を利用して24 mmを記入した後、[寸法記入]パネルの[直列寸法記入]を利用して、直列寸法24、52を記入する。

◎平面図の並列寸法50、100の記入

まず[寸法記入]パネルの[長さ寸法記入]を利用して、50 mmの寸法を記入した後、[寸法記入]パネルの[並列寸法記入]を利用して、並列寸法50、100を描く。

◎2 × ϕ 20の記入

[注釈]パネルの[マルチ引出線]を選択し、1回クリックし、「2」と入力した後、×（入力モードをひらがなにし、「かける」を変換して得られる）、シンボル@の直径をクリックし、「20」と入力し、[OK]を押すと2 × ϕ 20が記入される。

6 ハッチングの作図（図1.4.15⑥）

[画層]をハッチングにし、[作成]パネルの[ハッチング]を選び、パターンを[ユーザー定義]、角度を45° 、間隔を2 mmとし、ハッチングしたい場所の内側をクリックすると、ハッチングが完成される。

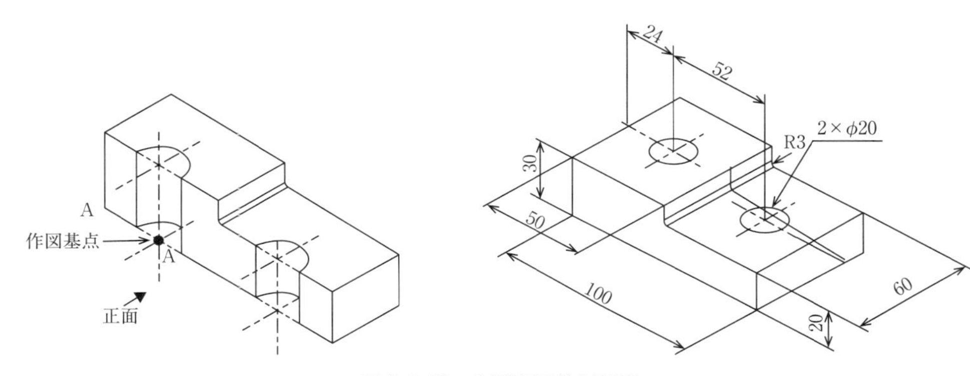

図1.4.13　全断面図教材模型

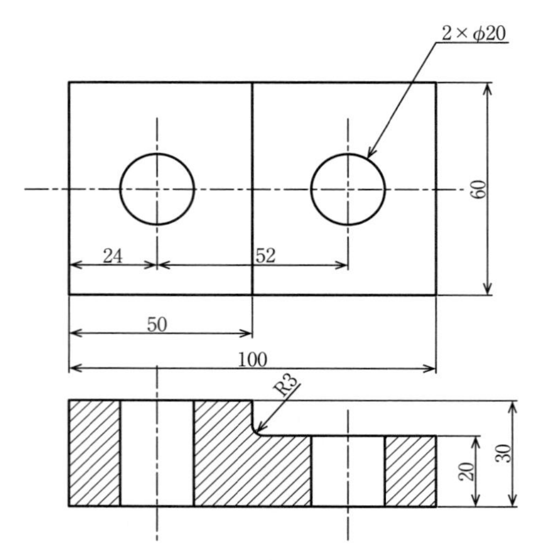

図 1.4.14　全断面図教材模型の CAD 製図（完成図）

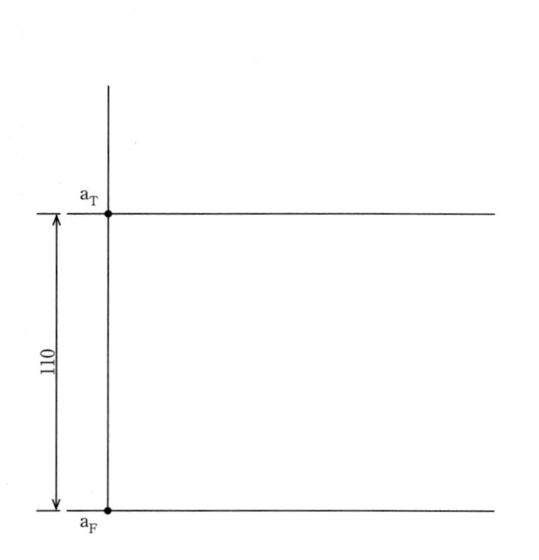

作図の起点の正面図、平面図の位置を与える。

①

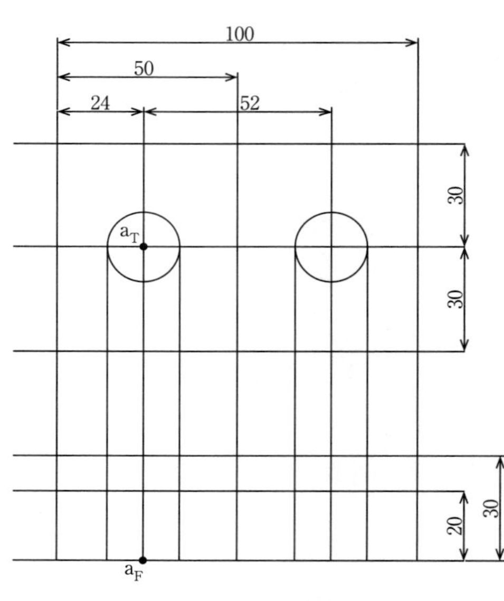

オフセットにより、縦、横の補助線、ϕ 20 の円を追加する。さらに、［線分］の［垂線］により円に対応する縦の補助線を追加する。

②

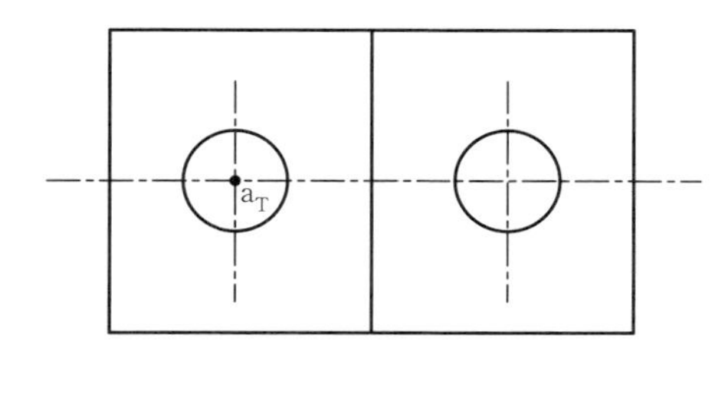

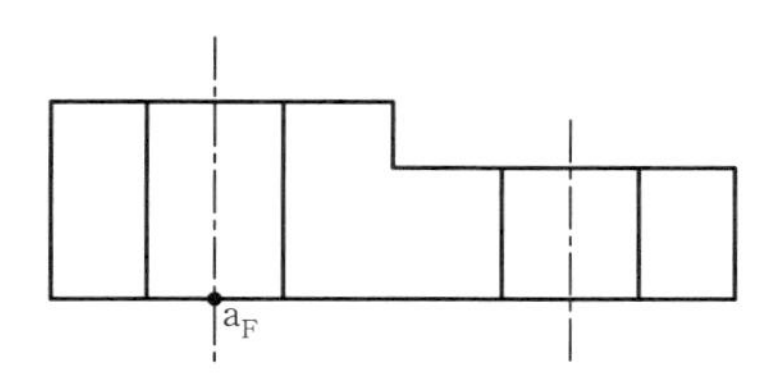

画層を外形線に変える。補助線をなぞりながら、線分、中心、半径円により外形図を作成する。画層を中心線、[OSNAP] を [近接点] だけにして、必要な中心線を追加する。作図線の画層を非表示とすると、外形図のみ表示される。

③

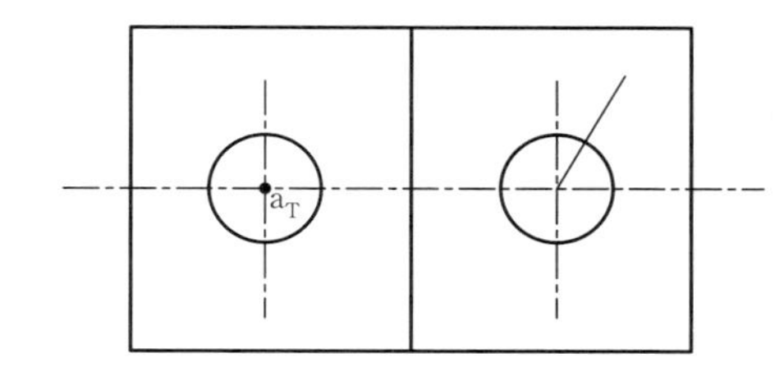

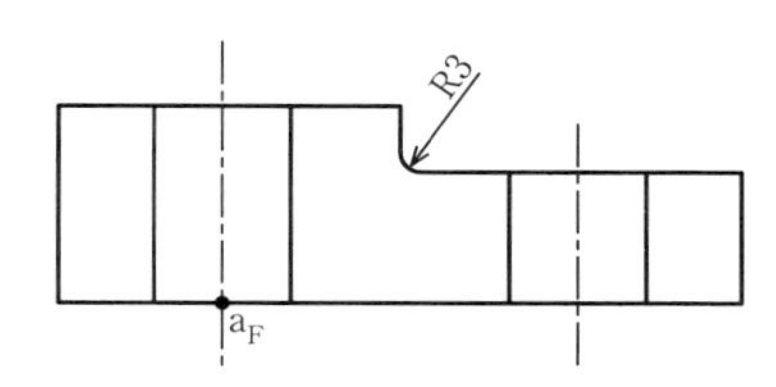

画層を作図線にして、[極トラッキング] の設定をON（角度の増分 30°）とし、線分により 60 の方向へ補助線を引く。

④

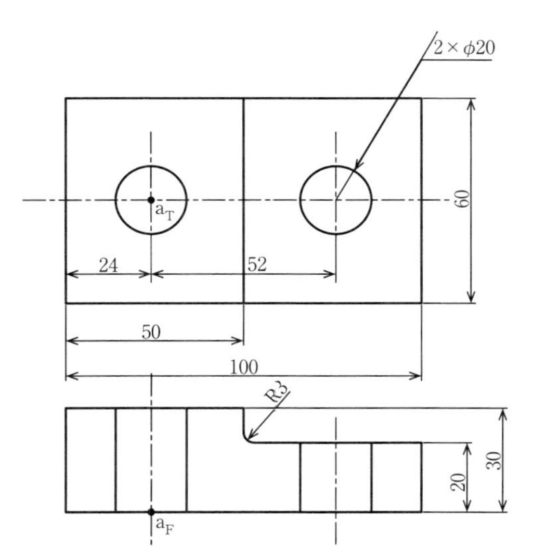

[注釈] タブ→ [寸法記入] パネル→ [長さ寸法記入] として、縦、横の寸法を記入。
引出線の記入方法
[OSNAP] を [近接点] だけにして、[注釈] タブ→ [マルチ引出線] で円の周上より半径方向に引き出し、1回クリックし、2 × φ 20 を入力する。

⑤

ハッチングの書き方
[作成] パネルの [ハッチング] をクリック、ユーザー定義、45°、2 mm に設定し、内側の点をクリックしていく。

⑥

図 1.4.15　全断面図教材模型 1 の CAD 製図の作図手順

6. 片側断面図教材模型１の CAD 製図

図 1.4.16 に片側断面図教材模型１を、図 1.4.17 に片側断面図教材模型１の CAD 製図（正面図のみの単面図）を、図 1.4.18 に片側断面図教材模型１の CAD 製図の作図手順を示す。この場合の正面図は片側断面図となっており、基本中心線の上半分が断面図を、下半分が外形図を表す。作図手順は以下の通りである。

1 作図起点 A の正面図の位置を与える（図 1.4.16、図 1.4.18 ①)。

作図起点 A の正面図 a_Fの位置を与える。

2 縦方向及び横方向の線分の追加（図 1.4.18 ②）

画層を補助線にする。入力モードを半角英数に変えた後、[修正] パネルの [オフセット] を利用して、基本となる縦方向、横方向の線分を追加する。

3 外形線の作図（図 1.4.18 ③）

画層を外形線にし、[OSNAP] で [交点]、[垂線] にチェックを入れ、補助線をなぞり、外形線を作図する。

4 外形図の作成（図 1.4.18 ④）

不要な線を削除（１本の中心線は残す)、外形図を作成する。

◎ 45° 面取り C2 の作成：「C2」の C は、45° 面取りを示す「Chamfer」の頭文字である。面取りは、[修正] パネルの [面取り] を選ぶ。次に「d」と入力し [Enter] を押す。１本目の長さで「２」と入力し [Enter]、２本目の長さで「２」と入力し [Enter] を押す。コマンド部分が最初に戻るので、面取りしたい角の２本の直線を順次選択すると C2 の面取りの外形線が引ける。

5 寸法の記入（図 1.4.18 ⑤）

画層を寸法線にする。外形線を基に長さ寸法を記入する。

◎並列寸法 15、25 の記入

[注釈] タブの [寸法記入] パネルの [長さ寸法記入] を利用して、15 mm の寸法を記入した後、[寸法記入] パネルの [並列寸法記入] を利用して、並列寸法 15、25 を描く。

◎直径寸法 ϕ 50、ϕ 40 の記入

[寸法記入] パネルの [長さ寸法記入] を利用して、50 mm、40 mm の寸法を記

入した後、まず修正すべき寸法50をクリックすると、[テキスト エディタ]となるので、@の直径「+ 50」を入力すると、直径寸法φ 50が記入される。同様の操作によりφ 40が記入される。

◎片側寸法φ 20の記入

[注釈]パネルの[マルチ引出し線]を選択し、[OSNAP]の[近接点]にチェックを入れて、また[直交モード]を[ON]にし、水平左方向の適当な点まで引出し、ダブルクリックし、@の直径と「20」を入力し閉じると寸法φ 20が記入される。これを[修正]パネルの[回転]を利用して90° 回転した後、矢の先を移動する。

◎面取り寸法C2の記入

[OSNAP]の中点にチェックを入れた後、[注釈]パネルの[マルチ引出し線]を選択し、面取りしたい面の斜辺の中心から、水平に引出し線を引く。次に[テキスト エディタ]を開き、C2と記入する(Cは大文字)。最後に、書いた文字と線を選択し[右クリック]⇒[回転]、基点を矢印の先にし、回転角度を45° とする。

6 ハッチングの作図(図1.4.18⑥)

[作成]パネルの[ハッチング]を選び、パターンを[ユーザー定義]で、角度45°、間隔2 mmとし、ハッチングしたい場所の内側をクリックし、[Enter]を押すと、ハッチングが完成される。

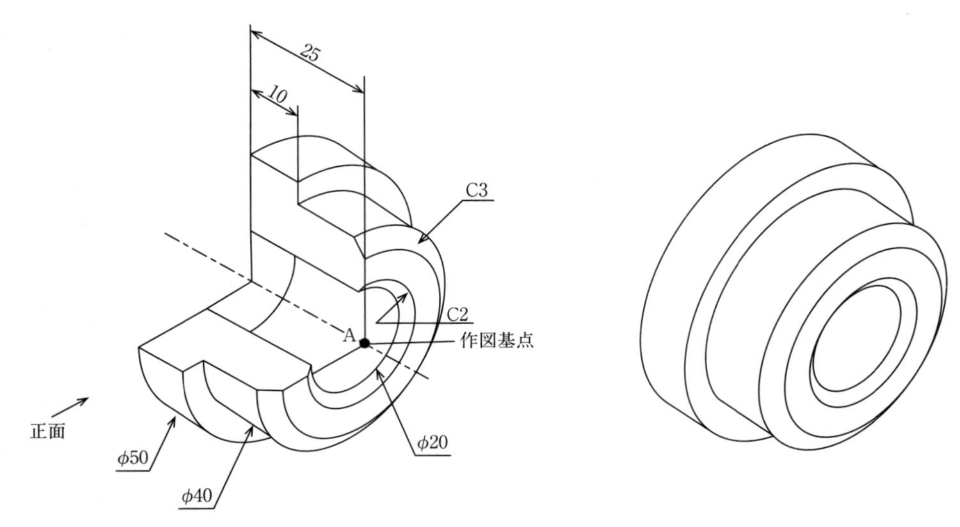

図 1.4.16　片側断面図教材模型 1

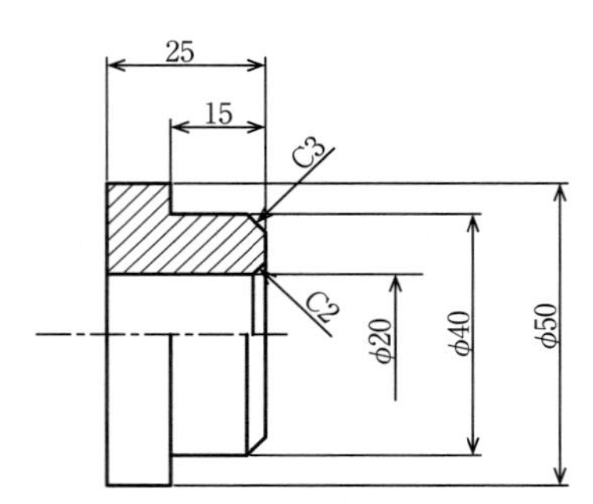

図 1.4.17　片側断面図教材模型 1 の CAD 製図

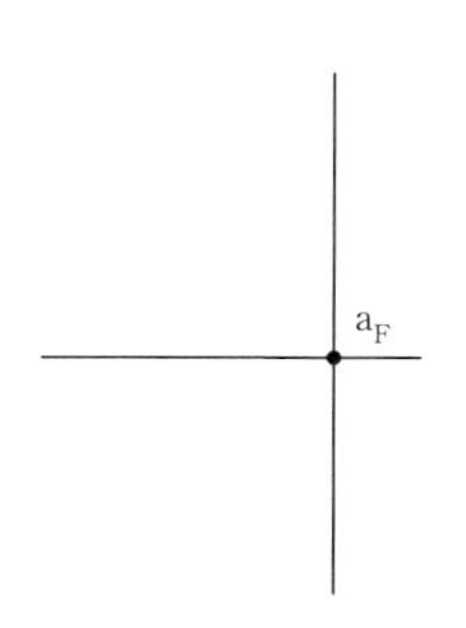

基準となる縦、横の線を与える。

①

オフセットにより、縦、横の線を追加する。

②

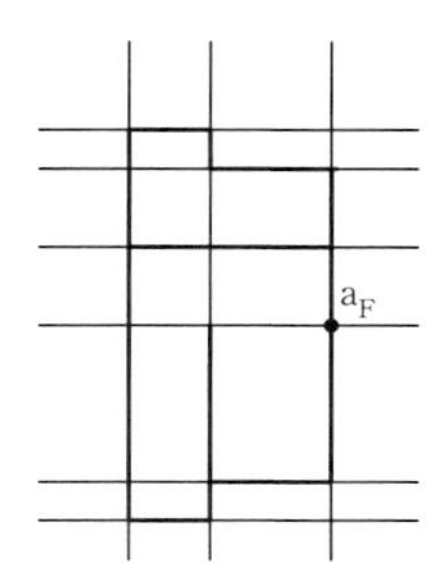

画層を外形線に変えて、[線分] により外形線を作成する。画層を中心線にして、[線分] により中心線を引く。

③

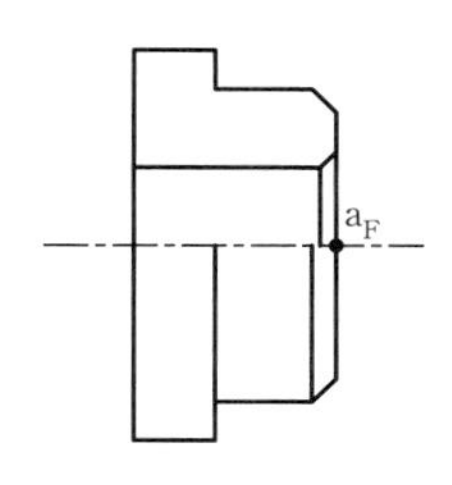

[面取り] により、外からC3、中からC2の面取り部を作成（線が消えた場合は外形線を追加する）。上半分は断面図、下半分は外形図となるように外形線を描く。

④

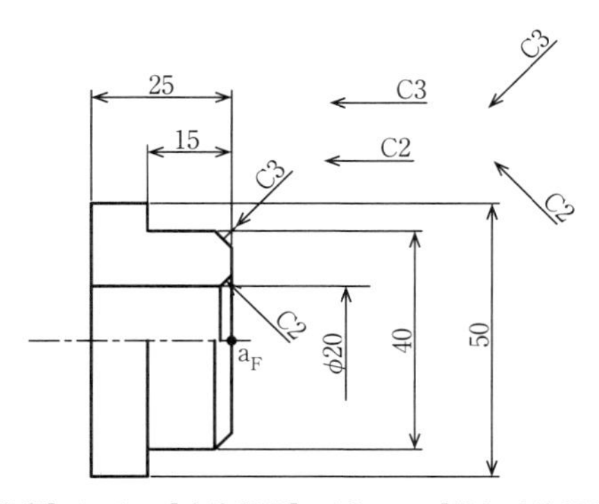

[注釈] タブ→ [寸法記入] パネル→ [長さ寸法記入] として、縦、横の寸法を記入（横はさらに [並列寸法記入] を用いる）。引出線φ20の矢の先をφ20から横に引き出した水平線に移動する。([OSNAP] を [近接点] に設定しておく）面取り部の斜辺の中点から [マルチ引出線] により右水平に引出し、1回クリックし、C2と記入。これを－45° 回転する。同様にC3を引出し、1回クリックしてφ20と記入、これを90° 回転する。

⑤

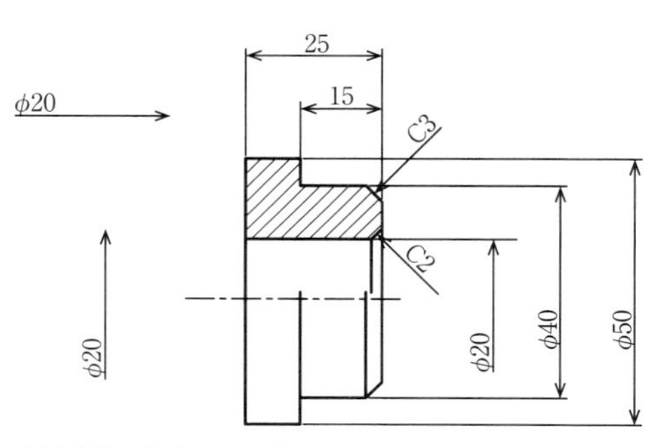

直径寸法の記入は、例えば50の上にカーソルを持ってダブルクリックすると [テキスト エディタ] が開くので、50の前でシンボルの直径をクリックするとφ50となる。(ハッチングの作図) [作成] パネルの [ハッチング] を選び、パターンを [ユーザー定義] で、角度45°、間隔2 mmとし、ハッチングしたい場所の内側をクリックし、[Enter] を押す。

⑥

図 1.4.18　片側断面図教材模型 1 の CAD 製図の作図手順

7. 片側断面図教材模型2のCAD製図

図 1.4.19 に片側断面図教材 2 を、図 1.4.20 に片側断面図教材 2 の CAD 製図を、図 1.4.21 に片側断面図教材 2 の CAD 製図の作図手順を示す。図 1.4.20 で、正面図が片側断面図で、基本中心線の右半分は断面を、左半分は外形を表している。

1 作図起点Aの位置を与える（図 1.4.19、図 1.4.21 ①）

作図起点 A の正面図 a_Fと平面図 a_Tの位置を与える。

2 補助線の追加（図 1.4.21 ②）

入力モードを半角英数に変えた後、［修正］パネルの［オフセット］を利用して、基本となる縦方向及び横方向の補助線及び円の補助線を引く。

3 外形図の作成、めねじの補助線追加（図 1.4.21 ③）

画層を外形線にし、［OSNAP］で［交点］、［垂線］にチェックを入れ、補助線をなぞって、外形を完成させる。

◎めねじの描き方

「M10」はメートル並目ねじを表す。めねじの場合は谷の径を細い実線で（直径 10 mm）、内径を太い実線（JIS 規格では直径 8.376 mm、簡易的に直径 8 mm としている）で表す。ただし、平面図に示すように、谷の径の 4 分円は描かない（［修正］パネルの［部分削除］をクリック、左回りに 1 点目は水平中心線の少し下を、2 点目は垂直中心線の少し右をクリックする）。

画層を中心線に変え、［OSNAP］の［近接点］にチェックを入れ、中心線を書く。

4 寸法の記入（図 1.4.21 ④）

画層を寸法線にする。外形線を基に長さ寸法を記入する。

◎平面図の直列寸法 7、18、18 の記入

［寸法］パネルの［長さ寸法記入］を利用して 7 mm を記入した後、［作成］パネルの［直列寸法記入］を利用して、直列寸法 7、18、18 を記入する。

◎正面図の並列寸法 8、18 の記入

まず［寸法］パネルの［長さ寸法記入］を利用して、8 mm の寸法を記入した後、［作成］パネルの［並列寸法記入］を利用して、並列寸法 8、18 を描く。

◎直径寸法 ϕ 20 の記入

［寸法］パネルの［長さ寸法記入］を利用して、20 mm の寸法を記入した後、修正

すべき寸法20をクリックすると、[テキスト エディタ] となるので、@の直径を入力すると、直径寸法φ 20が記入される。

◎ M10、2 × 7キリの記入

[極トラッキング] で角度の増分を60° に設定しておく。[作図] パネルの直線により、寸法を入れるべき円の中心より120° の方向に補助線を引いておく。[注釈] パネルの [マルチ引出線] を選択し、円の周上から引出し、引出線の折れるところで1回クリックし、M10とすると、寸法M10が記入される。同様に [注釈] パネルの [マルチ引出線] を選択し、1回クリックし、「2」と入力した後、×(入力モードをひらがなにし、「かける」を変換して得られる)、シンボル@の直径をクリックし、「7」と入力し、[OK] を押すと2 × φ 7が記入される。

◎ハッチングの作図

[作成] パネルの [ハッチング] を選び、パターンを [ユーザー定義]、角度を45° 、間隔を2 mmとし、ハッチングしたい場所の内側をクリックすると、ハッチングが完成される。

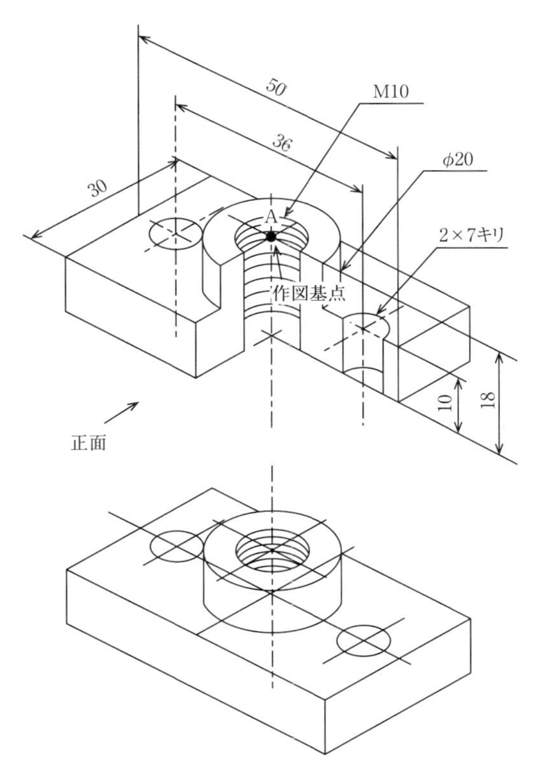

図1.4.19 片側断面図教材模型2

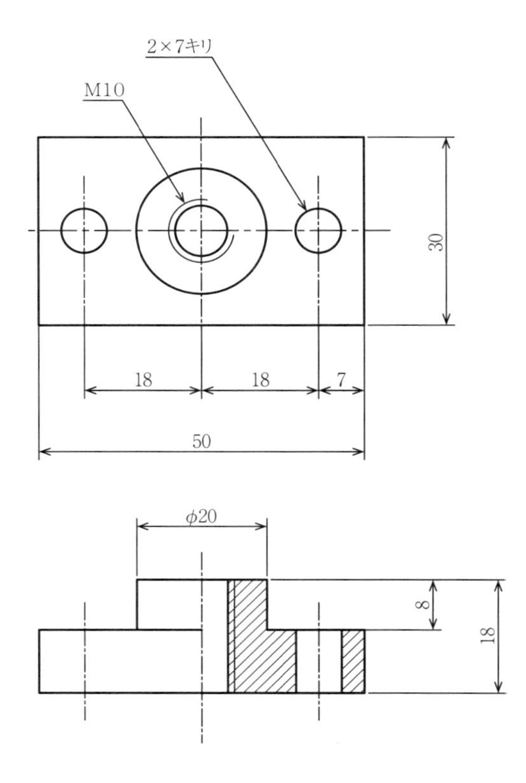

図1.4.20 片側断面図教材模型2のCAD製図(完成図)

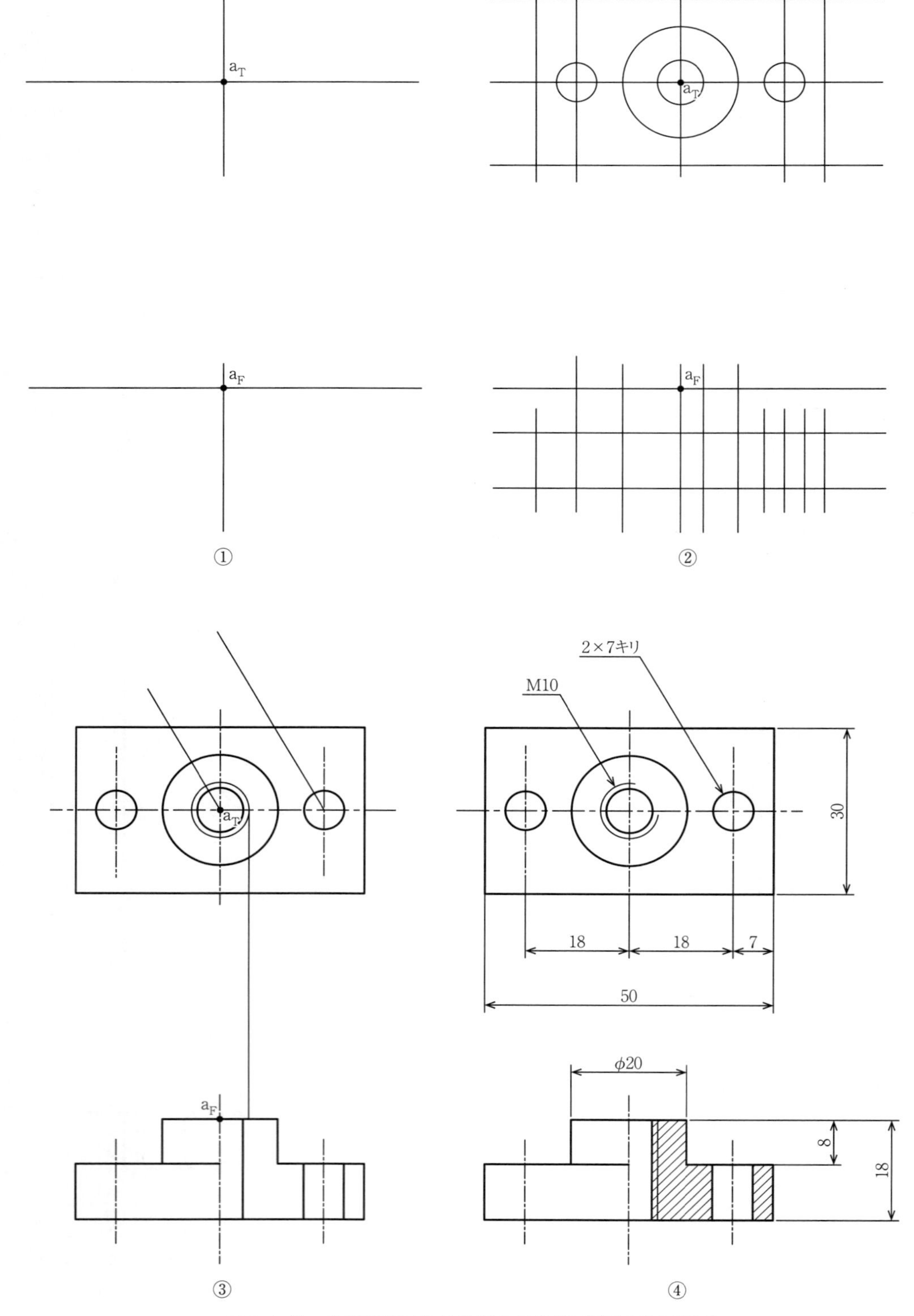

図 1.4.21　片側断面図教材模型 2 の CAD 製図の作図手順

8. 直角断面図教材模型の CAD 製図

直角断面図教材（図 1.4.22）の直角断面図をＣＡＤで作成する（図 1.4.23）。

組み合わせによる断面図―直角断面図とは鉛直の A-O 断面を左方の A から見た図と水平の O-A 断面を下方の A から見た図を組み合わせた断面図である。

1 作図の起点Ｐの正面図と右側面図を与える（図 1.4.22、図 1.4.24 ①）

作図起点Ｐの正面図 p_F、側面図 p_Sの位置を与える。

2 補助線の追加（図 1.4.24 ②）

入力モードを半角英数に変えた後、［修正］パネルの［オフセット］を利用して、基本となる縦方向及び横方向の補助線を引く。

◎ 60° の方向の補助線の引き方

［極トラッキング］の設定をクリックすると［作図補助設定］ウィンドウが開くので［極トラッキング］で［極トラッキングを ON］にチェック、角度の増分 60° として、画層を作図線にして、線を引く。

3 外形図の作成（図 1.4.24 ③）

画層を外形線にし、［OSNAP］で［交点］、［垂線］にチェックを入れ、補助線をなぞって外形を完成させる。また、画層を中心線に変え、中心線を描く。

◎直角断面図の描き方

側面図の切断線は細い一点鎖線で引き、［OSNAP］を［近接点］だけにチェックを入れた後、画層を外形線にし、［作成］パネルの直線により、要部（両端及び曲がり角）を太い実線で表す。両端部に視線の矢印を記入する。また要部に A、O、A の文字を記入する。正面図（A-O 断面と O-A 断面の組合せ断面図を表している）上側には A-O-A と記入する。画層を中心線に変え、中心線を描く。

4 寸法の記入（図 1.4.24 ④）

画層を寸法線にする。外形線を基に長さ寸法を記入する。

◎並列寸法 5、15 の記入

［注釈］タブの［寸法記入］パネルの［長さ寸法記入］を利用して、5 mm の寸法を記入した後、［寸法記入］パネルの［並列寸法記入］を利用して、並列寸法 5、15 を描く。

◎直径寸法φ 40の記入

［寸法記入］パネルの［長さ寸法記入］を利用して、40 mmの寸法を記入した後修正すべき寸法40をクリックすると、［テキスト エディタ］が開くので、シンボル@の直径を入力すると、直径寸法φ 40が記入される。

◎引出線2 × φ 6の記入

［引出線パネル］をクリックし、カーソルをφ 6の円周上にもってきて、極により引いた60° の線上に沿い引出し1回クリックする。そこに「2」、「×」(「ばつ」あるいは「かける」で変換される)、φ（シンボル@の直径で入力される)、「6」と入力すると引出線2 × φ 6が描かれる。

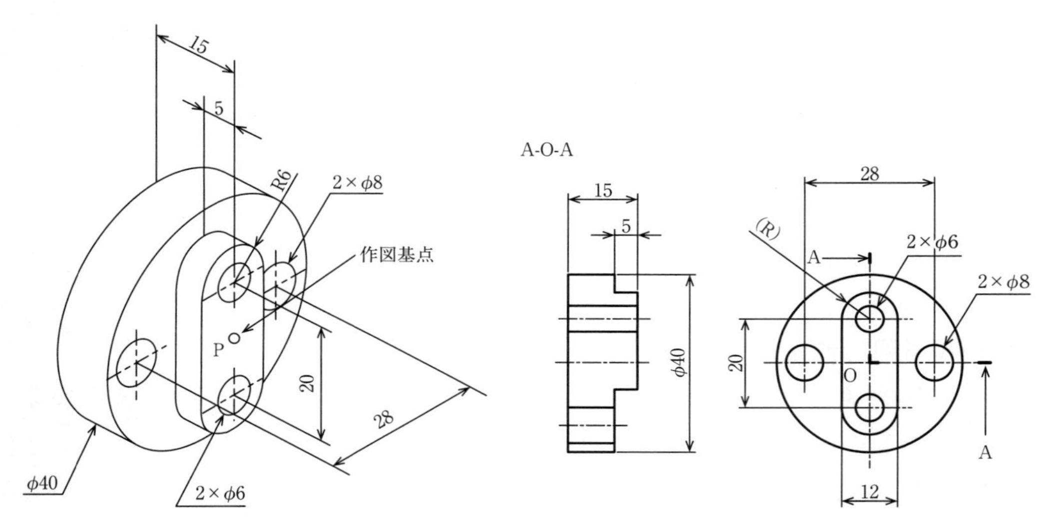

図1.4.22　直角断面図教材模型

図1.4.23　直角断面図教材模型のCAD製図

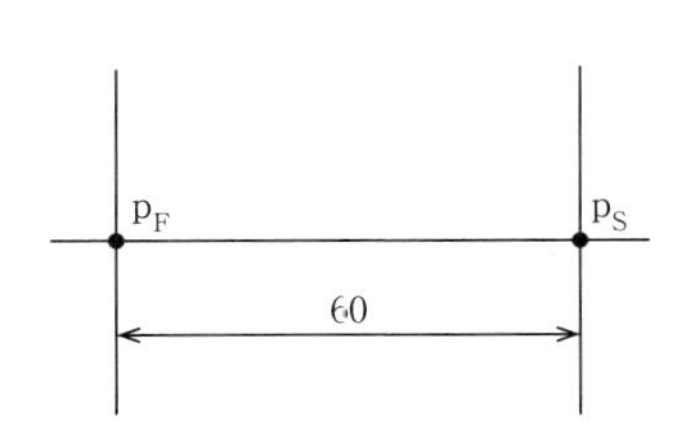

作図の起点の正面図と右側面図の位置を与える。

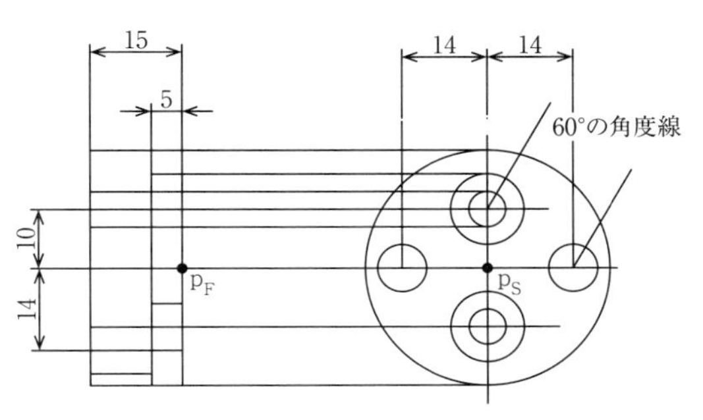

右側面図で必要な円の中心位置をオフセットで求める。右側面図の円に対応して正面図の輪郭を描く。また、引出線のための補助線として、60° の角度線を描く。

60° 方向の線の描き方

[極トラッキング] の設定をクリックすると、[作図補助設定] ウィンドウが開くので、[極トラッキング] で「極トラッキングを ON」にチェック、角度の増分 60° とする。

②

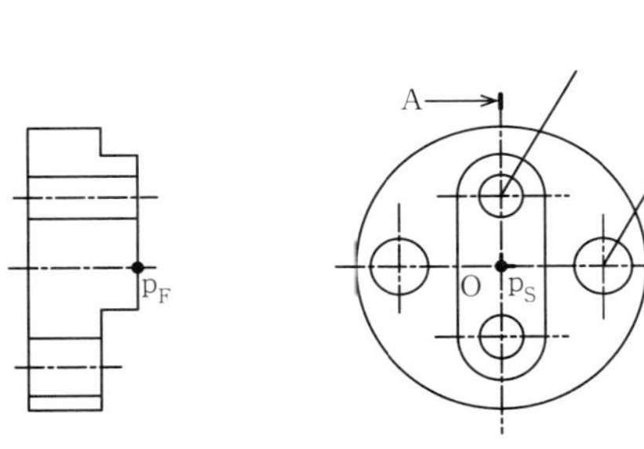

補助線をなぞりながら、線分、円 (中心、直径)、円弧 (始点、中心、終点) により外形線を描く。[OSNAP] の [近接点] を利用して必要の長さの中心線を描く。直角断面図では、切断線が必要である。切断線の両端と要所は太い線で示す。

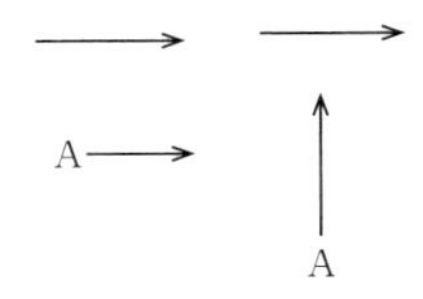

[注釈] タブ→ [引出線] パネル→ [マルチ引出線] により左方向に水平に引き出す。これを複写して 90° 回転したものを作成。[注釈] タブ→ [マルチテキスト] により、別に A の文字を作成し、これを引出線と合成する。

③

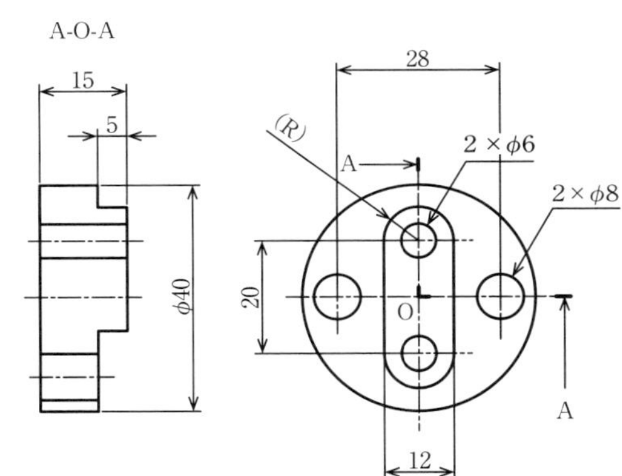

[注釈] タブ→ [寸法記入] パネル→ [長さ寸法記入] で各部寸法を記入。直角断面の切断線完成。引出線も完成。

引出線 2 × φ 6 の描き方

[引出線パネル] をクリックし、カーソルを φ 6 の円周上にもってきて、極により引いた 60° の線上に沿い引き出しを 1 回クリックする。そこに 2、× (かけるで変換される)、φ (シンボル@の直径「%%C」で入力される)、「6」と入力すると引出線「2 × φ 6」が描かれる。

図 1.4.24　直角断面図教材模型の CAD 製図の作図手順

9. 組み合わせによる断面図—階段断面図教材模型のCAD製図

階段断面図教材模型（図1.4.25）のCADによる製図（図1.4.26）を行う。図1.4.26の組み合わせによる断面図—階段断面図とは、A-B断面とC-D断面正面Aから見た図を組み合わせと示した断面図である。以下に階段断面図の教材模型のCAD製図の作図手順を示す（図1.4.27参照）。

1 作図起点Pの正面図と平面図の位置を与える（図1.4.25、図1.4.27①）

作図起点Pの正面図 p_F、平面図 p_T の位置を与える（図1.4.27②）

2 補助線の追加、外形線の作図（図1.4.27②）

◎補助線の追加

［修正］パネルの［オフセット］を利用して、基本となる縦方向及び横方向の補助線を引く（円は中心位置のみわかればよい）。

◎外形線の作図

画層を外形線にし、［OSNAP］で［交点］、［垂線］にチェックを入れ、補助線をなぞって、外形線を引く。

画層を中心線に変え、［OSNAP］で［近接点］にチェックを入れ、補助線をなぞって、中心線を描く。

3 寸法の記入（図1.4.27）

画層を寸法線にする。外形線を基に長さ寸法を記入する。

◎並列寸法15、38、50の記入

まず［寸法］パネルの［長さ寸法記入］を利用して、15 mmの寸法を記入した後、［寸法記入］パネルの［並列寸法記入］を利用して、並列寸法38、50を記入する。

◎引出線2×φ7の記入

［引出線パネル］をクリックし、カーソルをφ6の円周上にもってきて、極により引いた60°の線上に沿い引出し1回クリックする。そこに2、×（かけるで変換される）、φ（シンボル@の直径「%%C」で入力される）、「7」と入力すると引出線2×φ7が描かれる。

◎参考寸法（R）の記入

まず［寸法］パネルの［半径寸法記入］により、半径寸法R5あるいはR9を記入する。次にR5あるいはR9をクリックすると［テキスト エディタ］となるので、R5を削除して、代わりに（R）とすると参考寸法（R）が記入される。

4 組み合わせ断面の作成（図1.4.27④）

平面図の切断線は細い一点鎖線で引き、［OSNAP］を［近接点］だけにチェックを入れた後、［作成］パネルの直線により、要部（両端及び曲がり角）を太い実線で表す。両端部に視線の矢印を記入する。また要部にA、B、C、Dの文字を記入する。正面図（A-B断面とC-D断面の組合せ断面図を表している）上側にはA-B-C-Dと記入する。

◎ハッチングの作図

［作成］パネルの［ハッチング］を選び、パターンを［ユーザー定義］、角度を45°、間隔を2 mmとし、ハッチングしたい場所の内側をクリックし、［Enter］を押すと、ハッチングが完成される。

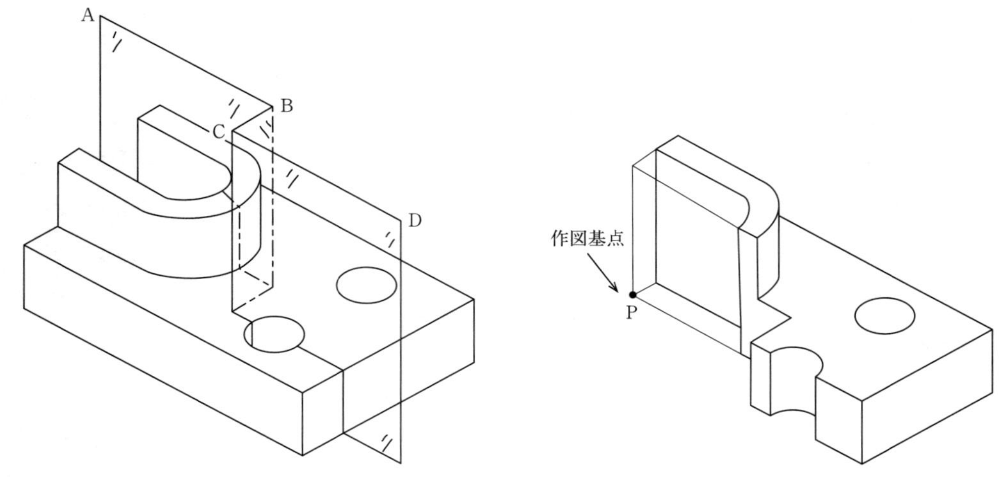

図 1.4.25　階段断面図の教材模型

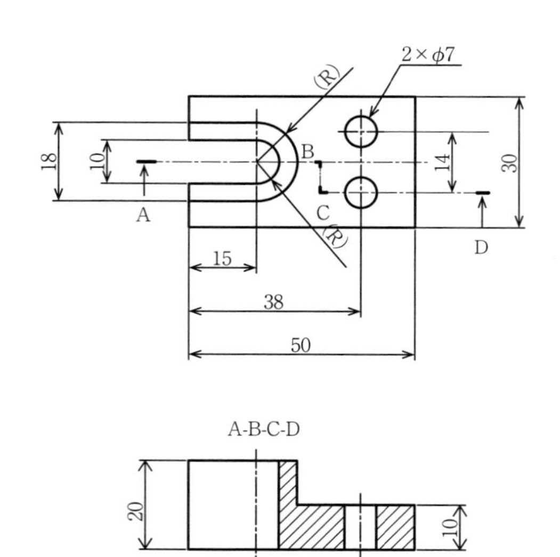

図 1.4.26　階段断面図の教材模型の CAD 製図（完成図）

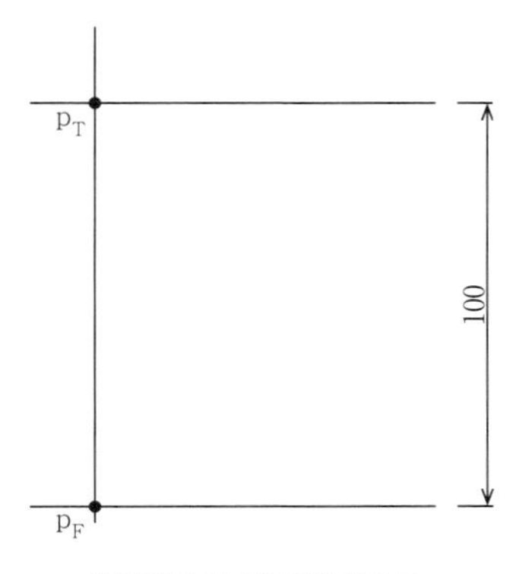

作図起点 P の位置を与える。

①

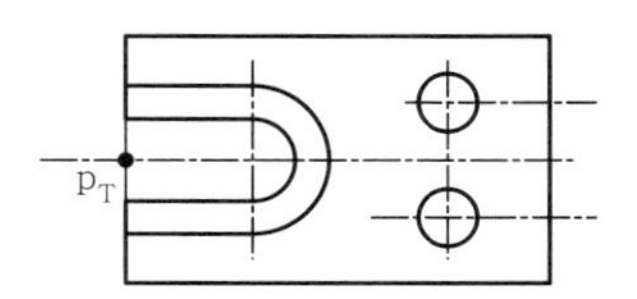

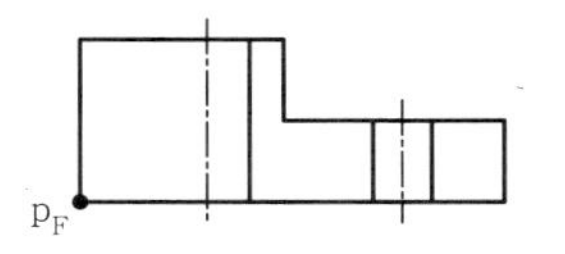

［オフセット］により、補助線追加。補助線をなぞり外形図完成。

②

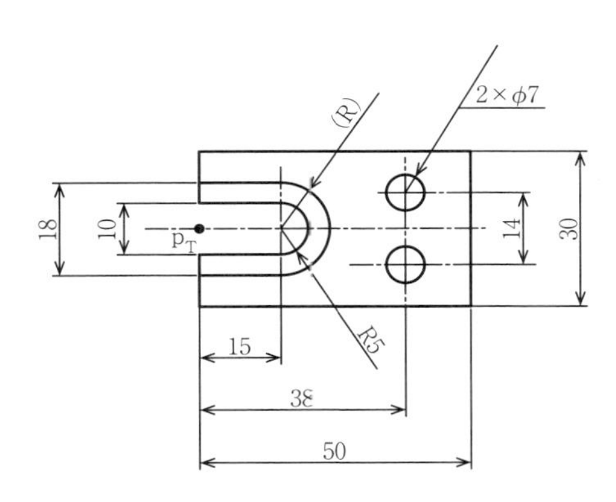

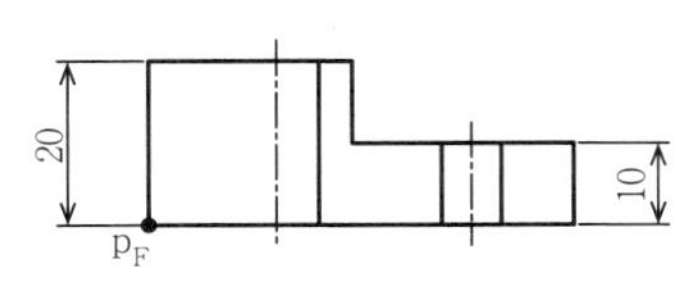

外形図をもとに寸法記入円の寸法を参考寸法にする。引出線寸法作成。

③

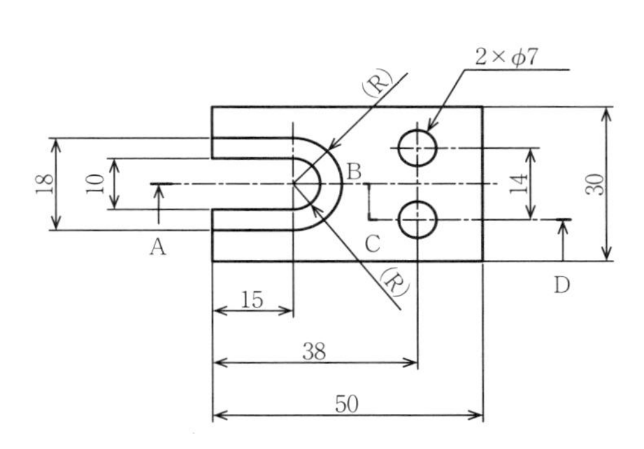

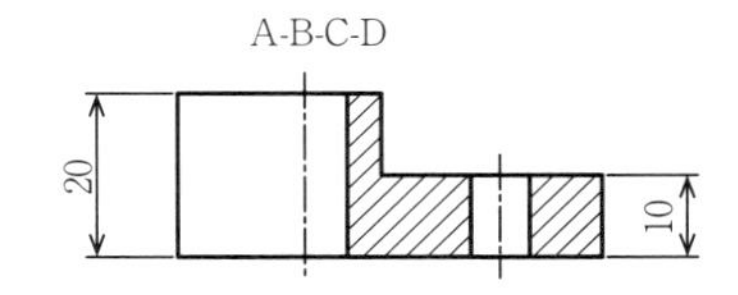

組み合わせによる断面図の切断線追加。ハッチング作成。

④

図 1.4.27　階段断面図の教材模型の CAD 製図の作図手順

10. パッキン押えのCAD製図

図1.4.28のパッキン押えは、ポンプの軸からの水漏れ防止用のグランドパッキンを押える部品である。図1.4.29のパッキン押えのCAD製図の正面図は全断面で表している。図1.4.30にパッキン押えのCAD製図の作図手順を示す。ここでは、補助線はできるだけ使わず、初めから外形線で作図するようにする。

1 作図の起点Aの正面図と右側面図の位置を与える（図1.4.28、図1.4.30①）

作図基点Aの正面図a_Fと右側面図a_Sの位置を与える。

2 補助線の追加、外形図の作成（図1.4.30②）

◎側面図の2本の垂直線、正面図の2本の中心線の追加

オフセットにより、側面図の2本の垂直線を、さらに正面図の2本の中心線を追加する。

◎外形線による側面図の円、円弧、接線の作成

画層を外形線とする。［作成］パネルの［円］の［中心、直径］、［中心、半径］を用いて、側面図の円、円弧を作成する。さらに［OSNAP］を［接線］だけにチェックを入れ、線分を用いて円の接線を引く。

◎細い実線による側面図と正面図の対応線の作成

画層を細い実線とする。［OSNAP］を［端点、交点、垂線］に設定した後、側面図の円に対応した正面図上の対応線を引く。

◎正面図の外形線、面取りの角度線の作成

画層を外形線とする。［線分］コマンドにより正面図の外形線を引く。さらにステータスバーの［極トラッキング］の設定で、角度の増分を15°に、［オブジェクトスナップトラッキング］の設定をすべての極角度を使用してトラッキングに、極角度の計測方法を最初のセグメントに対する相対角度に設定して、正面図の面取り部の角度線を引く。

3 外形図に寸法記入（図1.4.30③）

◎正面図、側面図の外形線の不要部の削除

［修正］パネルの［トリム］を利用して、正面図、側面図の不要部を削除する。

◎アール部の作図

［修正］パネルの［フィレット］をクリックする。キーボードより、「r」と入力し

［Enter］を押す。引き続いて「2」と入力し、指示に従い1本目の線、続いて2本目の線をクリックすると、R2の円弧部の外形線が引ける（外形線の抜けたところは線分でつなぐ）。

◎面の性状の記号の表示（時間的に余裕がなければ省略してもよい）

図面に示した面の性状の記号は、中心線平均粗さ0.0063 mmの除去加工部以外は除去加工0.025 mmとすることを意味する。

3本の補助線を基に、面の性状の記号を1つ作成する。中心線平均粗さの数値は［注釈］パネルの［マルチテキスト］を用いて作成する。これを複写、移動により、必要な面の性状の記号を作成することができる。

◎寸法値の記入

画層を寸法線として、各部寸法を入れていく。

・長さ寸法の記入

長さ寸法、直列寸法、並列寸法を選んで、寸法を入れる。

・引出線2×14キリの記入

［引出線］パネルをクリックし、カーソルをφ6の円周上にもってきて、極により引いた60°の線上に沿い引出し1回クリックする。そこに「2」、［×］（かけるで変換される）、「14キリ」と入力すると引出線2×14キリが描かれる。

・角度寸法の記入

［注釈］タブの［寸法記入］パネルの［寸法記入］をプルダウン［角度寸法記入］を選択し、1番目の線分を選択、さらに2番目の線分を選択すると角度が表示される。

4　寸法値の修正（図1.4.30④）

◎直径寸法φ60、φ40の記入

修正すべき寸法をダブルクリックすると［テキスト エディタ］となるので、直径寸法の直前にカーソルをおいて「シンボル@」の「直径」をクリック、OKとすると直径寸法が記入される。

◎参考寸法（70）、（120）の記入

修正すべき寸法をダブルクリックすると［テキスト エディタ］となるので、70と120の数字の前後に「(　)」を入力すると参考寸法が記入される。

◎ハッチング処理

画層をハッチングにする。［注釈］タブの［作成］パネルの［ハッチング］を選び、タイプをユーザー定義、角度を45°、間隔を2 mmとすると図面にもどるので、内側の点をクリックすると、ハッチングが完成される。

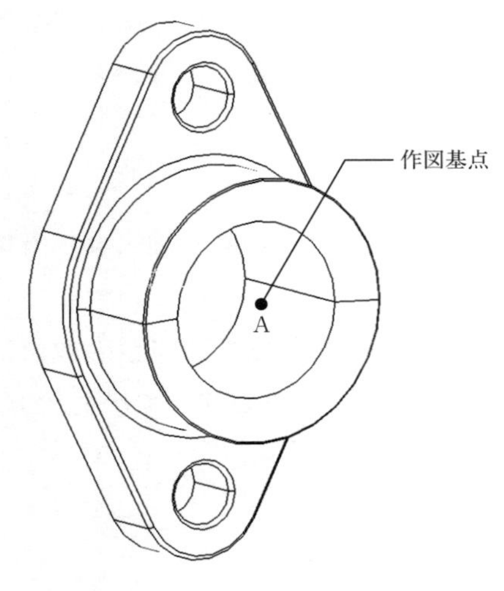

図 1.4.28　パッキン押え

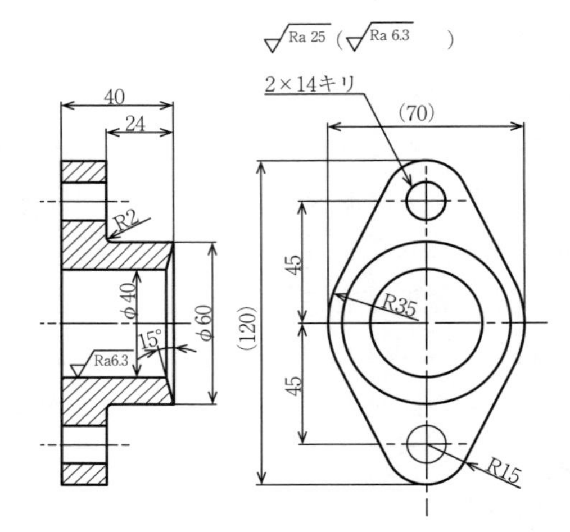

図 1.4.29　パッキン押えの CAD 製図（完成図）

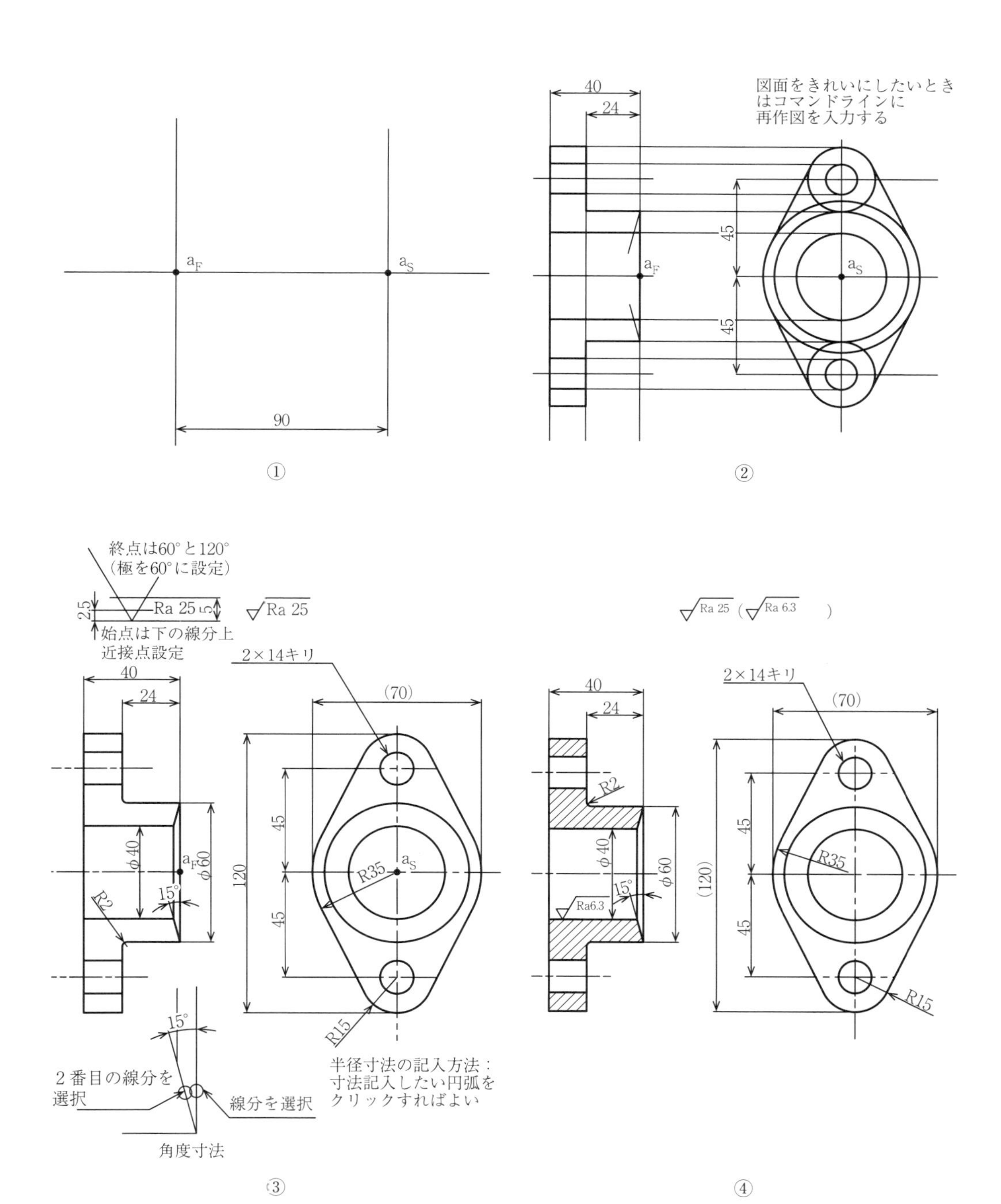

図 1.4.30　パッキン押えの CAD 製図の作図手順

11. 平歯車の CAD 製図

図 1.4.31 に平歯車の部品を、図 1.4.32 に平歯車の CAD 製図を、図 1.4.33 に平歯車の CAD 製図の作図手順を示す。図 1.4.32 の平歯車の CAD 製図（作図手順⑤）の正面図は全断面図で表している。ここでも、補助線はできるだけ使わず、初めから外形線で作図するようにする。なお、平歯車の要目表は省略している。

1 作図起点となる平歯車の中央の点 A の位置を与える。（図 1.4.31、図 1.4.33 ①）

作図起点 A の正面図 a_F、右側面図 a_Sの位置を与える。

2 補助線の追加（図 1.4.33 ②）

◎正面図の縦方向線分を追加

［修正］パネルの［オフセット］を利用して、正面図の縦方向線分を追加する。

◎側面図の円とキー溝部の外形線の作図

画層を外形線にする。［作成］パネルの［円］、［中心、直径］を利用して、側面図の円を描く。

また［作成］パネルの［線分］を利用して、ϕ 15 の円の下端より鉛直上方に 16.5 mm、引き続き水平右方に 2 mm、鉛直下方に適当な長さの線分を引き、キー溝部の外形線の輪郭を描く。

◎対応する正面図の水平線の作図

［OSNAP］を［交点］、［垂線］にチェックを入れ、［作成］パネルの［線分］を利用し、細い実線で正面図の水平線を引く。キー溝部の水平線はキー溝の角に対応させて引く。

◎正面図右上方の外形線の作図

画層を外形線にする。［作成］パネルの［線分］を利用して、正面図右上方の外形線を引く。

3 外形図の作成（図 1.4.33 ③）

◎側面図の外形線の作成

［修正］パネルの［トリム］を利用して、側面図の外形線の右半分を仕上げる。対称図記号（平行な 2 本の線で表す）を描く。

◎正面図の外形線の作成

［修正］パネルの［トリム］を利用して、正面図の不要な細線を削除する。現在画

層を外形線にする。

次に［修正］パネルの［鏡像］を利用して、正面図右下方の外形線を作成する。同様に［修正］パネルの［鏡像］を利用して、正面図左半分の外形線を作成する。

◎正面図右上方の部分の面取り、フィレットの作成

・面取り

“C1”のCは、45°面取りを示す。面取りは、［修正］パネルの［面取り］を選ぶ。次に「d」と入力し［Enter］を押す。1本目の長さ「1」を指定し［Enter］、2本目の長さ「1」を指定し［Enter］を押す。コマンド部分が最初に戻るので、面取りしたい角の2本の直線を順次選択するとC1の面取り部の外形線が引ける。

・フィレット

［修正］パネルの［フィレット］をクリックする。キーボードより、「r」と入力し［Enter］を押す。引き続いて「2」と入力し、指示に従い1本目の線、続いて2本目の線をクリックするとR2の円弧部の外形線が引ける。同様にして、R3、R1の円弧部の外形線を引く（R1の円弧部の外形線を引いて外形線が抜けたところは線分でつなぐ）。

4 寸法記入（図1.4.33④）

◎長さ寸法、フィレット寸法、片側寸法（ハメアイ記号を含む）の記入

［OSNAP］を［交点］にチェックを入れ、［注釈］タブの［寸法］パネルの［長さ寸法］を利用して、必要な長さ寸法を記入する。

◎フィレット寸法、片側寸法の記入

［引出線］パネルの［マルチ引出線］を選択し、求める線から中心線を越える適当な点まで水平方向に引出線を入れる。［寸法］ツールバーの［半径寸法記入］により円弧の寸法を記入する。

5 寸法の修正（図1.4.32）

◎直径寸法、ハメアイ記号の記入

・直径寸法

直径にしたい寸法をダブルクリックすると［テキスト エディタ］が開くので、［シンボル］の［直径］をクリック、［OK］を押すと直径寸法が記入される。

・ハメアイ記号

［注釈］タブの［引出線］パネルの［マルチ引出線］により、右方向水平に引出すと［テキスト エディタ］が開く。シンボルより直径を選び、続けて15H7とする。これを［修正］ツールバーの［回転］を利用して、90°回転し、［OSNAP］の［近

接点］により、必要なところにドラッグすると、ハメアイ記号「φ 15H7」が記入される。ハメアイ記号「4JS9」も同様である。

◎サイズ公差、面取り寸法の記入

・サイズ公差

修正すべき寸法16.5をクリックし、右クリックすると［ショートカットメニュー］が開くので、［オブジェクトプロパティ管理］を選ぶと、［オブジェクト プロパティ］ダイアログが現れるので、［許容差］のボタンを押し、［許容差表示］を上下、［許容差のプラス］を0.2、［許容差のマイナス］を0とし、［許容差の文字高さ］を0.7とし、ダイアログを閉じると、16.5に上下の許容差が記入される。

ただし、許容差のマイナス値が「－0」と表示される。これは不適切であるため、［許容差のマイナス］に「－0」と入力することで、「0」と表示されるようになる。

・面取り記入

［注釈］タブの［引出線］パネルの［マルチ引出線］により、右方向水平に引出すと［テキスト エディタ］が開くので、「C1」と記入する（Cは大文字)。次に、書いた文字と線を選択し、右クリックした後に【回転】、基点を矢印の先にし、回転角度を45° とする。これを面取りしたい面の斜辺の中心にドラッグすると、45° 面取り寸法C1が記入される。

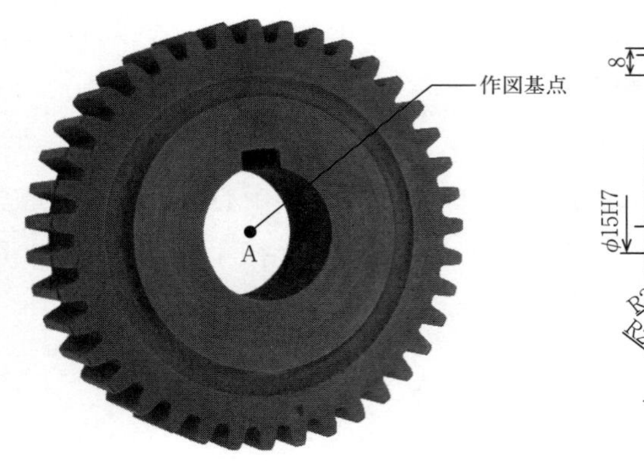

図1.4.31　平歯車

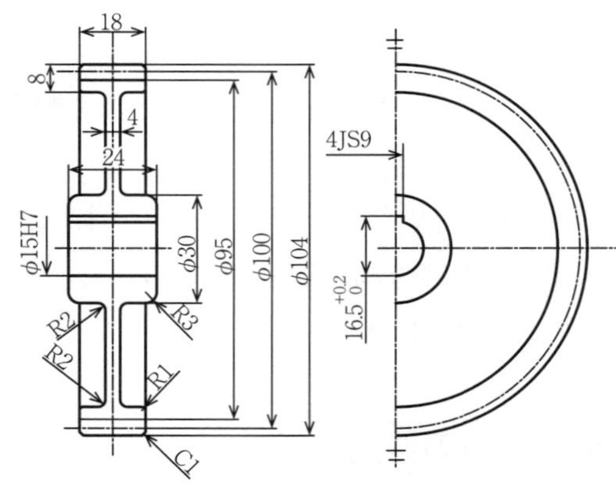

図1.4.32　平歯車のCAD製図（完成図）

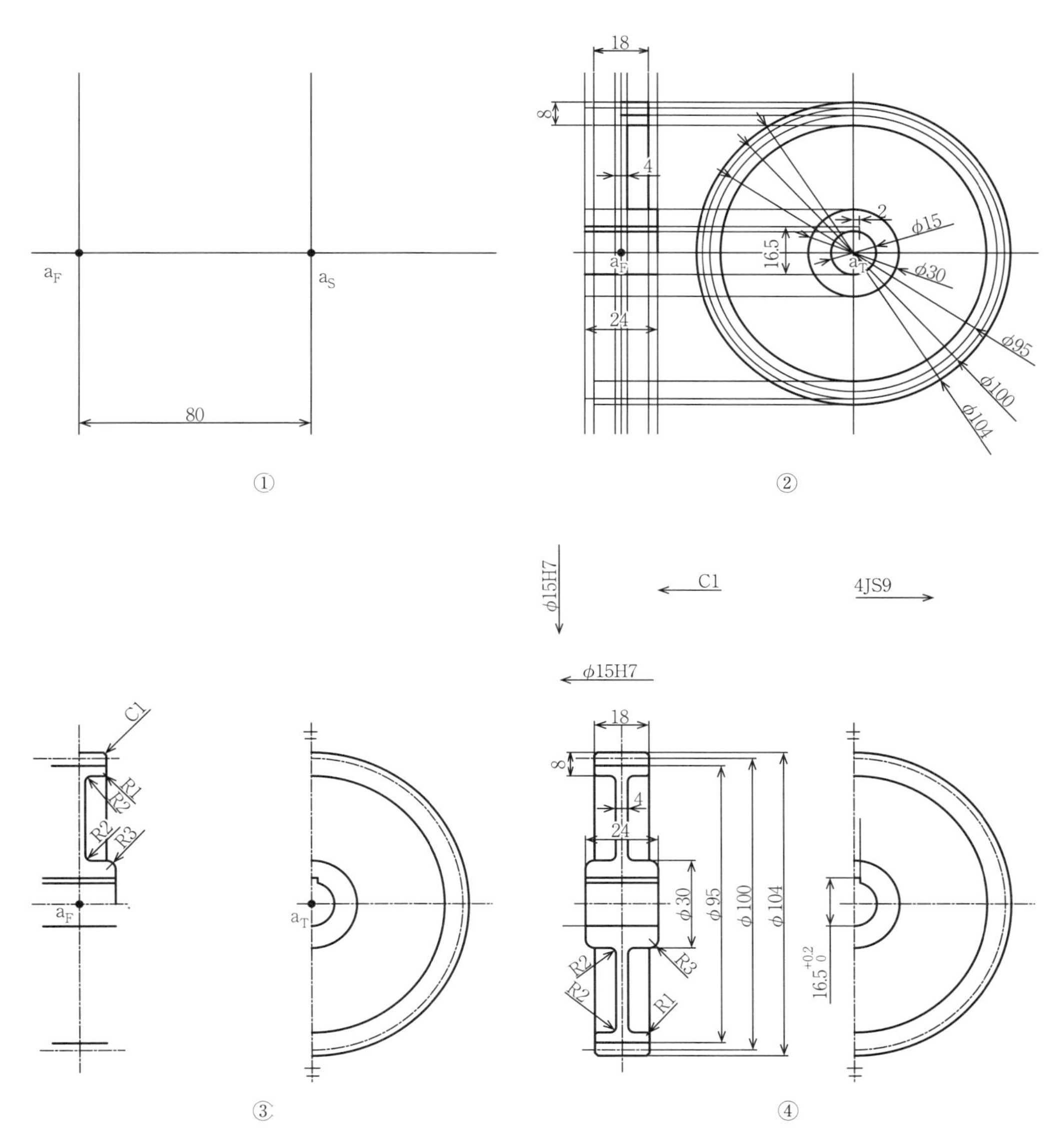

図 1.4.33 平歯車の CAD 製図の作図手順

12. ボルトとナットのCAD製図

図1.4.34の六角ボルトと六角ナットのCAD製図（図1.4.35）を行う。六角ナットは六角ボルトの頭部の複写を利用する。作図手順を図1.4.36に示す。

1 ボルトの作図の起点Aの左側面図と正面図の位置を与える。（図1.4.34、図1.4.36①）

ボルトの作図基点（頭部の中心）Aの正面図a_Fと左側面図a_Sの位置を与える。

2 六角ボルトの製図（図1.4.36②）

◎六角ボルトの外形線（左側面図）の作図

・画層を細い実線とする。［修正］パネルの［オフセット］を利用して、基本となる縦方向及び横方向の細い実線を引いた後、画層を外形線にして、［作成］パネルの［ポリゴン］、［線分］を利用して、左側面図の外形線（正六角形）を描く。

・［作成］パネルの［ポリゴン］を使い、対辺距離30 mm（直径30 mmの円に外接する）正六角形を作図する方法

手順：ポリゴン→辺の数？（数字の「6」入力）→ポリゴンの中心？（カーソルで円の中心クリック）→円に外接か内接か？（カーソルで円に外接選ぶ）→円の半径？（カーソルで直径30 mmの円周上の左端の点をクリックする）

・直径29 mmの円を描く。

◎六角ボルトの外形図（正面図）の作図

・画層を細い実線にして、左側面図のボルトの六角形の頭部に対応して、正面図に垂線を引く。

・正面図のボルトの頭部のフラット部の角より、30°の線を引く。

・六角ボルト頭部の側面の曲線は円錐を底面に垂直な平面で切断したものなので、本来は上記30°の線に接する双曲線であるので、以下3通りの方法で描くことができる。

①正確には、円錐の切断作図（図学）により、②近似的は頭部のフラット部の角より引いた30°の線に接するスプライン曲線として、③簡易的には［作成］メニューバーの3点円弧で近似して描く。

・3点円弧の作図手順

3点円弧の2点目は0.5 mmの線上の1点目と3点目に対応する点の中点である。

3 六角ナットの外形図の作図（図 1.4.36 ③）

［作成］パネルの複写により、六角ボルトの頭の部分をコピーする。次に［作成］パネルのストレッチにより、（頭部の右半分を囲み）、頭部の長さを 3 mm 引き伸ばす。

◎ストレッチの方法

修正パネルのストレッチをクリック

↓

右側からストレッチしたいオブジェクトを囲む

↓

基点を指定、ストレッチの距離を入力

4 六角ボルトの谷の径、不完全ねじ部、アール、面取りの作図（図 1.4.36 ④）

画層を細い実線とし、［作成］パネルの［線分］を利用して、六角ボルトの谷の径、不完全ねじ部を描く。画層を外形線とし、［修正］パネルの［フィレット］により、R1.2 を、［修正］パネルの［面取り］により、C2.5 の面取りを描く。

◎アールの作図

［修正］パネルの［フィレット］をクリックする。キーボードより、「r」と入力し［Enter］を押す。引き続いて「1.2」と入力し、指示に従い 1 本目の線、続いて 2 本目の線をクリックすると R1.2 のアール部の外形線が引ける（外形線の抜けたところは線分でつなぐ）。

・ねじの谷の径の寸法

メートル並目ねじ M20 ではおねじの外径 20 mm、谷の径 17.294 mm、めねじの内径 17.294 mm、谷の径 20 mm である。

◎面取りの作図

［修正］パネルの［面取り］をクリックする。キーボードより「d」と入力し［Enter］を押す。引き続いて「2.5」、「2.5」と入力し、指示に従い 1 本目の線、続いて 2 本目の線をクリックすると C2.5 の面取りの外形線が引ける（外形線の抜けたところは線分でつなぐ）。

◎六角ナットの谷の径、面取りの作図

画層を細い実線とし、［作成］パネルの［線分］を利用して、六角ナットの谷の径、面取り部を描く。面取りは 10.5 の点を通り 30° の方向の線と谷の径の交点で求められる。

次に画層を外形線とし、ナットの面取り、内径を描く。さらに画層を細い実線とし、ナットの谷の径を描く。［修正］パネルの［部分削除］を利用して、左側面図の谷の径の右上部3/4を削除する。

5 寸法の記入、修正（図1.4.35の完成図）

◎寸法値の記入

画層を寸法線として、各部寸法を入れていく。

引出線上の作図法：［注釈］タブの［引出線記入］パネルを選択し、引出し線を引き、ダブルクリックすると、［テキスト エディタ］が現れるので、そこに「M20」を入力し変換し、［OK］を押す。

◎寸法値の修正

・直径寸法ϕ20の記入

修正すべき寸法「20」をダブルクリックすると［テキスト エディタ］が開くので、［シンボル］の［直径］をクリック、［OK］を押すと直径寸法が記入される。

・参考寸法34.6の記入

修正すべき寸法34.6をダブルクリックすると［テキスト エディタ］が開くので、34.6の前後にカーソルをおいて「(」と「)」をクリック、［OK］を押すと参考寸法が記入される。

・寸法補助記号ϕの削除

修正すべき寸法ϕ29をダブルクリックすると［テキスト エディタ］が開くので、ϕのところを削除すると寸法補助記号ϕが削除される。

・片側寸法ϕ21の記入

画層を寸法線として、［注釈］タブの［引出線記入］パネルを選択し、引出し線を水平方向に引きダブルクリックすると、［テキスト エディタ］が現れるので、そこに「シンボル、直径記号、21」を入力し変換し、［OK］を押すとϕ21が描ける。これを［修正］パネルの［回転］を用いて90°回転し、そのまま目的の位置にドラッグする。

（a）六角ボルト

（b）六角ナット

図 1.4.34　ボルトとナット

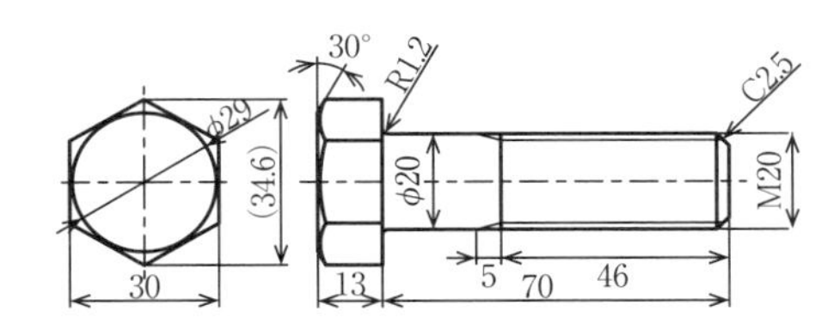

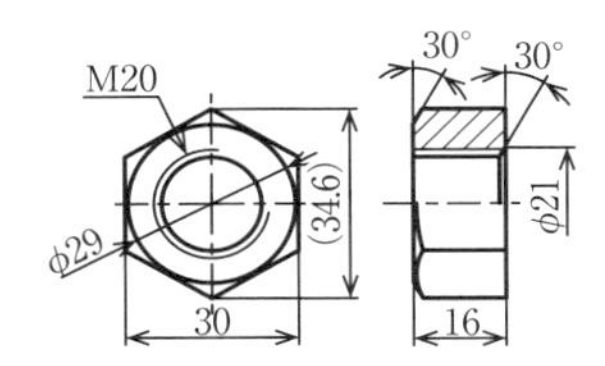

図 1.4.35　ボルト、ナットの CAD 製図（完成図）

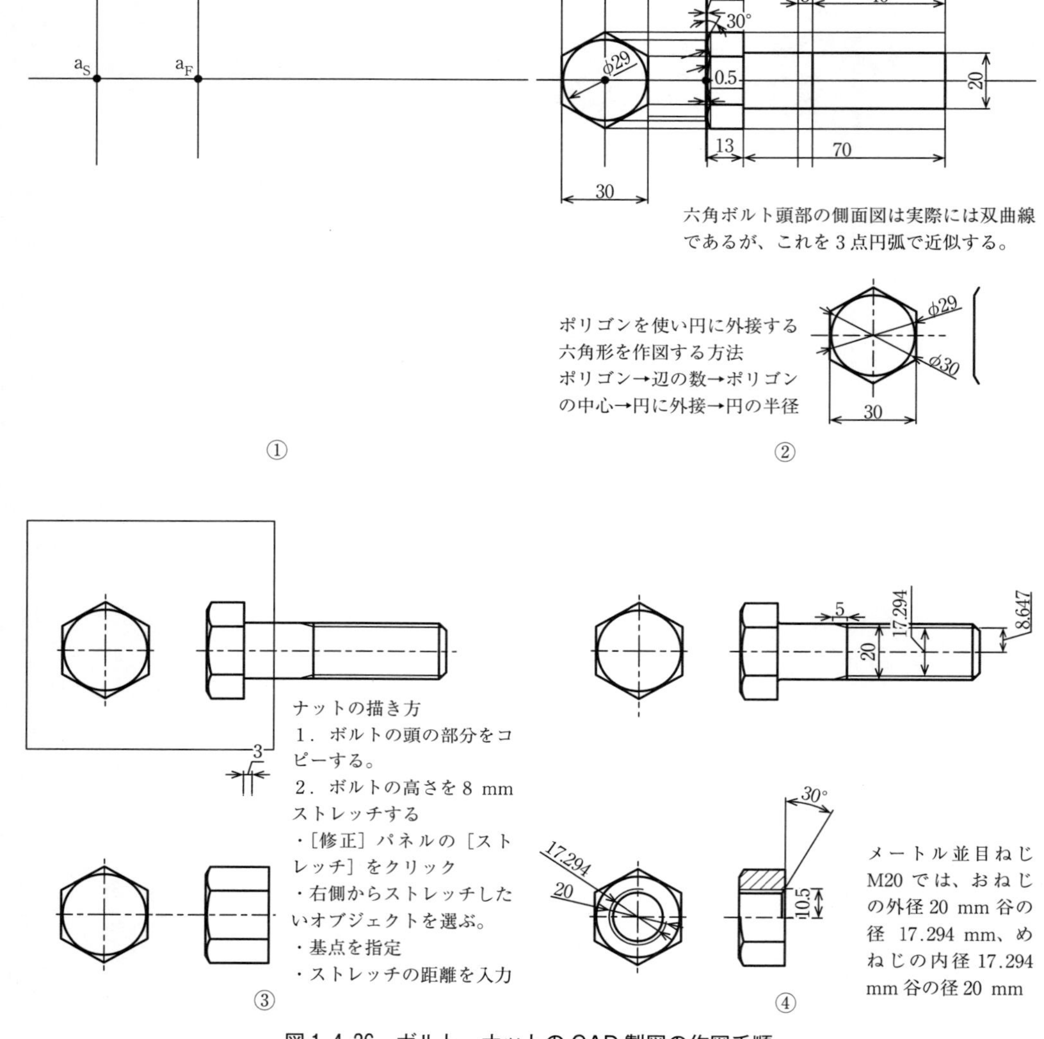

図 1.4.36　ボルト、ナットの CAD 製図の作図手順

第2編　SolidWorks

第1章 SolidWorksの基本

1. SolidWorksとは？

SolidWorksは、Dassault Systemes SolidWorks Corp.が提供する3次元CADソフトウェアの1つで、大手企業向けのハイエンドCADであるCATIAや、Creo Parametric（旧Pro/ENGINEER）とAutoCAD系列のPC用CADの中間に位置するミドルレンジ3DCADソフトウェアである。2次元CADでは、部品やアセンブリを2次元形状で作成するが、3次元CADでは、それらを立体的に表現する。そのため、部品やアセンブリの形状を直感的に理解しながら設計を行うことができる。また、3D（＝3次元）設計した部品やアセンブリから2D図面を簡単に作成することが可能である。3D部品を修正した場合は、2D図面も自動的に修正が反映されるため、設計業務を効率的に進めることができる。さらに、SolidWorksと連動する解析（CAE）ソフトも多く、設計した部品の強度解析や振動解析等も簡単に行うことができる。

2. SolidWorksの起動と終了

2.1 SolidWorksの起動画面

SolidWorksのアイコンをクリックすると、図2.1.1の起動画面が開く。

※本書では、SolidWorks 2017をベースに説明しているが、最新版でも同じ方法で使用できる。

◎SolidWorksの終了

画面右上のメニューで、［ファイル］→［終了］を選択するとSolidWorksが終了する。

2.2 新規ドキュメントの作成

図2.1.1の起動画面の左上部の［ファイル］→［新規］をクリックするか、画面右上部のSolidWorksリソース（アイコンをまとめているメニュー）の［新規］をクリックすると、図2.1.2の［新規SOLIDWORKSドキュメント］ダイアログが開く。

部品の作成には［部品］を、組み立てモデルの作成には［アセンブリ］を、2D の製作図の作成には［図面］を選ぶ。

図 2.1.1　SolidWorks 2017 の起動画面

図 2.1.2　部品、アセンブリ、図面の新規画面

3. SolidWorks の画面構成

3.1　全体画面構成

図 2.1.2 の［部品］アイコンをクリックすると、図 2.1.3 の部品の新規作成画面が開く。以下に SolidWorks 2017 の画面構成とユーザインタフェース（User Interface, UI）の配置を説明する。画面中央部には、3D モデリングを行うグラフィックス領域が配置されている。画面上部には、メニューバーメニューとメニューバーツールバーが、その下にはコマンドマネージャーが、配置されている。グラフィックス領域の中

央上部には、ヘッズアップ表示ツールバーが、その左側にはフィーチャーマネージャーが配置され、反対の右側にはタスクパネルがある。

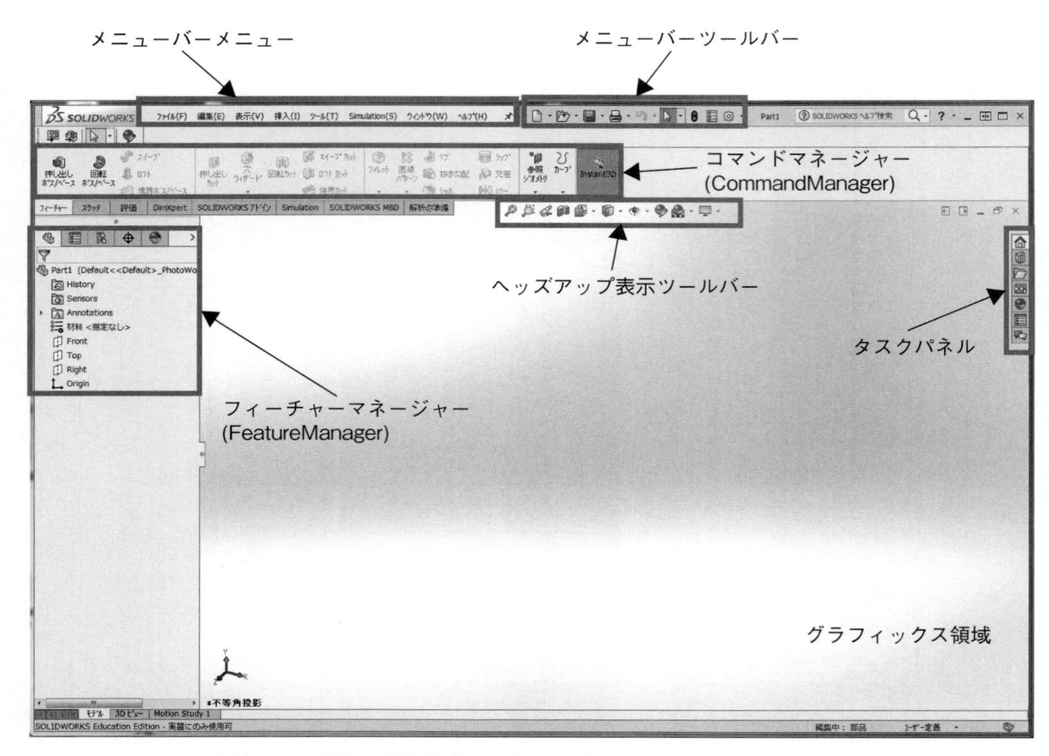

図 2.1.3　部品の新規作成画面とユーザーインターフェースの配置

3.2　ユーザーインタフェース各部の説明

◎メニューバーツールバー（図 2.1.4）

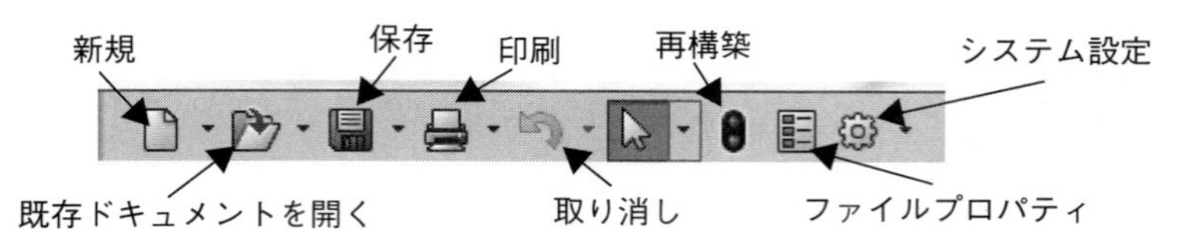

図 2.1.4　メニューバーツールバー

［新規］、［既存ドキュメントを開く］、［保存］、［印刷］、［取り消し］、［更新］など標準ツールバーの最もよく使われるツールが含まれている。

◎メニューバーメニュー（図 2.1.5）

図 2.1.5　メニューバーメニュー

［ファイル］、［編集］、［表示］、［挿入］、［ツール］、［ウィンドウ］のメニューが、部品、図面、アセンブリのアクティブなドキュメントに依存して変化する。SolidWorksの操作は、メニューのドロップダウンメニューに含まれている。

◎コマンドマネージャー

設計操作コマンドがグループ化されていて、設計時に最も頻繁に使われるマネージャーである。部品、図面、アセンブリのアクティブなドキュメントによってメニュー項目が自動的に変化する。

■フィーチャーコマンド（図 2.1.6）

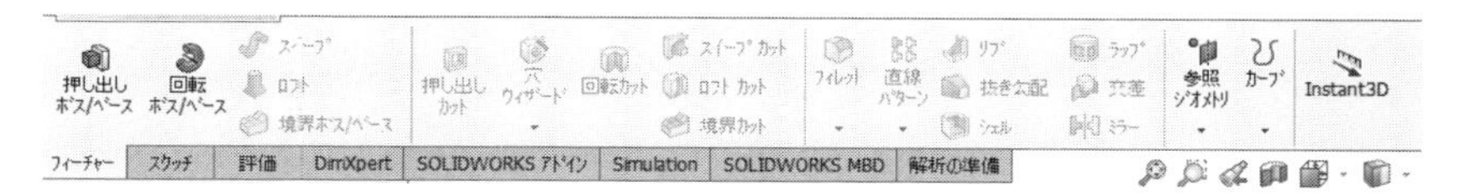

図 2.1.6　フィーチャーコマンド

スケッチコマンドで作成した２次元の図形から３次元の立体を生成するコマンドである。

■スケッチコマンド（図 2.1.7）

図 2.1.7　スケッチコマンド

３次元のもととなる２次元の図形を作成するコマンドである。

◎フィーチャーマネージャー（図 2.1.8）

アクティブな部品、アセンブリ、図面ドキュメントがどのような構成になっているかを詳しく表示している。

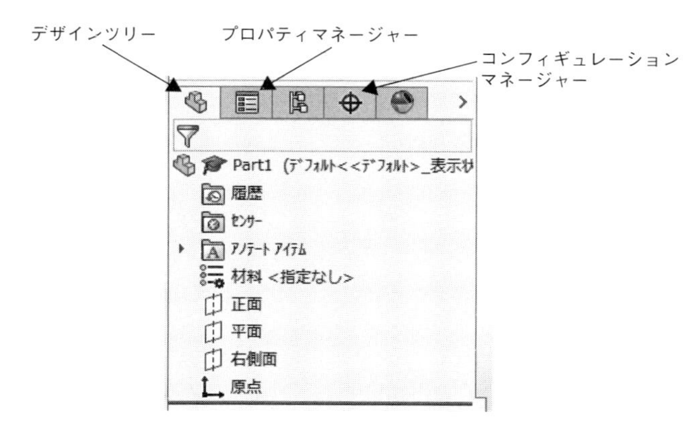

図 2.1.8　フィーチャーマネージャー

◎ヘッズアップ表示ツールバー（図 2.1.9）

アクティブなドキュメントの［標準 3 面図］や［断面図］、［表示方向］、［拡大縮小］、［外観編集］などがある。

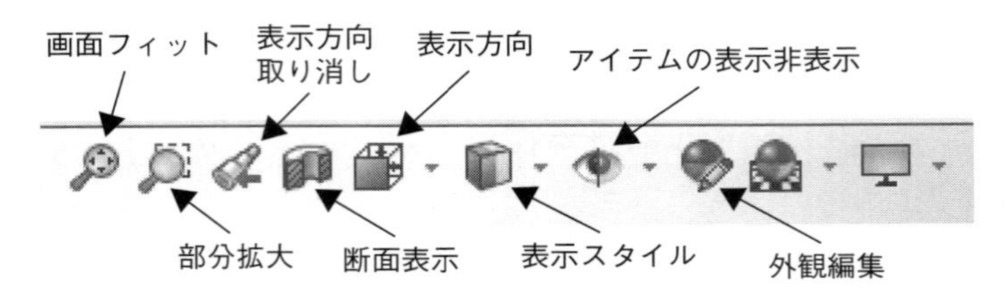

図 2.1.9 ヘッズアップ表示ツールバー

◎タスクパネル（図 2.1.10）

［SolidWorks のリソース］、［デザインライブラリー］、［ファイルエクスプローラ］などの操作が可能である。デザインライブラリーは、再利用可能な部品、アセンブリ、フィーチャー等の要素を含んでいる。

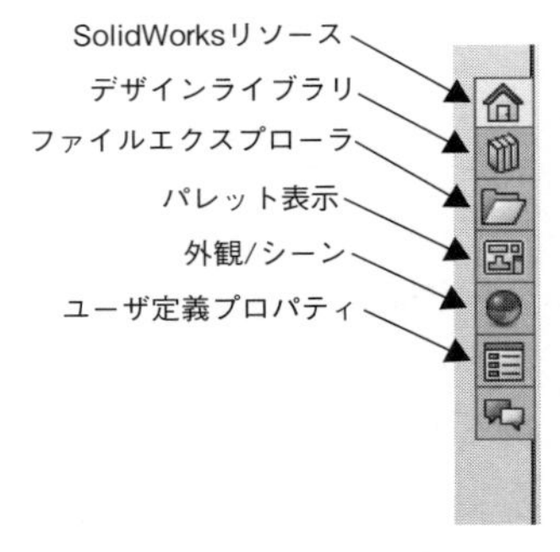

図 2.1.10 タスクパネル

4. 基本操作

・マウス左ボタンクリック：メニューやプロパティ選択、スケッチ確定等に使う。
・マウス左ボタンドラック：部品の移動時などに使う。
・マウス中央ホイル回転：グラフィックス領域の拡大縮小に使用する。
・マウス中央ホイルドラック：グラフィックス領域内の部品やスケッチの回転に使用する。
・Esc：選択を解除する。

4.1 押し出し

ここでは、押し出しの作成手順について学ぶ。メニューの［ファイル］→［新規］を選択し、新規ドキュメントウィザードの中で［部品］を選んで新規モデル作成画面を開く。

図 2.1.11 で、

①［コマンドマネージャー］で［押し出しボス/ベース］を選択。
②グラフィックス領域にスケッチ平面が現れるので、［正面］を選択。

③スケッチ原点が表示されるのを確認し、［コマンドマネージャー］で［矩形コーナー］を選択。

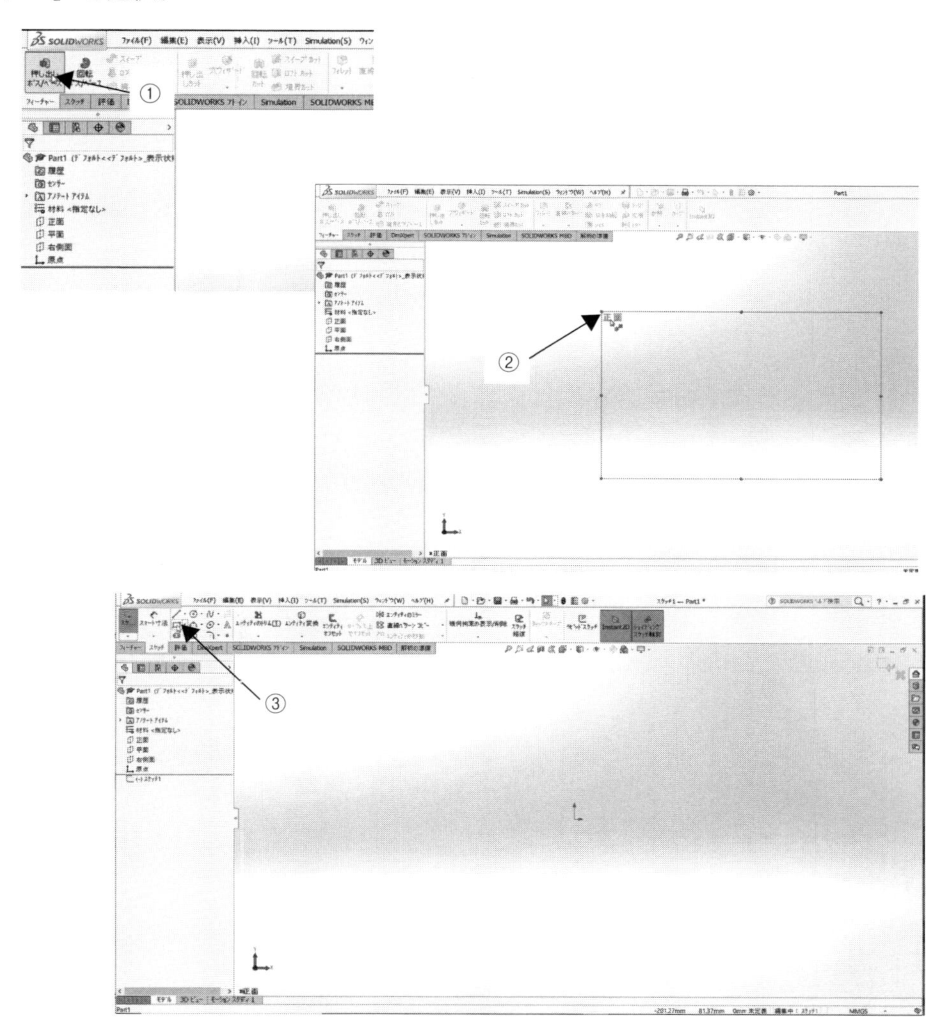

図 2.1.11　押し出し手順 1

図2.1.12で、
④鉛筆形状に変わったマウスポインタを交差を表すマークが現れるまで原点に近づける。
⑤マウスを左クリックして右上にドラックする。
⑥適当な場所でマウスボタンを離して大きさを決定する。

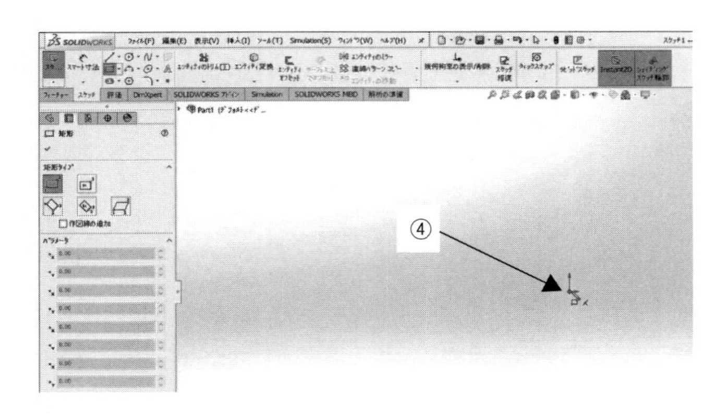

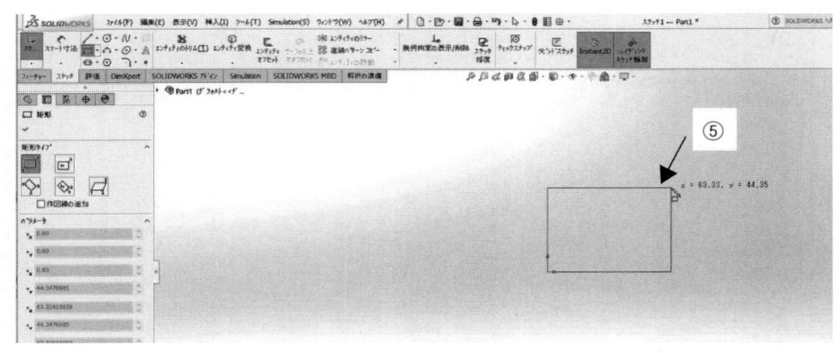

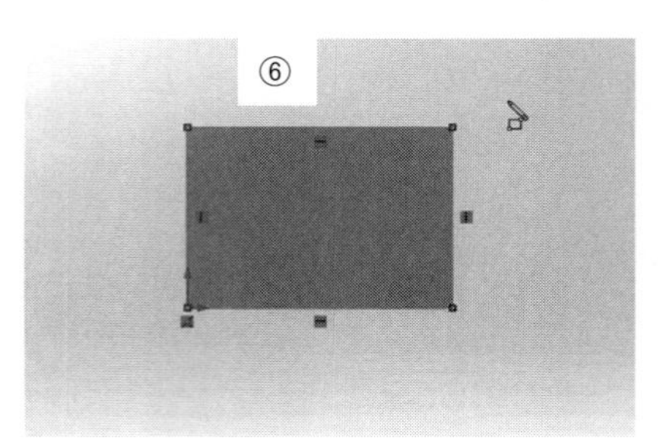

図2.1.12　押し出し手順2

図 2.1.13 で、

⑦［コマンドマネージャー］で、［スマート寸法］を選択すると寸法記号が現れる。

⑧グラフィックス領域にある四角形の上部直線にマウスポインタを近づけて直線の色が変わったら選択後そのまま上方向へドラックして適当な位置でマウスを離す。

⑨寸法変更ウィザードが現れるので、距離を「50」に変更して左端の［✔］を押して確定する。

⑩同じく、四角形の右直線を選択して距離を「50」に変更して確定する。

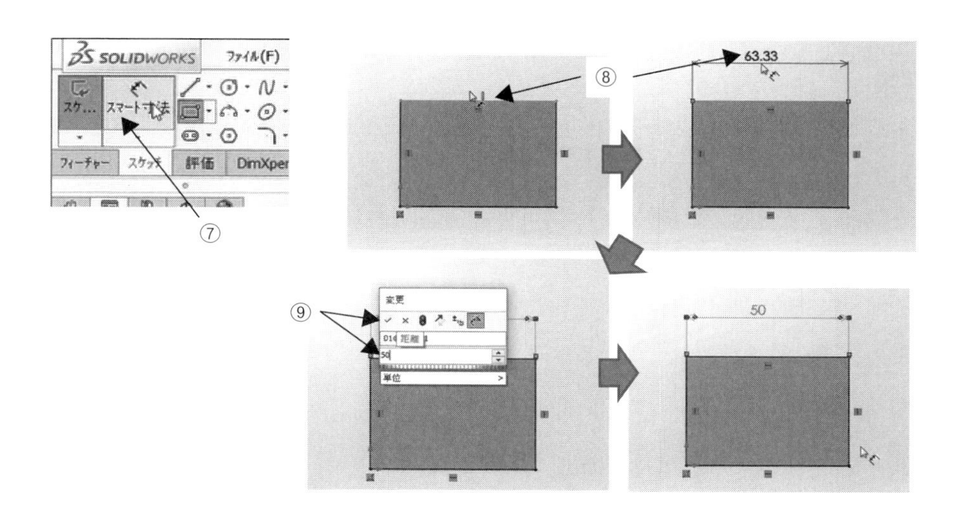

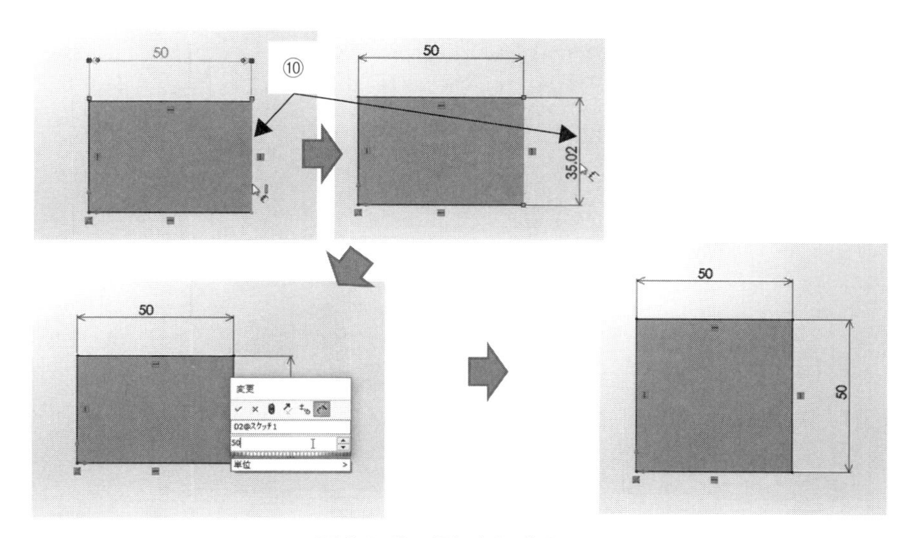

図 2.1.13　押し出し手順 3

図 2.1.14 で、

⑪［スケッチ終了］を選択してスケッチを終了するとグラフィックス領域に立体が表示される。

⑫［フィーチャーマネージャー］の厚みの数値を「20」に変更して確定する。

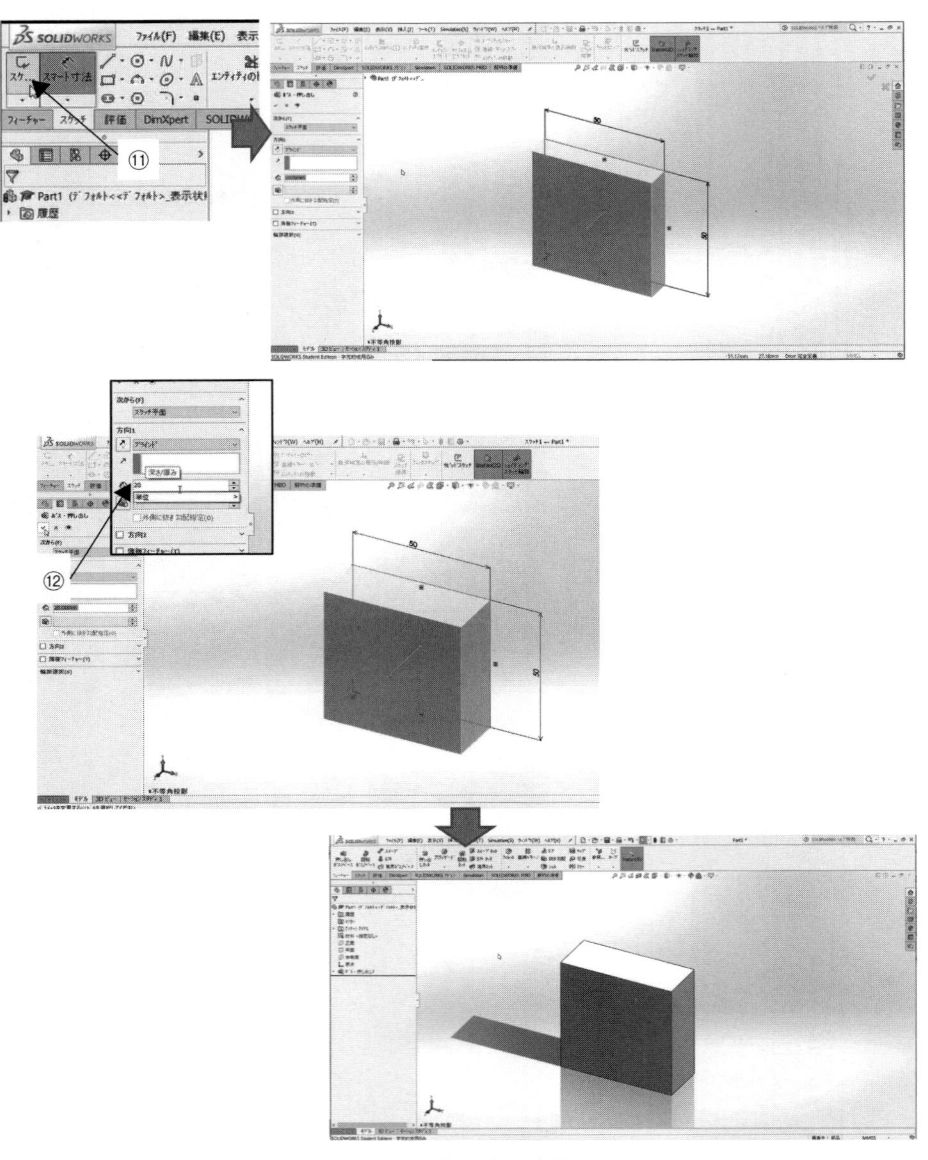

図 2.1.14　押し出し手順 4

4.2　押し出しカット

ここでは、押し出しした部品をカットする押し出しカットの作成手順について学ぶ。

図 2.1.15 で、

①［コマンドマネージャー］で［押し出しカット］を選択する。

②押し出しカットする形状をスケッチする面として、立方体の正面を選択する。

③［ヘッズアップツールバー］→［表示方向］→［選択アイテムに垂直］を選択し、スケッチする平面が正面を向かうようにする。

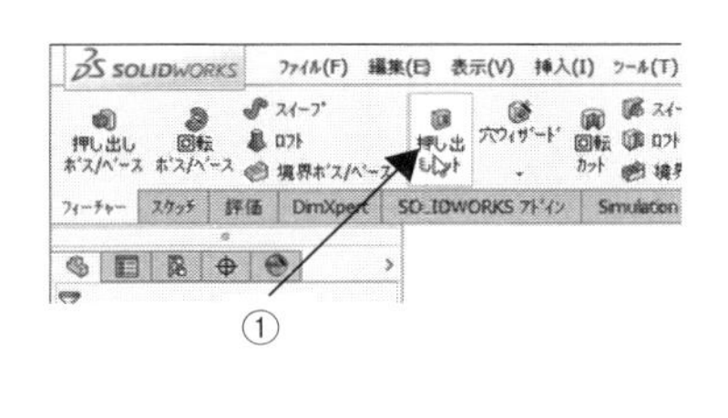

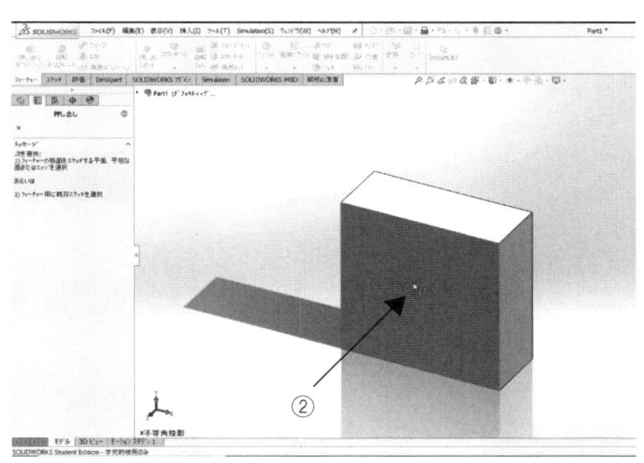

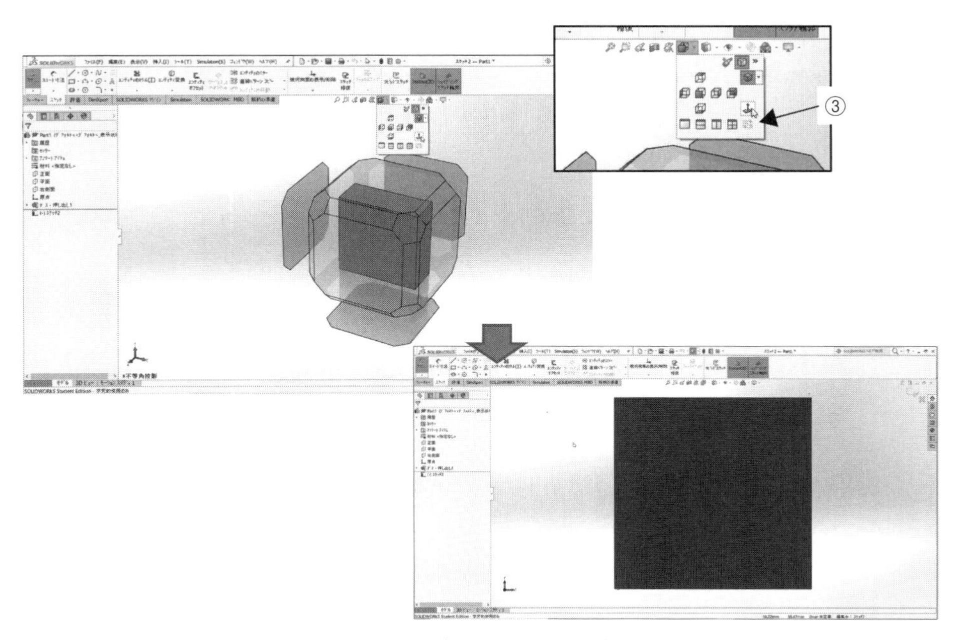

図 2.1.15　押し出しカット手順 1

図 2.1.16 で、

④［コマンドマネージャー］→［スケッチ］→［円］を選択後、スケッチ平面に円をスケッチする。

⑤［スマート寸法］を選択し、円をクリックして寸法を「30」に変更して確定する。

⑥［スマート寸法］の状態で、四角形の左辺と円を続けて選択して寸法を「25」に変更する。

⑦次は、四角形の上辺と円を続けて選択して寸法を「25」に変更する。

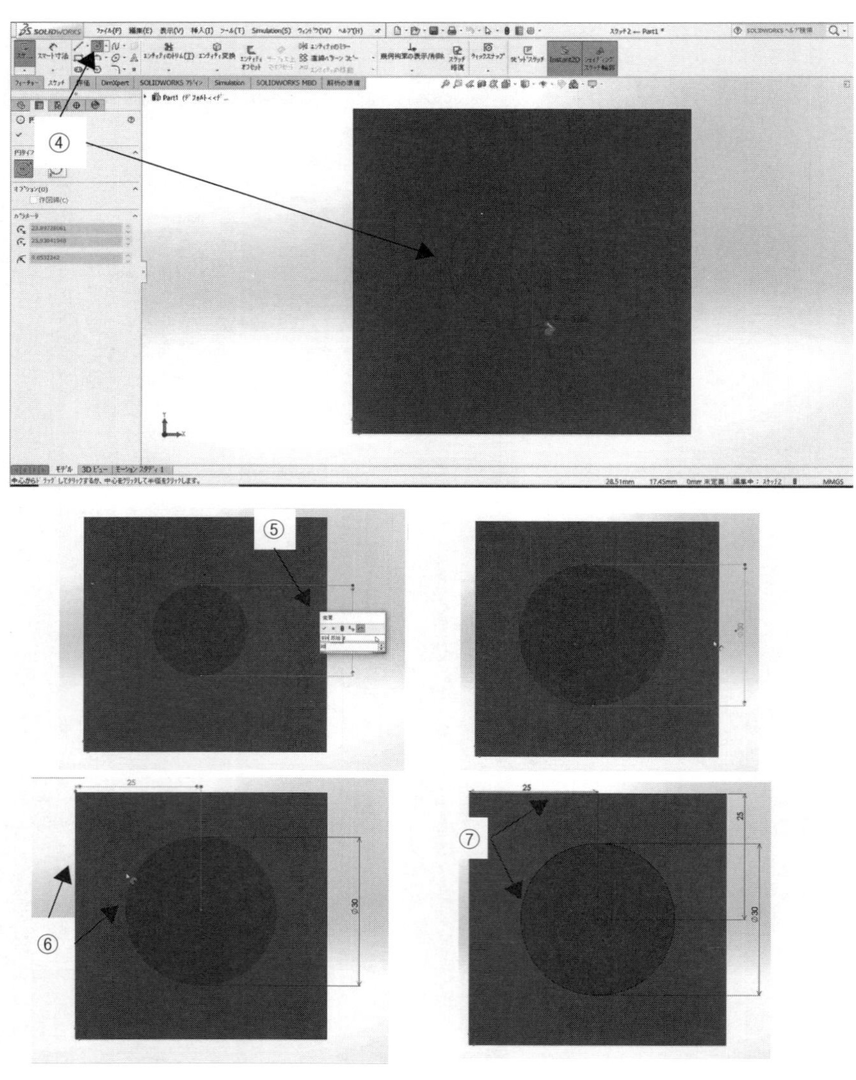

図 2.1.16　押し出しカット手順 2

図 2.1.17 で、

⑧［スケッチ終了］を選択すると、［フィーチャーマネージャー］が押し出しカットの［プロパティマネージャー］に変更される。

⑨グラフィックス領域内で、マウスの中央ホイルを押しながら動かして立体を見やすくする。

⑩［プロパティマネージャー］の［方向 1］内で［ブラインド］を［全貫通］に変更後確定する。

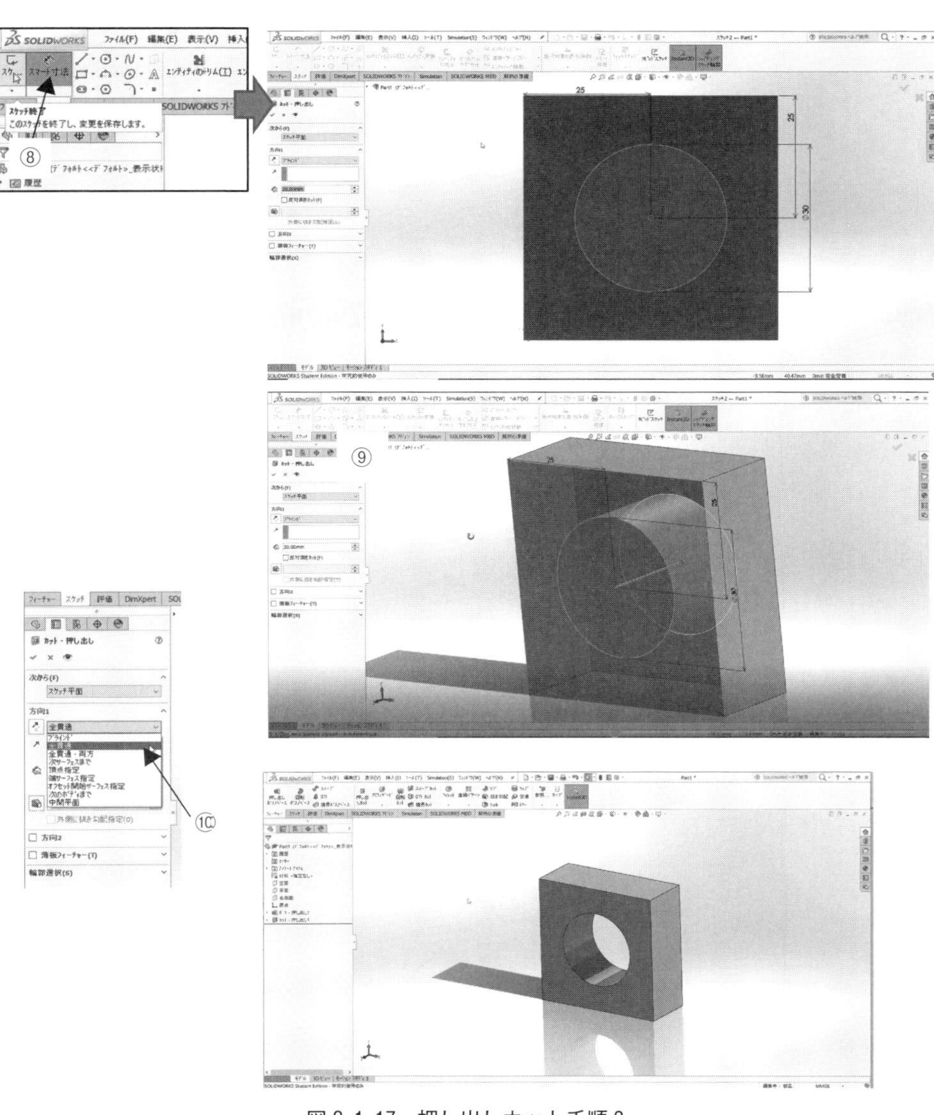

図 2.1.17　押し出しカット手順 3

4.3 フィレット

ここでは、部品の面取りなどを行うフィレットの作成手順について学ぶ。

図 2.1.18 で、

①［コマンドマネージャー］で［フィレット］を選択する。

②［プロパティマネージャー］で、［全体をプレビュー表示］にチェックを入れ、［フィレットパラメータ］内で半径を「5」に変更する。

③立方体の左上端部の直線と右上端部の直線を選択する。

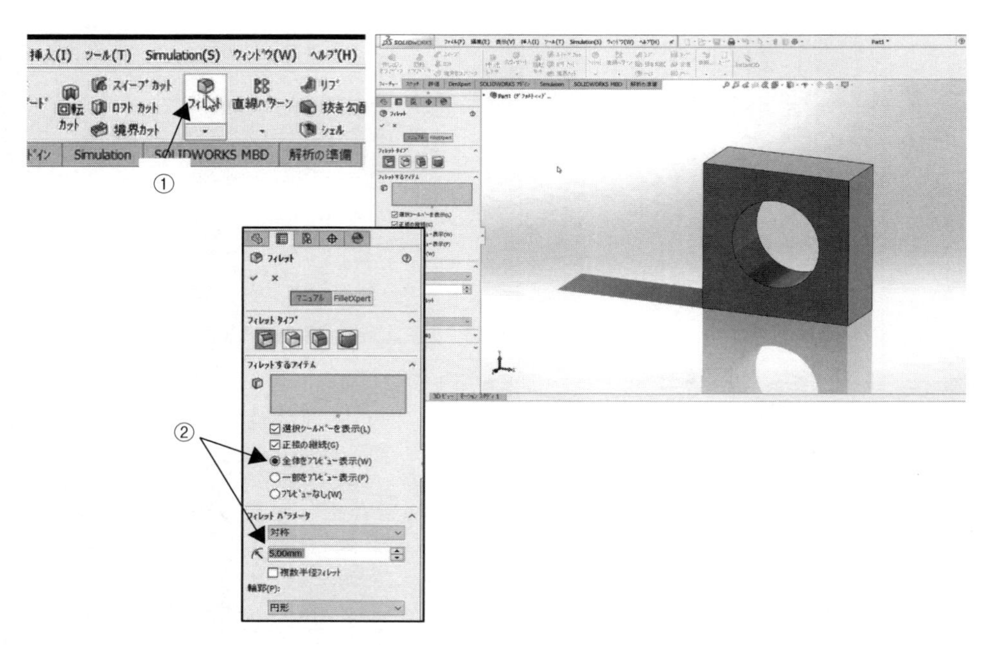

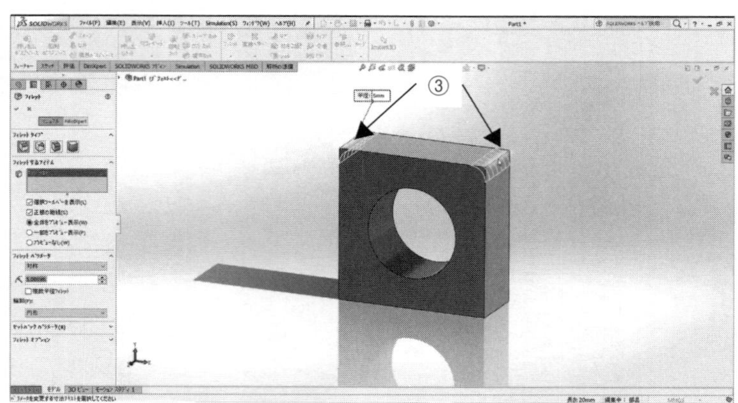

図 2.1.18　フィレット手順 1

図 2.1.19 で、
④表示方向をマウスで変えながら左下端部の直線と、右下端部の直線を選択する。
⑤［✔］を押してフィレットを完成する。

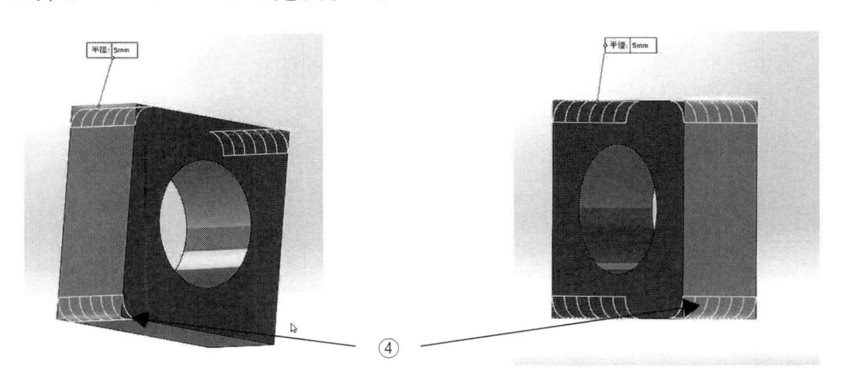

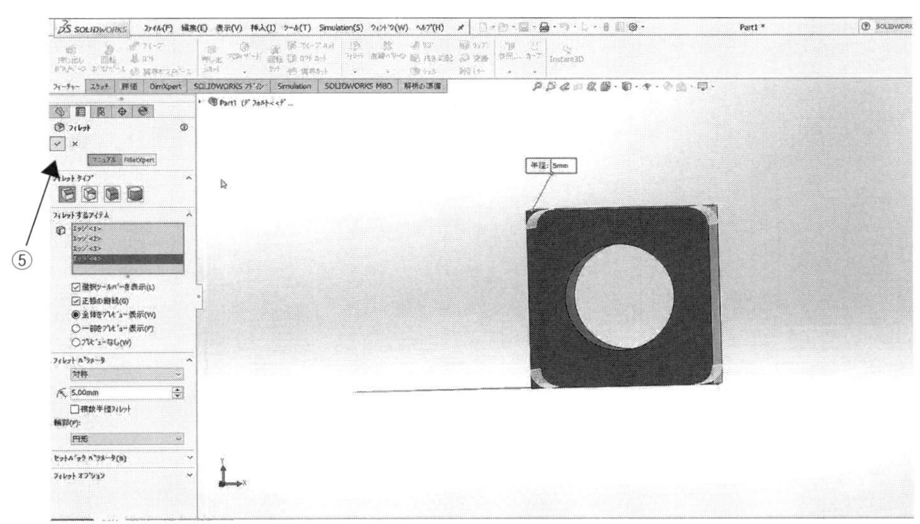

図 2.1.19　フィレット手順 2

4.4 回転フィーチャー

ここでは、回転フィーチャーの作成手順について学ぶ。

図 2.1.20 で、

①［フィーチャーコマンド］→［回転ボス/ベース］を選択。

②正面を選択。

③［スケッチコマンド］→［中心線］を選択。

④原点の上方の任意の位置を選択する。

⑤原点を通った中心線を引く。

⑥任意の位置で右クリックし、［チェーン終了］を選択して終了。

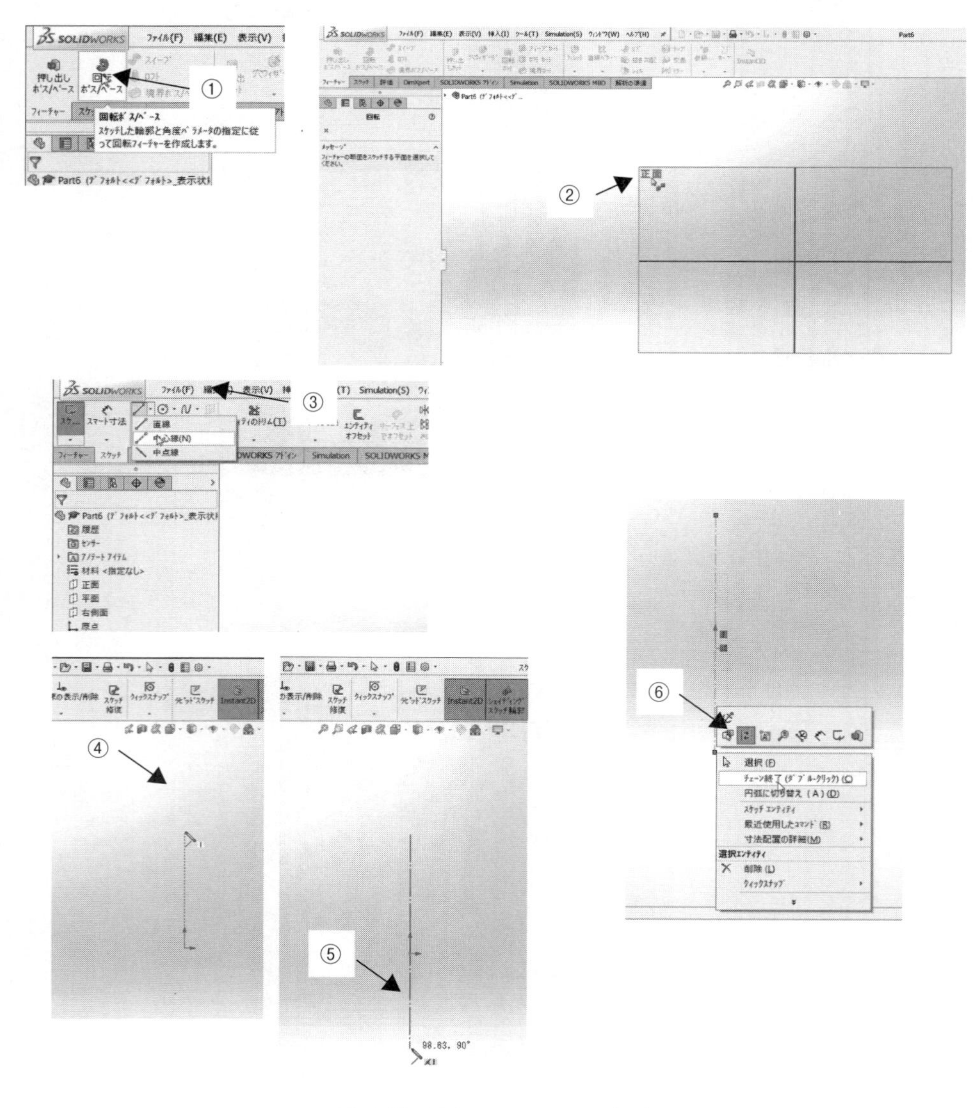

図 2.1.20　回転フィーチャー手順 1

図 2.1.21 で、

⑦［円スケッチ］を選択する。

⑧中心線の左側に円をスケッチする。

⑨［スマート寸法］を選択する。

⑩スケッチした円を選択して直径を「10」に変更する。

⑪続けて、中心線と円を選択して距離を「30」に変更する。

⑫［スケッチ終了］を選択してスケッチを終了する。

⑬［回転軸］に［直線 1］が選択されていることを確認する。

⑭回転フィーチャーを確定する。

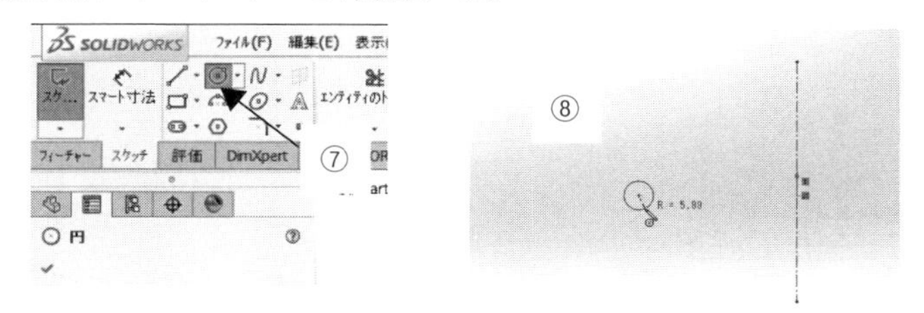

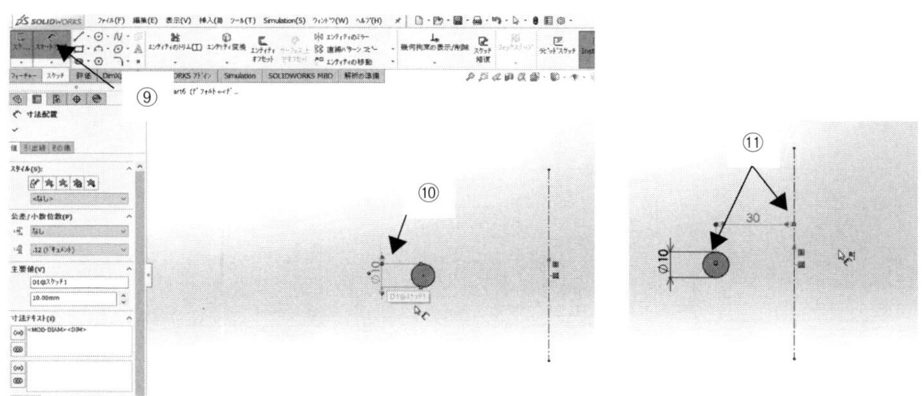

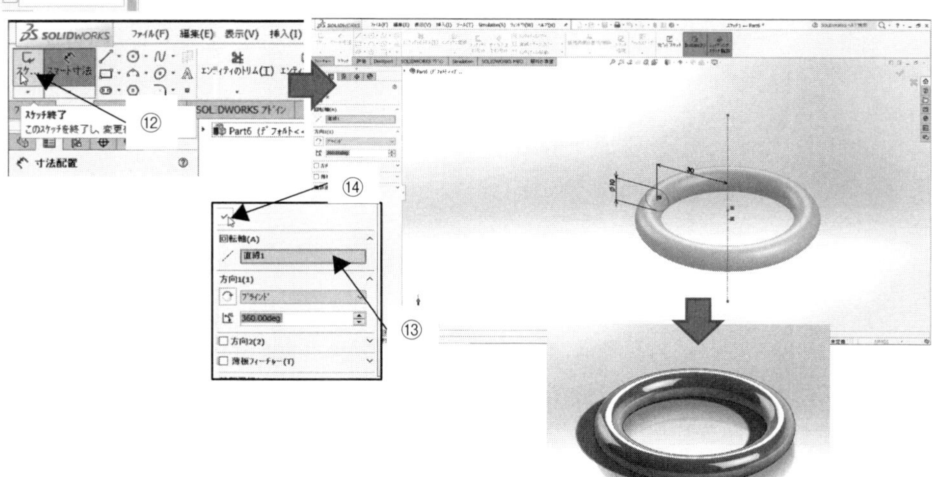

図 2.1.21 回転フィーチャー手順 2

4.5 スイープフィーチャー

ここでは、スイープフィーチャーの作成手順について学ぶ。

図2.1.22で、

①［スケッチ］を選択し新規スケッチを作成する。

②スケッチする平面として正面を選択。

③［3点円弧］を選択する。

④原点を選択後、原点の真上の位置を再度選択する。

⑤マウスを右方向へ移動し、「A＝180°」で左ボタンをクリックして円弧を確定する。

⑥2個目の円弧をスケッチするために、スケッチした円弧の上方の点を選択する。

⑦マウスを上に移動して任意の位置を選択後、左に移動して「A＝180°」で左ボタンをクリックして円弧を確定する。

⑨［プロパティマネージャー］で［✔］を選択するか［ESC］キーを押して円弧スケッチを終了する。

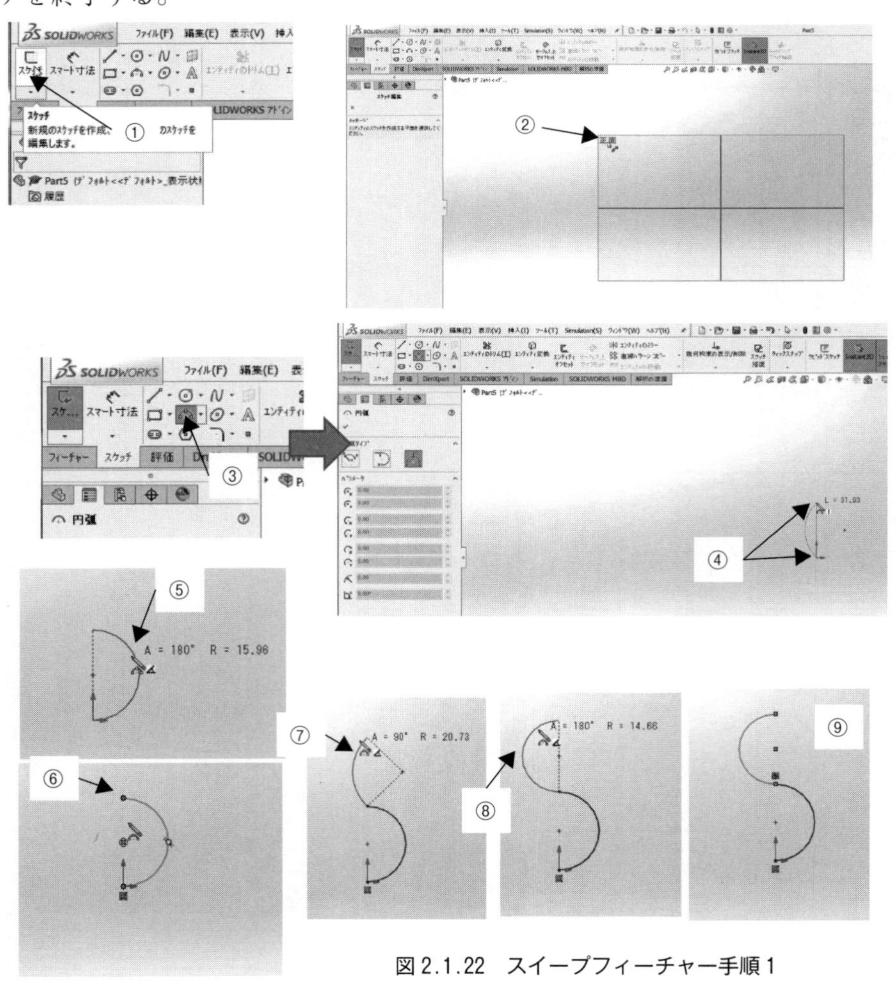

図2.1.22　スイープフィーチャー手順1

図 2.1.23 で、

⑩［スマート寸法］を選択する。

⑪下の円弧を選択して半径を「30」に変更する。

⑫上の円弧を選択して半径を「30」に変更する。

⑬［スケッチ終了］を選択してスケッチを終了する。

⑭［フィーチャーマネージャーデザインツリー］で［右側面］を選択する。

⑮［スケッチ作成］を選択し、右側面をスケッチ状態にする。

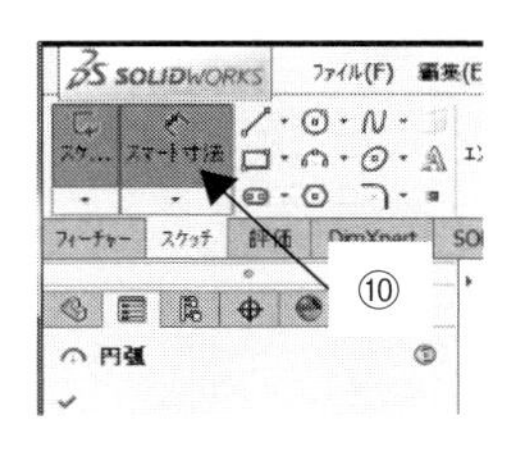

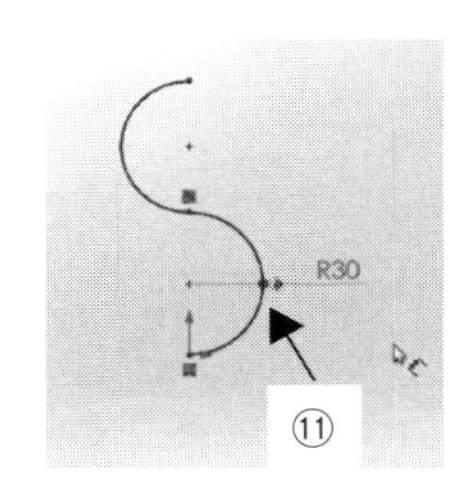

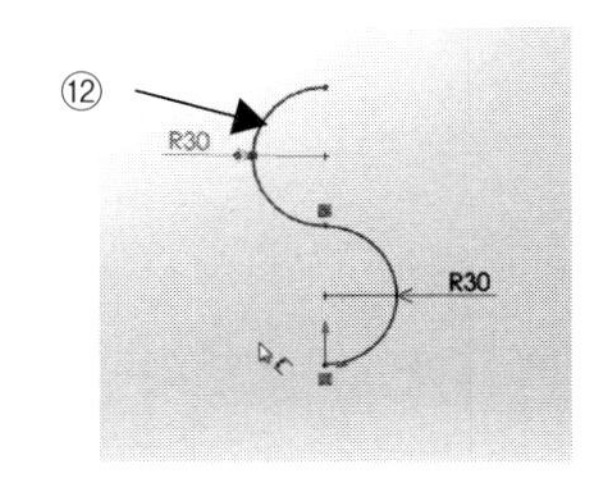

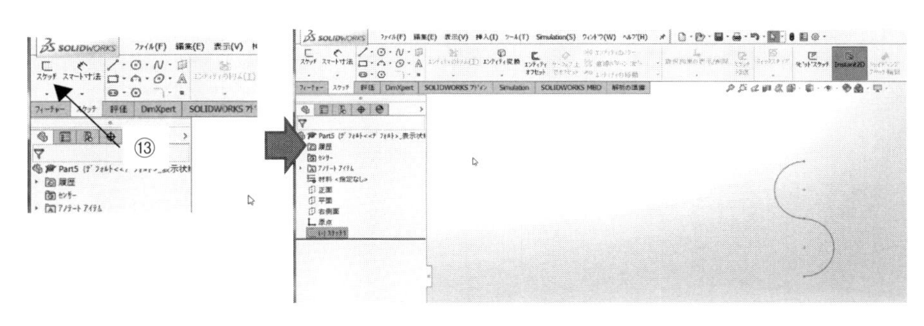

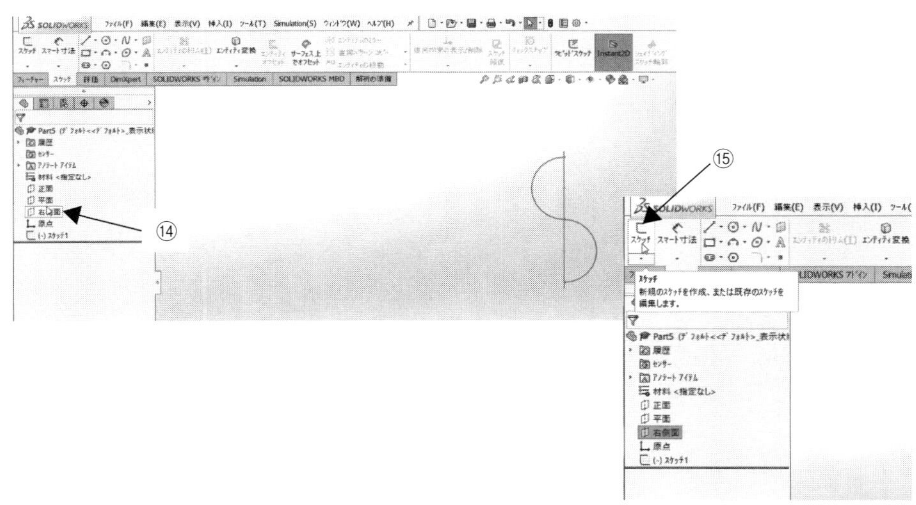

図 2.1.23　スイープフィーチャー手順 2

図 2.1.24 で、

⑯［ヘッズアップ表示］→［表示方向］→［選択アイテムに垂直］を選択し、右平面を正面に向ける。

⑰［円スケッチ］を選択する。

⑱円弧の下部（原点）を選択して円をスケッチする。

⑲［スマート寸法］を選択する。

⑳円の直径を「５」に変更する。

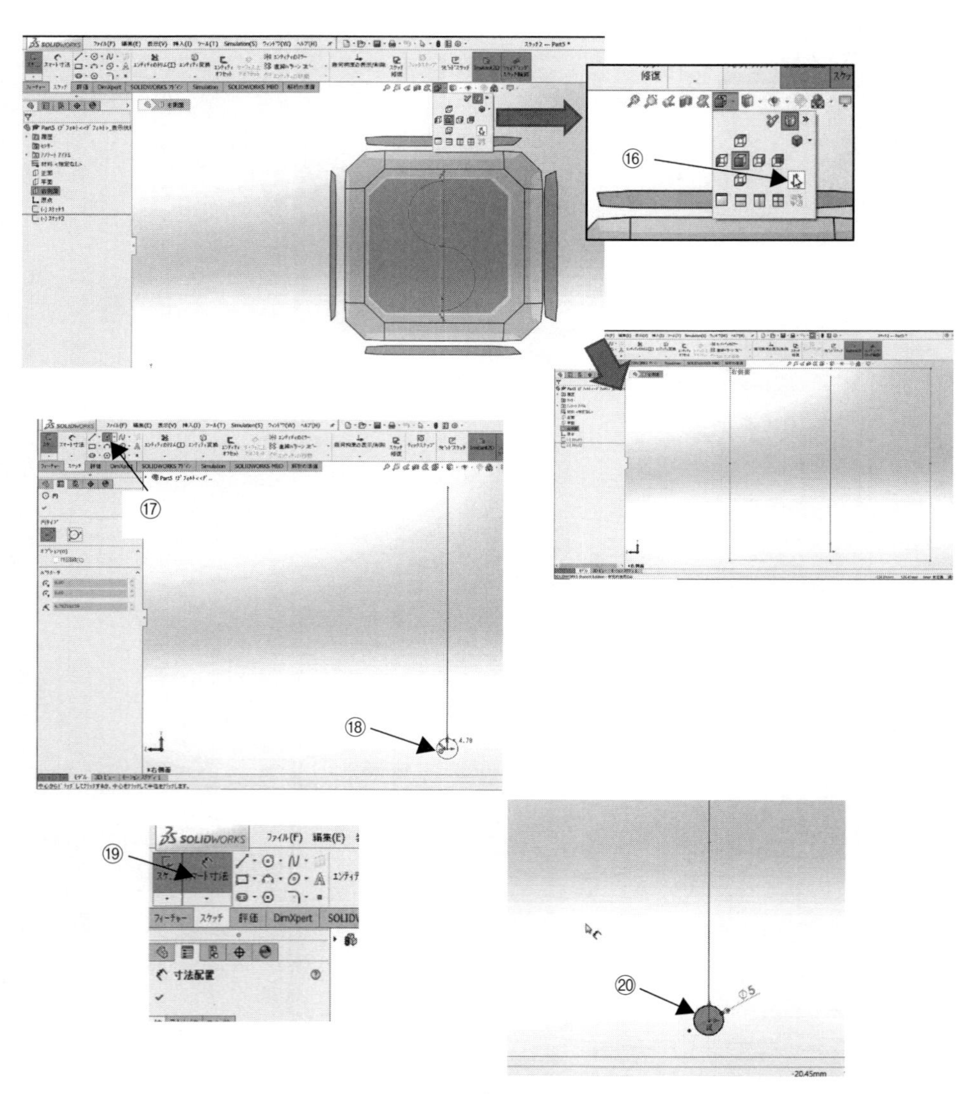

図 2.1.24　スイープフィーチャー手順 3

図 2.1.25 で、

㉑［ヘッズアップ表示］で［等角投影］を選択する。

㉒［フィーチャーマネージャー］→［スイープ］を選択する。

㉓［プロパティマネージャー］の［輪郭とパス］に［スケッチ 2］（輪郭）と［スケッチ 1］（パス）が選択されているのを確認する。

㉔［✔］を押して［スイープ］を確定する。

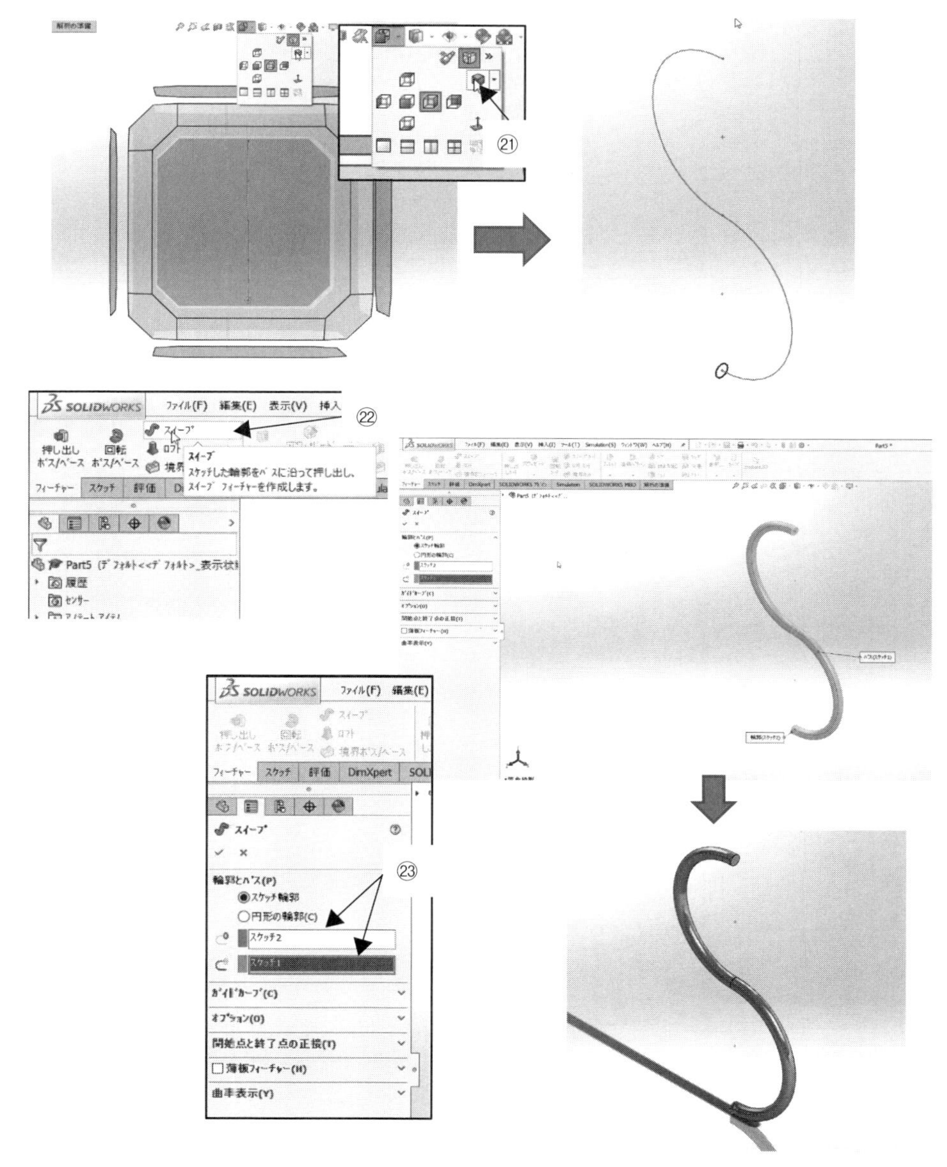

図 2.1.25　スイープフィーチャー手順 4

4.6　ロフト

ここでは、ロフトの作成手順について学ぶ。

図 2.1.26 で、

①［スケッチ］を選択し新規スケッチを作成する。

②［デザインツリー］で［正面］→［表示］を選択して正面を表示する。

③［等角投影］を選択する。

④再度［正面］を選択する。

⑤［コマンドマネージャー］→［参照ジオメトリ］→［平面］を選択する。

⑥参照平面が表示されるので、［プロパティマネージャー］→［第 1 参照］で距離を「50」に変更する。

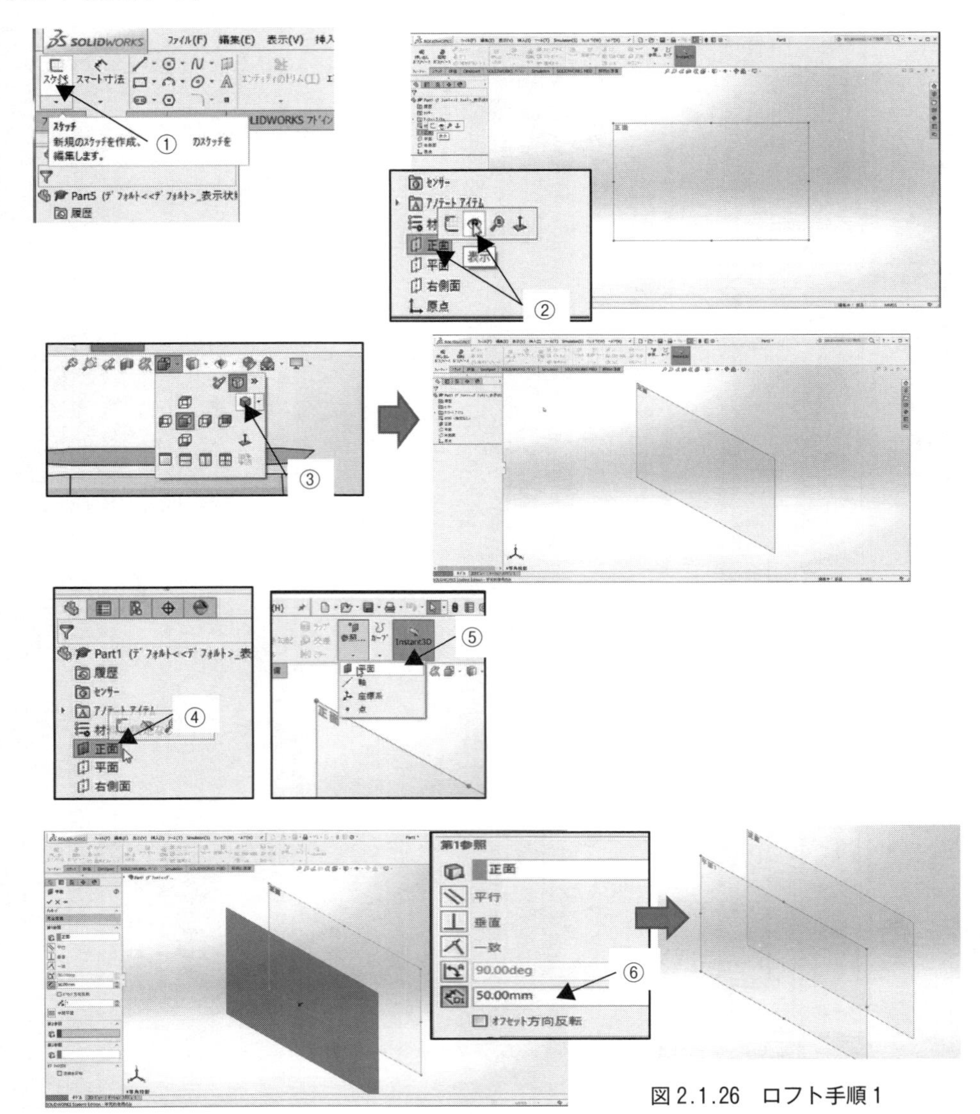

図 2.1.26　ロフト手順 1

図 2.1.27 で、

⑦グラフィックス領域で［正面］を選択してアクティブ化する。

⑧［コマンドマネージャー］→［スケッチ］→［スケッチ］を選択し、正面をスケッチ状態にする（図 2.1.27 では、平面 1 が見えているが、実際には裏に隠れている正面がスケッチ状態になっている）。

⑨［矩形コーナー］を選択する。

⑩原点の左上を始点として選択して右下へドラック後、適当な位置を終点として再度選択する。

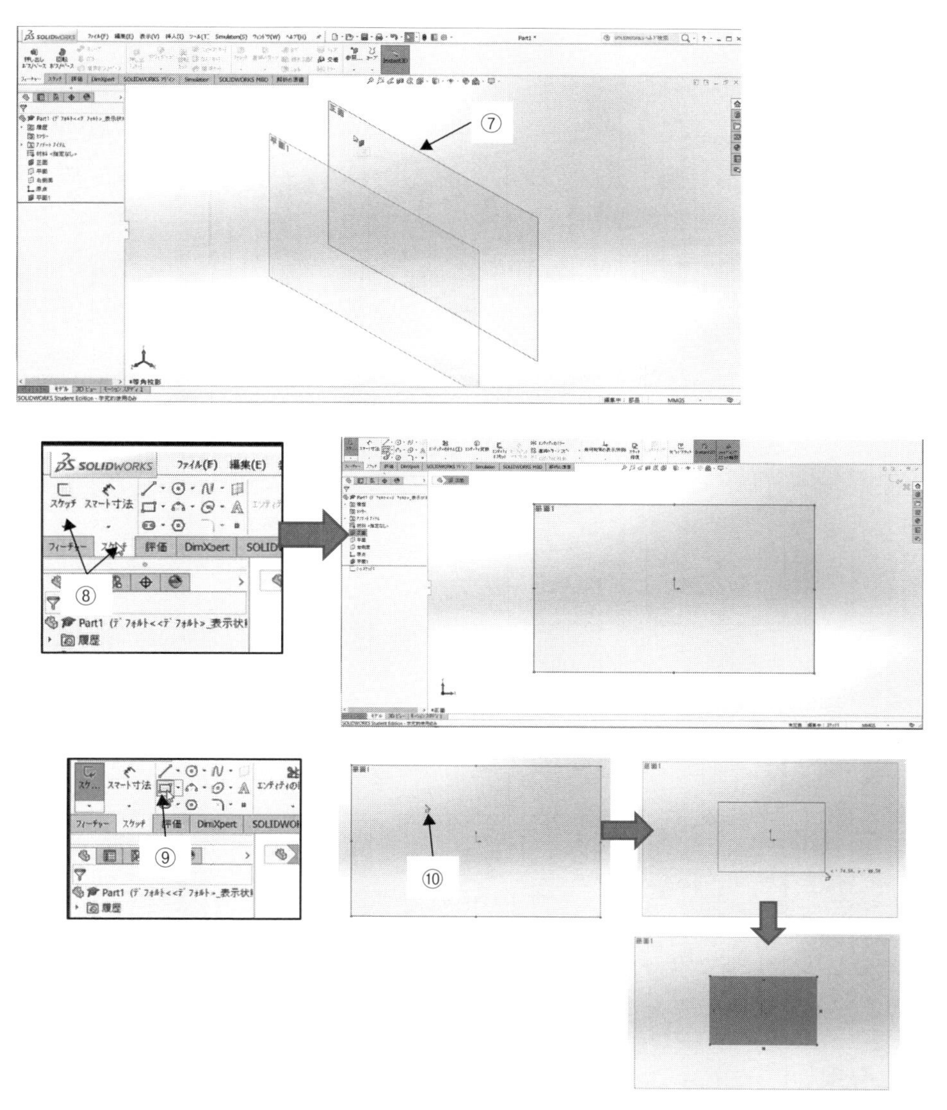

図 2.1.27　ロフト手順 2

図 2.1.28 で、

⑪［スマート寸法］を選択する。

⑫四角形の上線を選択して寸法線を表示させ、適当な位置でマウスを左クリックする。

⑬変更ウィザードで距離を「80」に修正して確定する。

⑭続けて、左線を選択して同じ方法で距離を「40」に修正する。

⑮原点と上線を選択して距離を「20」に変更する。

⑯原点と左線を選択して距離を「40」に修正する。

⑰［プロパティマネージャー］で［✔］を選択して確定し、［スケッチ］を再度選択してスケッチを終了する。

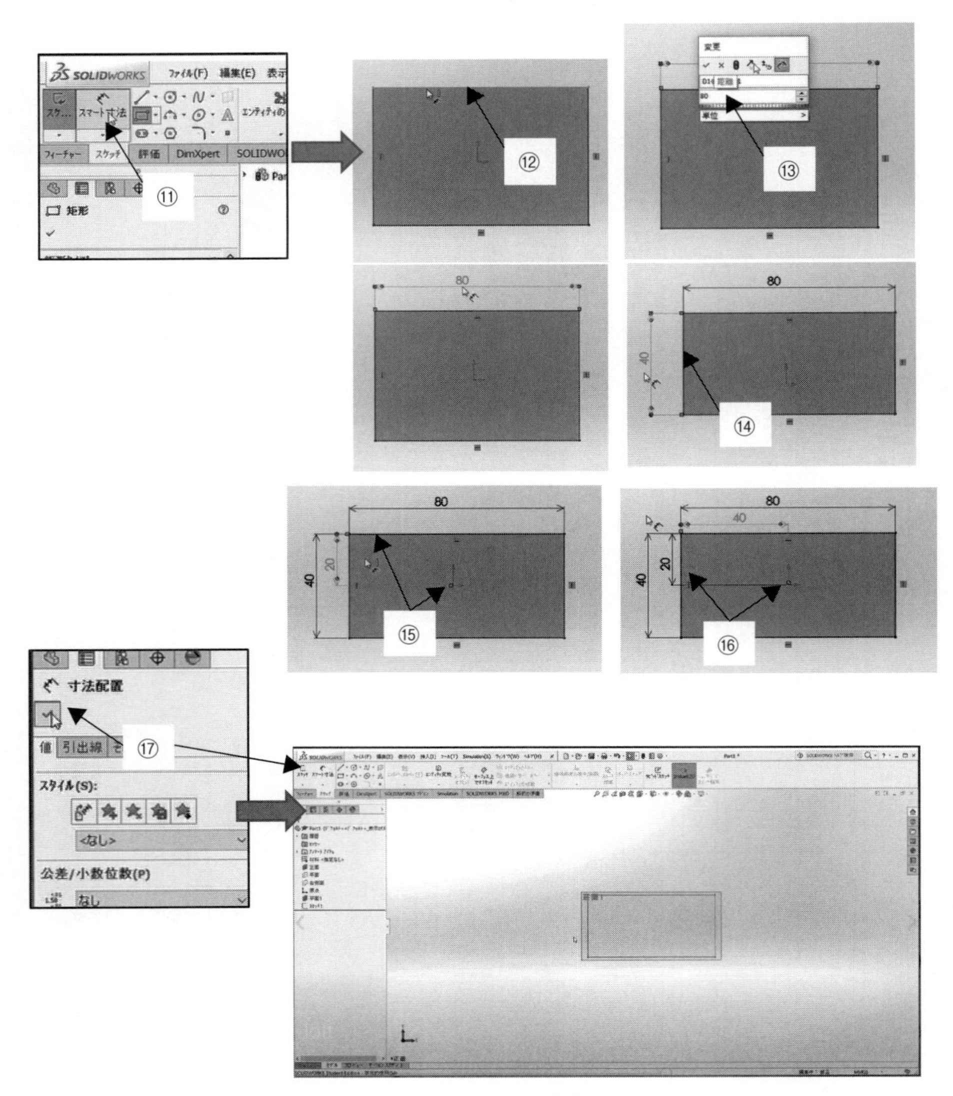

図 2.1.28　ロフト手順 3

図 2.1.29 で、

⑱［平面１］を選択する。

⑲［コマンドマネージャー］の［スケッチ］→［スケッチ］を選択する。

⑳［円スケッチ］を選択し、原点を中心とする適当な円をスケッチする。

㉒［スマート寸法］を選択後、スケッチした円を選択して寸法線を表示する。

㉓［直径］を「60」に変更する。

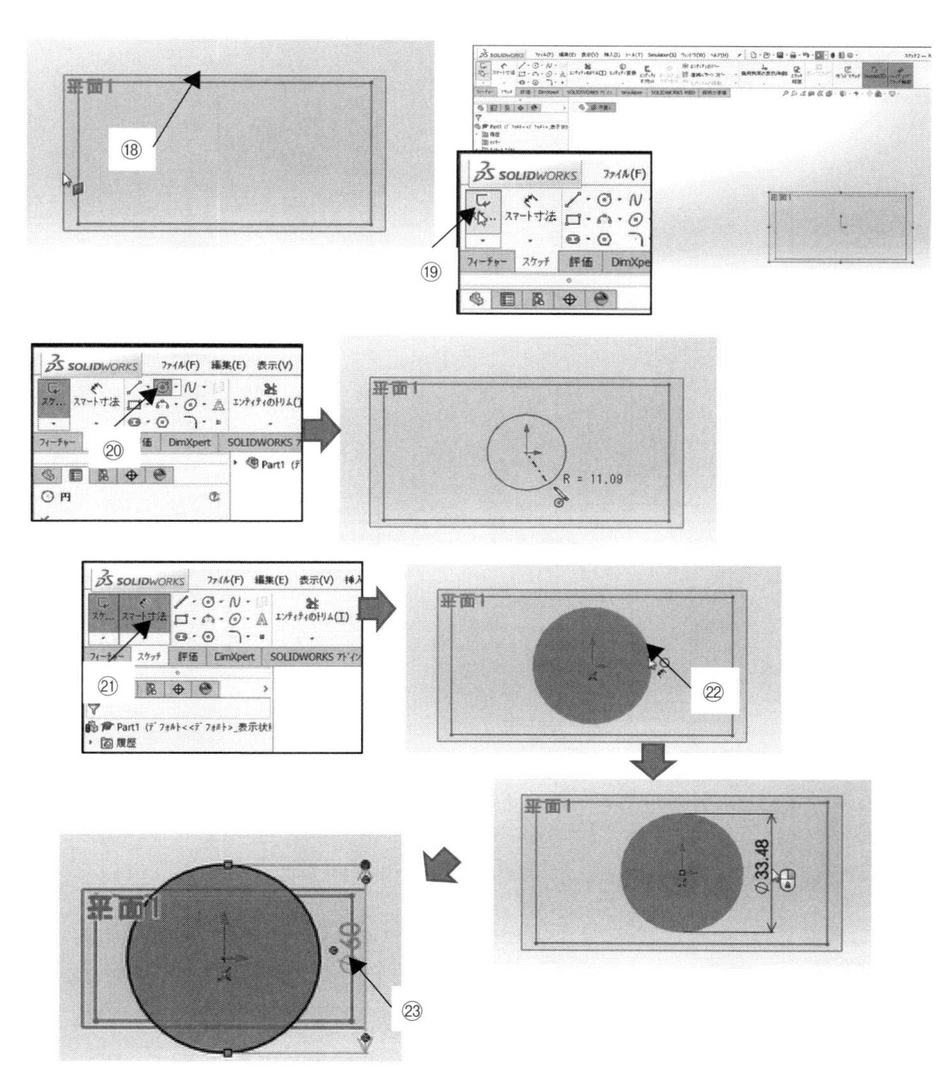

図 2.1.29　ロフト手順 4

図 2.1.30 で、
㉔［ヘッズアップ表示］で［等角投影］を選択して正面と平面1を同時に表示する。
㉕［スケッチ］を選択してスケッチを終了する。
㉖［フィーチャーマネージャー］→［ロフト］を選択する。
㉗ロフトの［プロパティマネージャー］→［輪郭］でスケッチ2が選択されている。
㉘もう一つの輪郭として、正面の四角形（スケッチ1）を選択してロフトを表示後、［✔］で確定する。

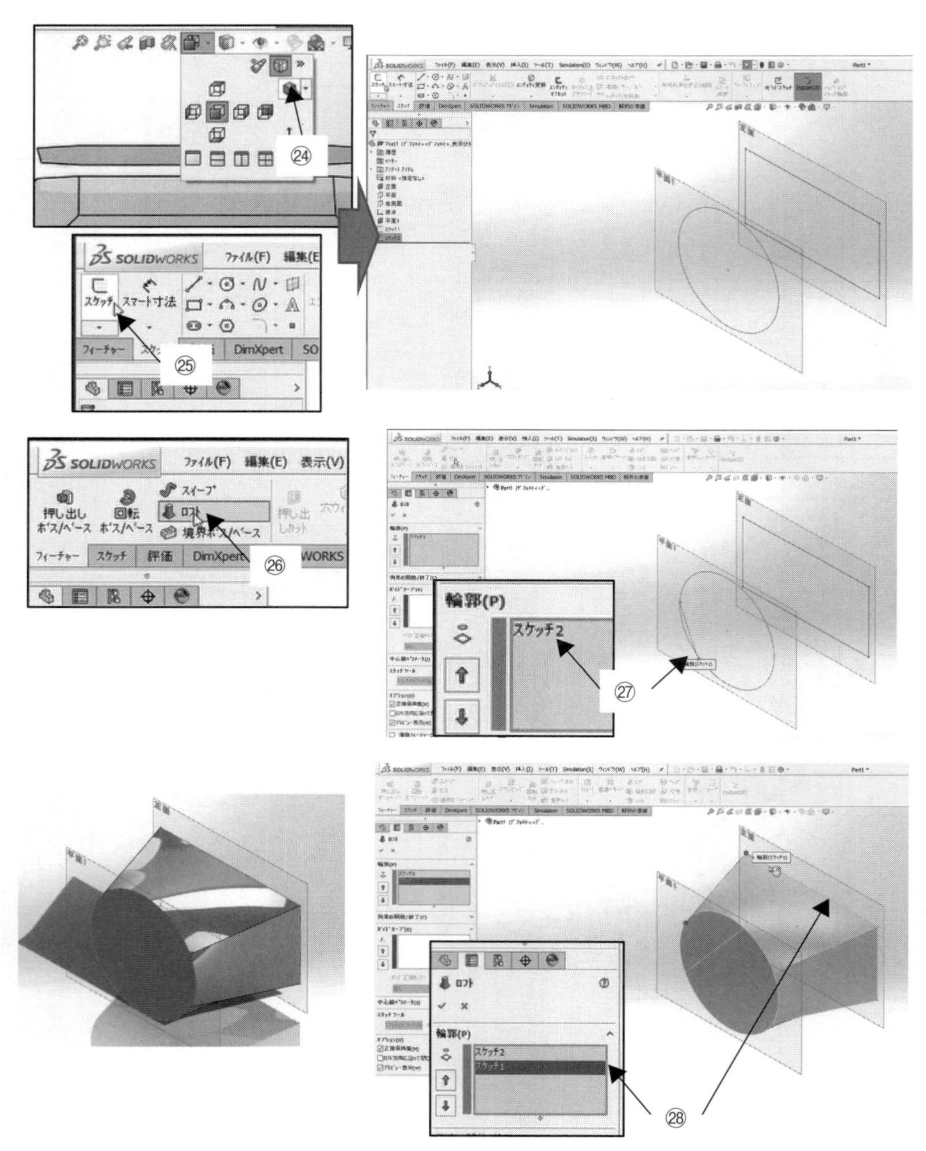

図 2.1.30　ロフト手順 5

第2章 機械要素部品のモデリング実習

1. L字型部品のモデリング（SolidWorks超入門）

1.1 SolidWorksの起動

SolidWorksのアイコンをクリックするか、［スタートメニュー］→［すべてのプログラム］→［SolidWorks］を選択して起動させる（図2.2.1(a)）。単位が「MMGS」となっていることをこの時点で確認しておく（図2.2.1(b)）。違う単位になっている場合には、隣の▲をクリックして切り替えておくこと。

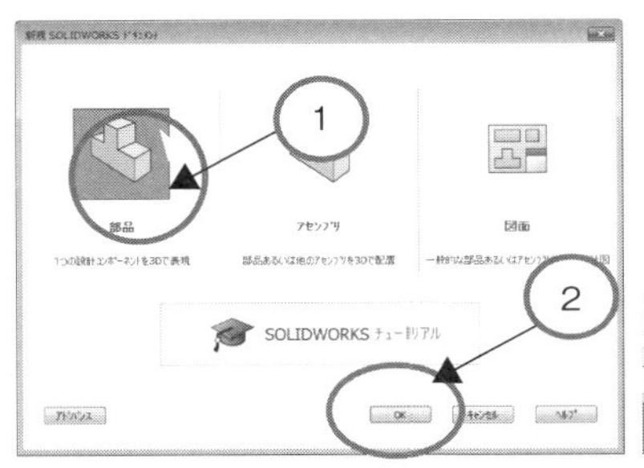

(a) 部品の新規作成択

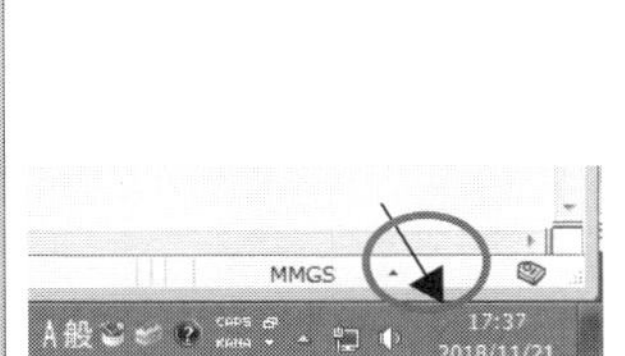

(b) 単位の確認

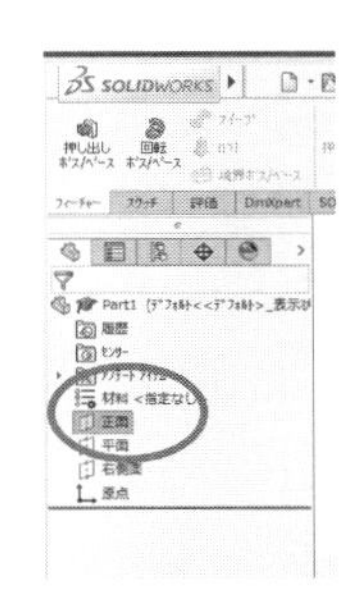

(c) スケッチ平面［正面］の選択

図2.2.1 新規部品の作成とスケッチの開始

1.2 スケッチの開始

スケッチを作成するためにスケッチ平面を選択する。［フィーチャーツリー］の中の［正面］をクリックする（図2.2.1(c)）。［スケッチ］タブをクリックし、［スケッチ］を選択してスケッチを開始する（図2.2.2(a)）。［スケッチ］アイコンをクリックしても、スケッチ平面である［正面］がまっすぐな方向を向いていないようであれば、キーボードで［Ctrlキー+8］を押すか、［ヘッズアップ表示ツールバー］の［表示方向］の中の［選択アイテムに垂直］を選択する（図2.2.2(b)）。

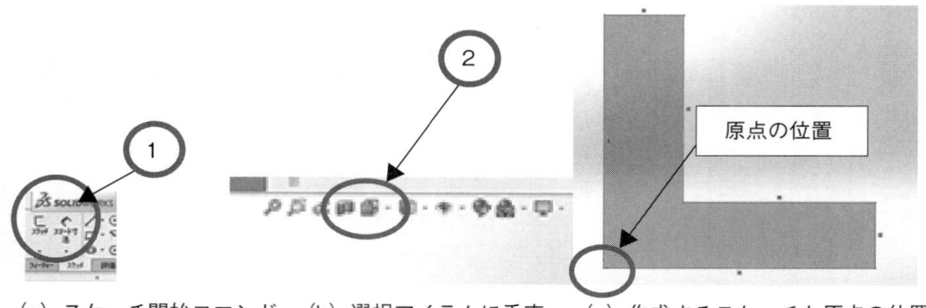

(a) スケッチ開始コマンド　(b) 選択アイテムに垂直　(c) 作成するスケッチと原点の位置

図 2.2.2　スケッチの開始

1.3　スケッチの作成

画面の中に縦横の赤い矢印として表示されている座標軸の原点を出発点とし、図のようなスケッチを描く（図 2.2.2(c)）。スケッチは必ず原点との位置関係を明確にしなければならない。[線分] コマンドをクリックし、順に画面上をクリックして折れ線を描く。図のL字の形の左下の頂点を原点の位置から順に描き始める。水平あるいは鉛直の線分を描くときには、[水平]、[鉛直] のマークが表示されている状態でマウスをクリックする。最初は図形の大きさを気にせず、水平・鉛直の関係だけに気を付けて、だいたいの形状を描くこと。最後は必ず最初の頂点の位置に戻り、閉多角形にする。線分の重なりがないこと、そして頂点はすべてつながっていることを確認する。この状態の図形は、マウスで頂点やエッジの位置をドラッグして移住に移動させることができる。

1.4　寸法の指定

[スマート寸法] のコマンドをクリックする。描いた図形のエッジのうち、寸法拘束をつけるものをクリックする。寸法の数値をキーボードから入力をし、[Enter] キーで確定する。エッジは自動的に指定した長さに変更される。数字の入力に誤りがある場合には、[取り消し] をするか、寸法線をクリックして選択して [Delete] キーで削除するか、ダブルクリックをして数値を変更するとよい。

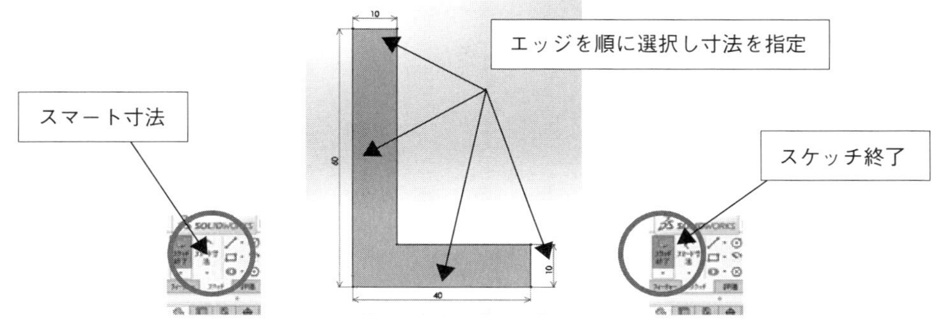

図 2.2.3　寸法拘束の追加

1.5　スケッチの終了

［スケッチ終了］をクリックする。表示が3次元に戻る。

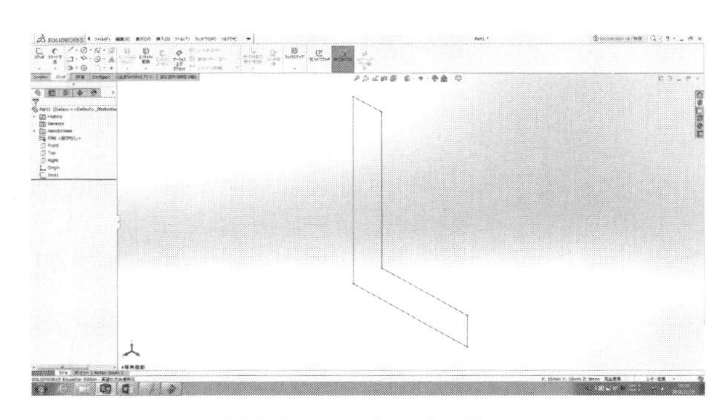

図 2.2.4　スケッチの終了

1.6　押し出し

画面上のスケッチをクリックするか、［フィーチャーマネージャー］の［スケッチ1］をクリックし、このスケッチを［押し出しボス/ベース］コマンドで立体にする。左端に現れるダイアログで［ブラインド］とし、押し出し幅（D2）に 40 mm を入力する。プレビューとして表示される黄色い立体形状が正しければ、［✔］をクリックして確定する。図 2.2.6 のような形状が得られる。

(a) 押し出しコマンド　　　(b) 厚さの指定

図 2.2.5　押し出しフィーチャーの作成と指定

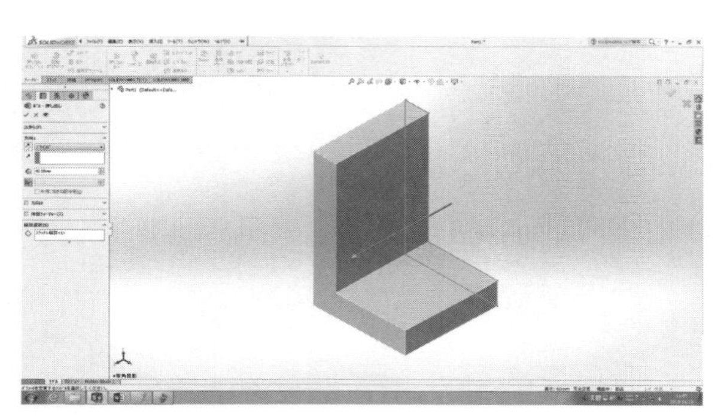

図 2.2.6　プレビューと確定後の形状

1.7　面取りの作成

エッジをマウスでクリックし、[面取り] コマンドをクリックする。ちなみに [面取り] コマンドは [フィレット] コマンドの横の三角形で選択できるようになる (図 2.2.7(b))。面取りパラメータ (D) を 10.0 mm に変更する (図 2.2.7(c))。プレビューで確認をして正しければ、[✔] で確定する。確定後に寸法等を変更したい場合には、[フィーチャーツリー] の [面取り] アイコンを右クリックし、[定義編集] を選択すると再びダイアログが開く。

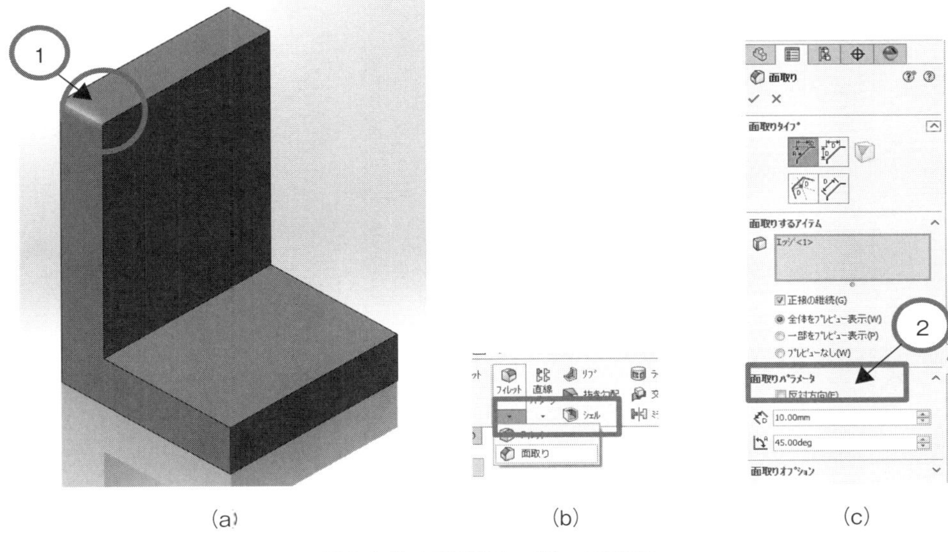

(a)　(b)　(c)

図 2.2.7　面取りエッジと寸法指定

1.8　ファイルへの保存

作成した形状をファイルとして保存する。[ファイルメニュー] の [指定保存] を選択し、ファイル名を付けて保存をすること。通常はモデリングの終了を待たず、モデリングの途中経過の段階で保存をしておくことが望ましい。以上の作業でL字部品が完成となる。

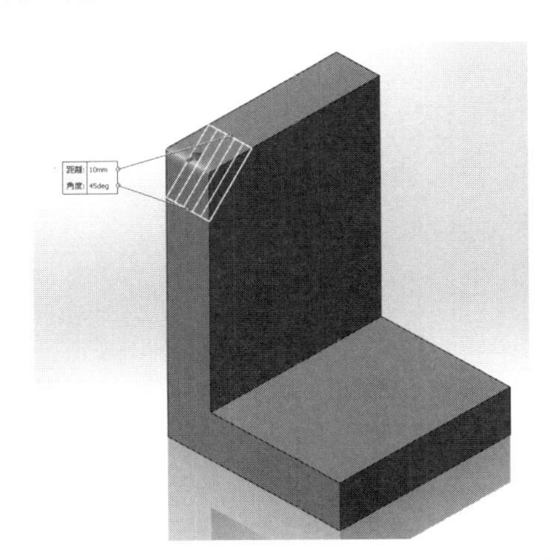

図 2.2.8　面取りの完成

2. Vブロック部品のモデリング

2.1 SolidWorksの起動

SolidWorksのアイコンをクリックするか、［スタートメニュー］→［すべてのプログラム］→［SolidWorks］を選択して起動する。単位が「MMGS」となっていることをこの時点で確認しておく。

図2.2.9 Vブロック

2.2 スケッチの開始

スケッチを作成するためにスケッチ平面を選択する。［フィーチャーツリー］の中の［正面］をクリックする。［スケッチ］タブをクリックし、［スケッチ］を選択してスケッチを開始する。

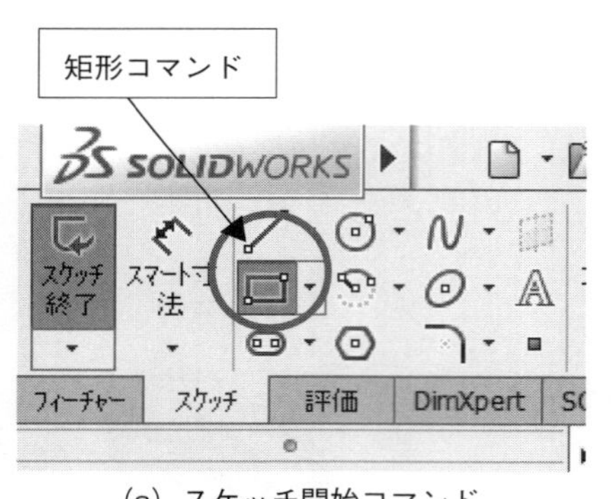

(a) スケッチ開始コマンド

(b) 選択アイテムに垂直

図2.2.10 スケッチの開始

2.3 スケッチの作成

画面の中の座標軸の原点が図の位置に来るように長方形を描く（図2.2.10(a)、(b)）。［線分］コマンドの中の［中心線］をクリックする。原点を始点とし、鉛直方向に適当な長さのものを作成する。［✔］か［ESC］キーで［直線］コマンドを終了する。長方形の左右両側の鉛直の線分と、［中心線］をクリックすると左側にダイアログが開く。その中の［対称］をクリックすることで、この長方形は左右対称の拘束がつく。［スマート寸法］で長方形の縦横の長さをそれぞれ100 mmにする（図2.2.11(b)）。［スケッチ終了］をクリックする。

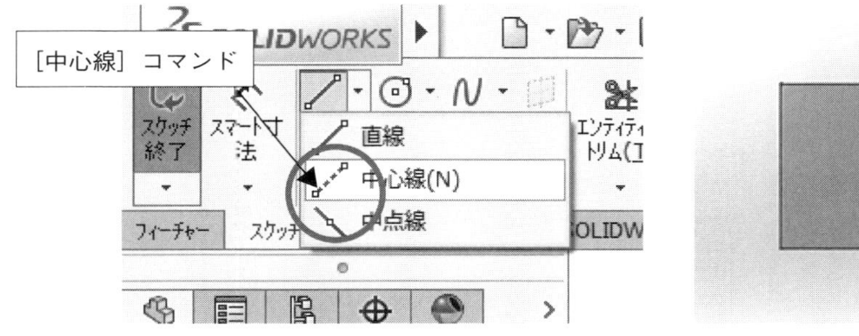

(a) 中心線の作成コマンド

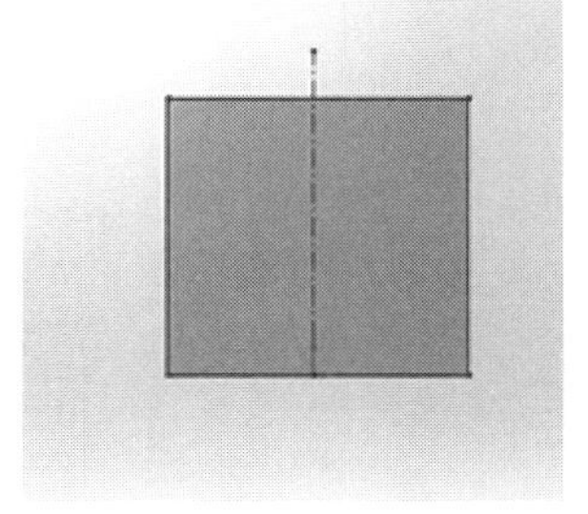
(b) 原点から垂直に中心線を作成

図 2.2.11　中心線の作成

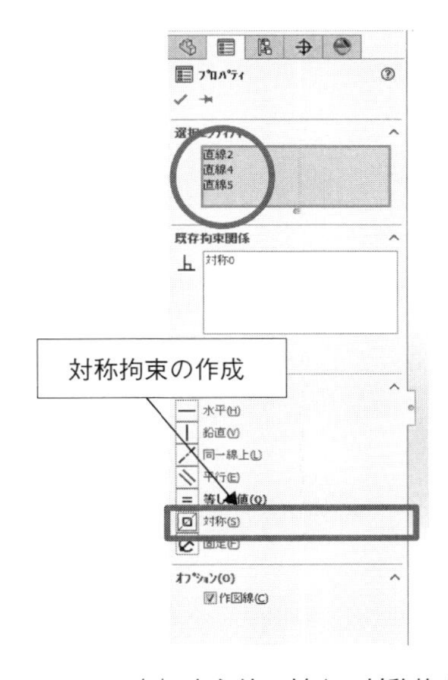

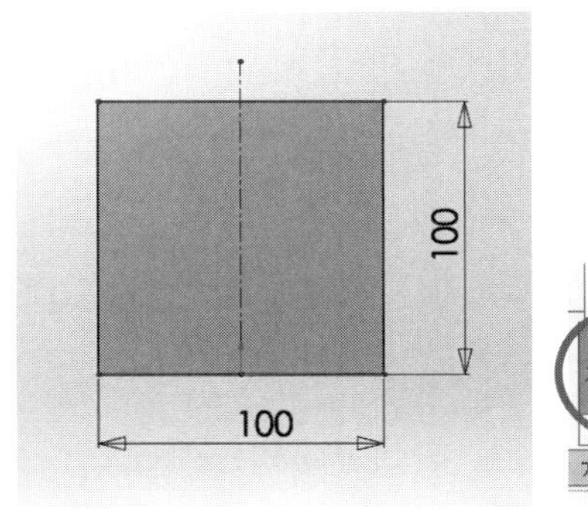

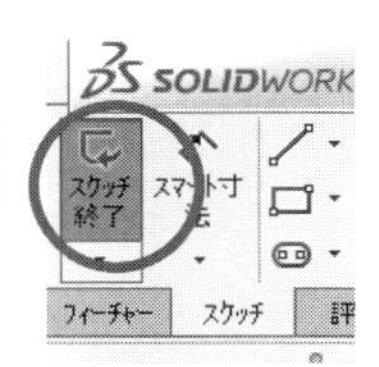

(a) 中心線に対する対称拘束　(b) 原点を中心に左右対称な長方形　(c) スケッチ終了

図 2.2.12　左右対称の長方形として拘束

2.4 押し出し

画面上のスケッチをクリックするか、フィーチャーマネージャーの［スケッチ 1］をクリックし、このスケッチを［押し出しボス/ベース］コマンドで立体にする(図 2.2.13)。左端に現れるダイアログで［ブラインド］とし、押し出し幅 (D2) に 40 mm を入力する。プレビューとして表示される黄色い立体形状が正しければ、［OK］(チェック) をクリックして確定をする。図のような形状が得られる (図 2.2.14)。

(a) 押し出しコマンド

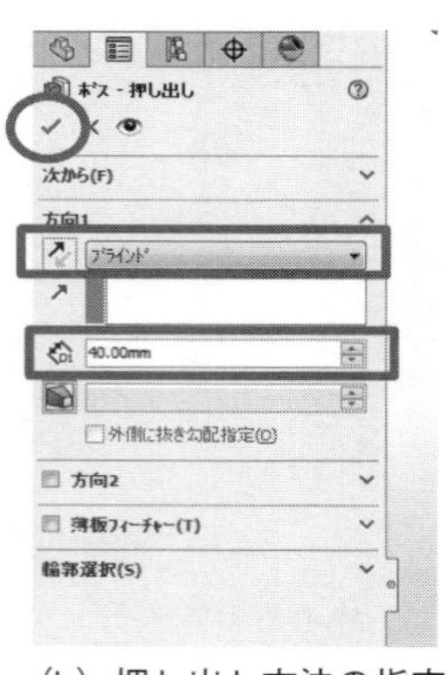

(b) 押し出し方法の指定

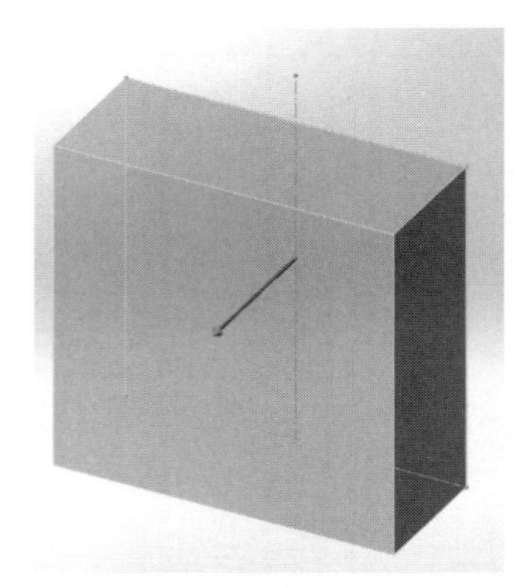

(c) 形状のプレビュー

図 2.2.13　押し出しで立体を作成

2.5　V ブロック斜面部のスケッチ作成

スケッチ平面を指定し、スケッチコマンドでスケッチの作成を開始する(図 2.2.14)。スケッチ平面に垂直に表示を変更しておく。図 2.2.15(b)のように原点の位置に中心線を作成し、中心線を対称軸とする直角二等辺三角形を作成するすなわち、対称の拘束をつける。この三角形の底辺はすでにスケッチとして作成してある長方形の上の面に重なる拘束がつくようにして作成する。スマート寸法で角度と底辺の幅を指定しておく。

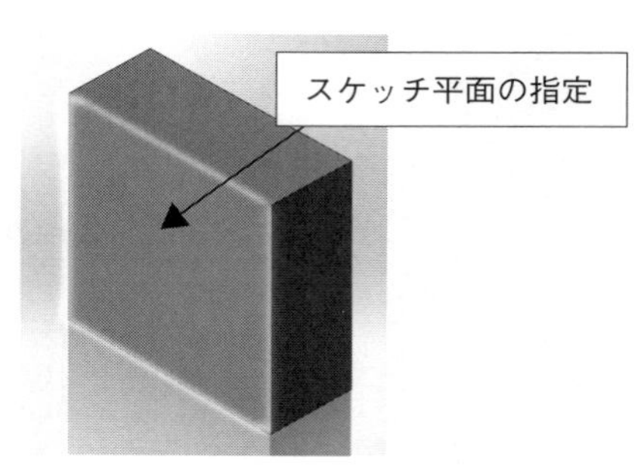

図 2.2.14　直方体の作成とスケッチ平面の指定

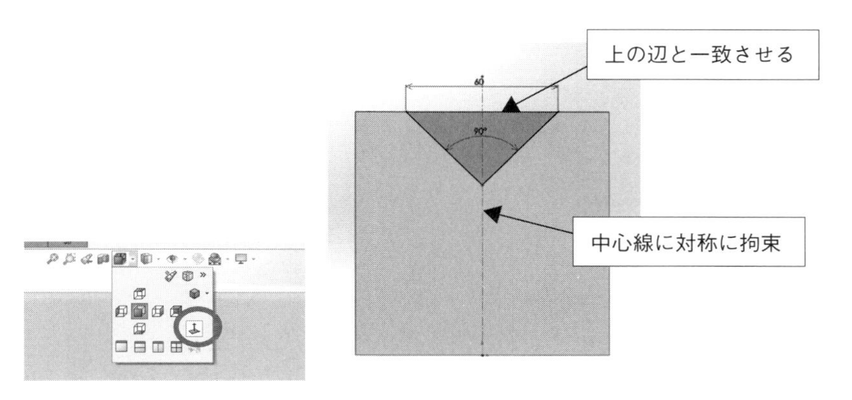

図 2.2.15　直角二等辺三角形のスケッチ

2.6　溝のスケッチ

さらに図のように中心軸に対称で、長方形の上の辺と一致した拘束がついた長方形を作成する。［スマート寸法］を使い、長方形の幅を 5 mm とし、原点からの距離を 65 mm にする(図 2.2.16)。不要な部分を［エンティティのトリム］(パワートリム)で削除して、最終的に図 2.2.17(b)になるスケッチを完成させる。［OK］でスケッチを終了する。

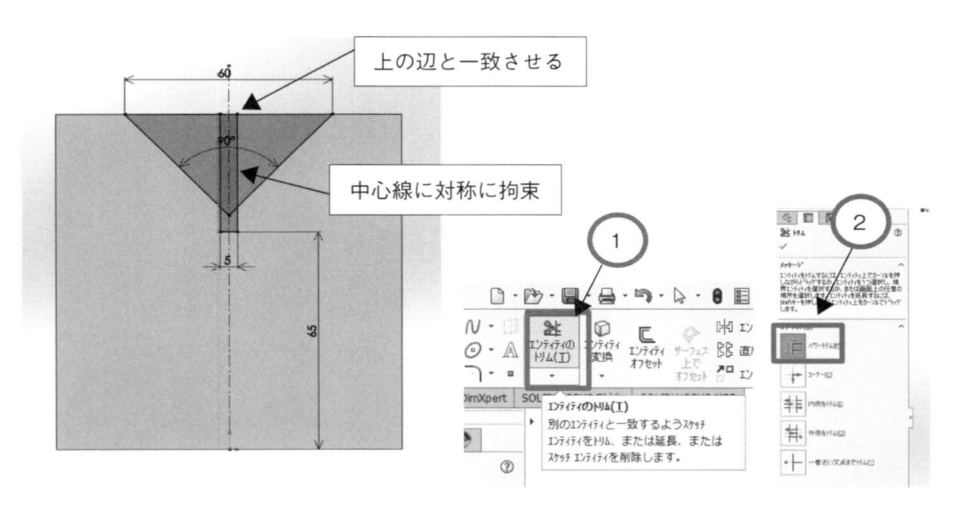

図 2.2.16　溝のスケッチと不要部のトリム

2.7　押し出しカット

作成したスケッチを指定して［押し出しカット］で［次サーフェス］までを指定する。［OK］で確定すると部品が完成する。

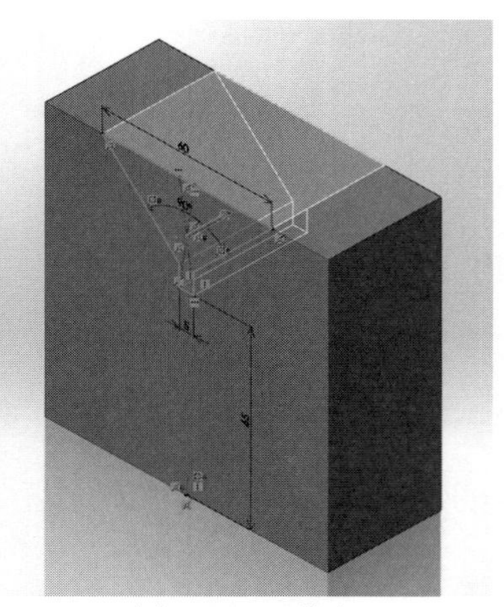

(a) カットの指定

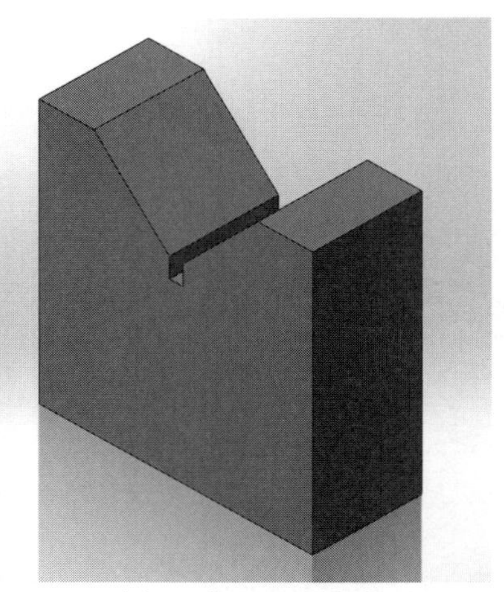

(b) Vブロックの完成

図2.2.17　押し出しカットと完成部品

2.8　部品のファイルへの保存

作成した形状をファイルとして保存する。［ファイルメニュー］の［指定保存］を選択し、ファイル名を付けて保存をすること。通常はモデリングの終了を待たず、モデリングの途中経過の段階で保存をしておくことが望ましい。以上の作業でVブロック部品が完成となる。

3. パッキン押え部品のモデリング

3.1　SolidWorksの起動

SolidWorksのアイコンをクリックするか、［スタートメニュー］→［すべてのプログラム］→［SolidWorks］を選択して起動させる。単位が「MMGS」となっていることをこの時点で確認しておく。

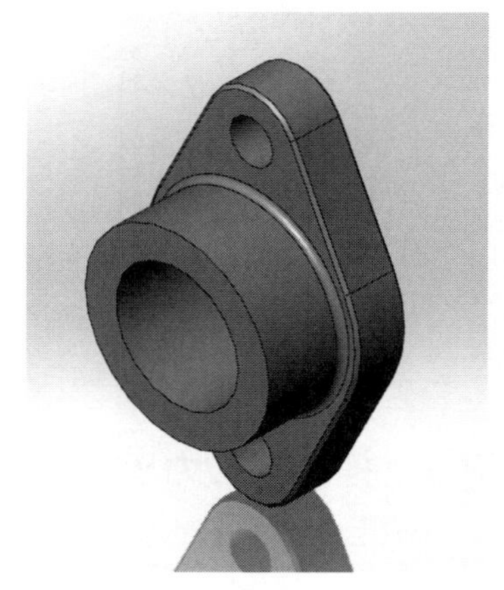

図2.2.18　パッキン押え

3.2　スケッチの開始

スケッチを作成するためにスケッチ平面を選択する。［フィーチャーツリー］の中の［正面］をクリックする。［スケッチ］タブをクリックし、［スケッチ］を選択してスケッチを開始する。

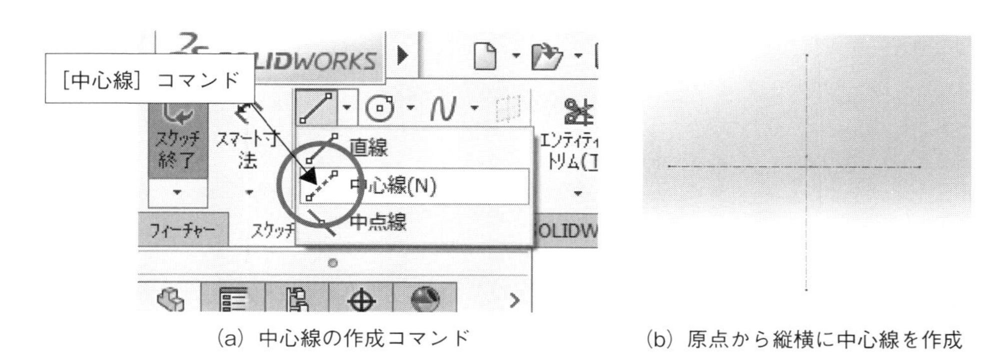

(a) 中心線の作成コマンド　(b) 原点から縦横に中心線を作成

図 2.2.19　中心線の作成

3.3　中心線の作成

画面の中の座標軸の原点を通る縦と横の中心線を作成する。原点を始点とし、鉛直方向に適当な長さのものを作成する。

3.4　円の作成

原点を中心とし、円を描く。[作図線] にチェックを入れてから [OK] で確定する。[スマート寸法] で直径 70 mm にする。さらに中心軸上に中心を持つ小さな円を作成し、[作図線] にチェックを入れて [✔] で確定する。

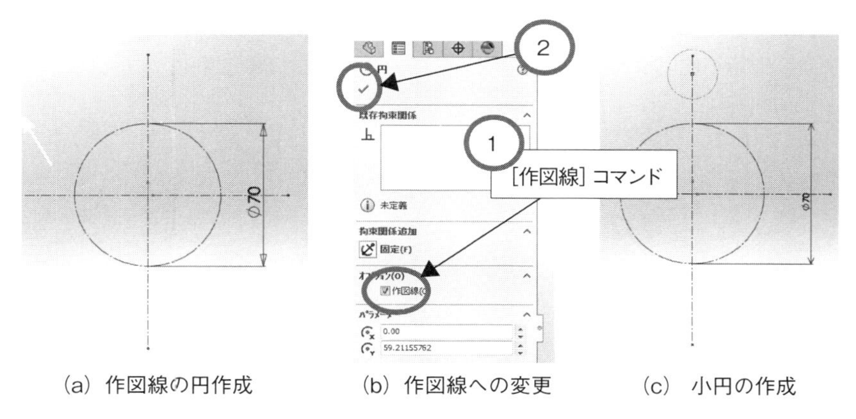

(a) 作図線の円作成　(b) 作図線への変更　(c) 小円の作成

図 2.2.20　作図線の円の作成

3.5　接線の作成

スケッチした2つの作図線の円に接するような線分を作成する。必ず円に正接するような拘束がついていることを確認する。接線になっていることを示すアイコンが表示されていることを確認する。

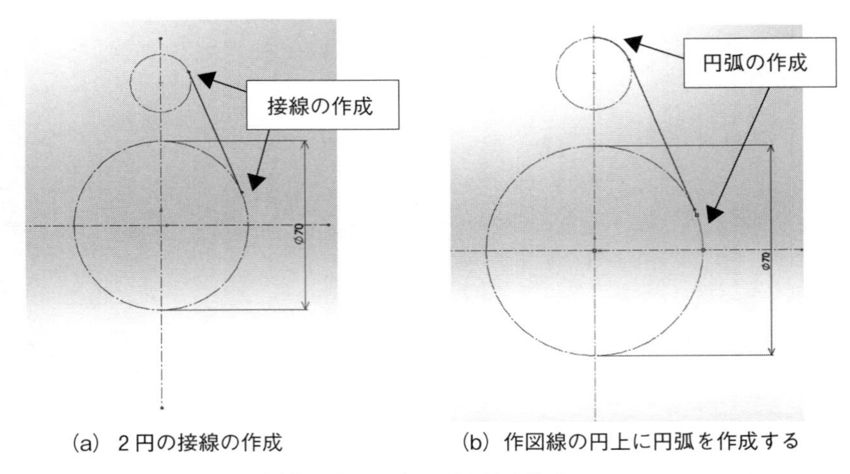

(a) 2円の接線の作成　　(b) 作図線の円上に円弧を作成する

図 2.2.21　スケッチの線の作成

3.6　円弧の作成

作図線で作成した円に重なるようにし、一方の端点が中心線上、もう一方の端点が接線の端点と一致するような円弧を2ヶ所に作成する。円弧の端点と線分の端点が重なっていることを十分に確認すること。

3.7　ミラーコマンドによる左へのコピー

スケッチの［ミラー］コマンドを使って、作成した図形を縦の中心線を軸にしてコピーする。［ミラーするエンティティ］として2円弧と線分を指定し、［ミラー基準］として縦の中心線を指定する。［✔］で確定する。

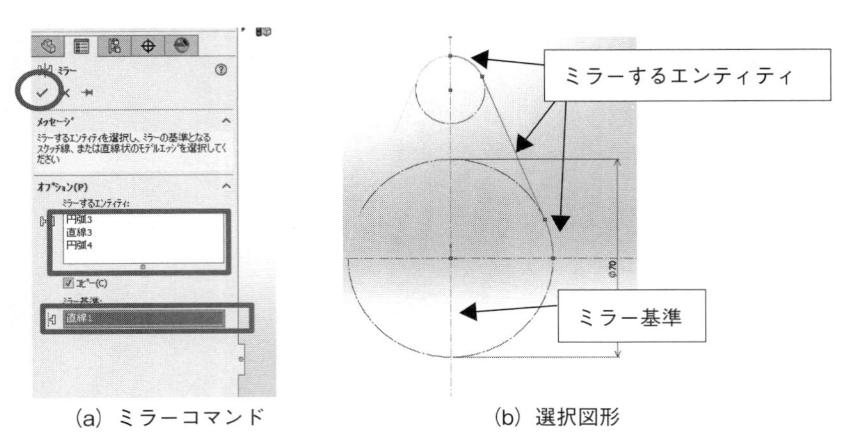

(a) ミラーコマンド　　(b) 選択図形

図 2.2.22　ミラーを利用して左右対称に図形を作成

3.8 ミラーコマンドによる下へのコピー

スケッチの［ミラー］コマンドを使って、作成した全図形を水平の中心線を軸にしてコピーする。［ミラーするエンティティ］として２円弧と線分を指定し、［ミラー基準］として縦の中心線を指定する。［✔］で確定する。

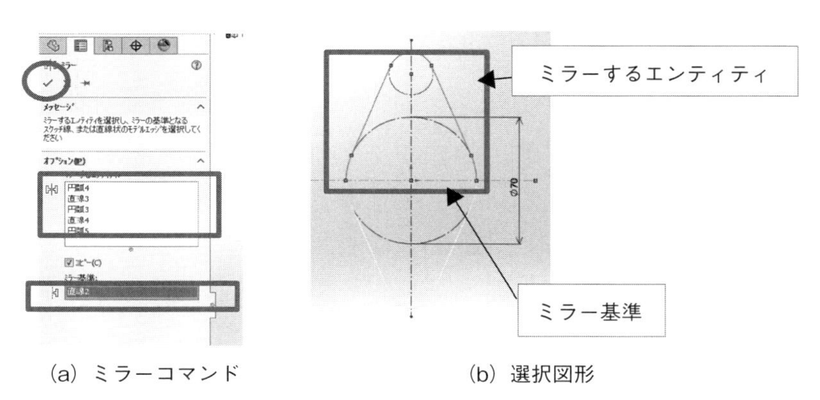

(a) ミラーコマンド　　(b) 選択図形

図 2.2.23　ミラーを利用して上下対称に図形を作成

3.9 スマート寸法による寸法指定

［スマート寸法］を使い、上の円弧を R15 にし、上下の円の中心間の距離を 90 mm にする。寸法がすべて指定できたら、［✔］でスケッチを終了する。

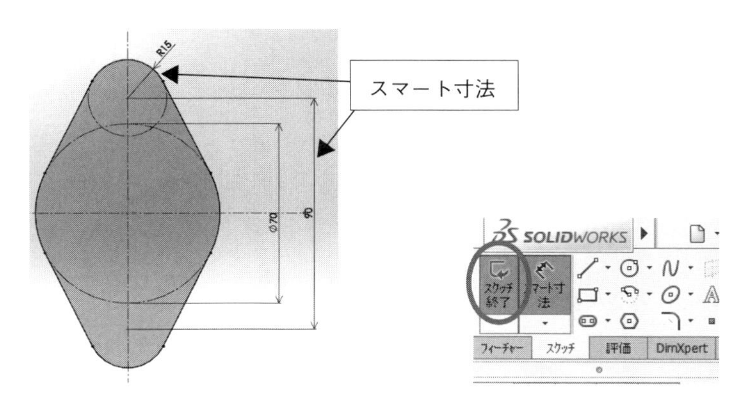

図 2.2.24　スマート寸法とスケッチ終了

3.10 押し出し

［押し出しボス／ベース］を使い、作成したスケッチを 16 mm の厚さに押し出す。［✔］で確定する。

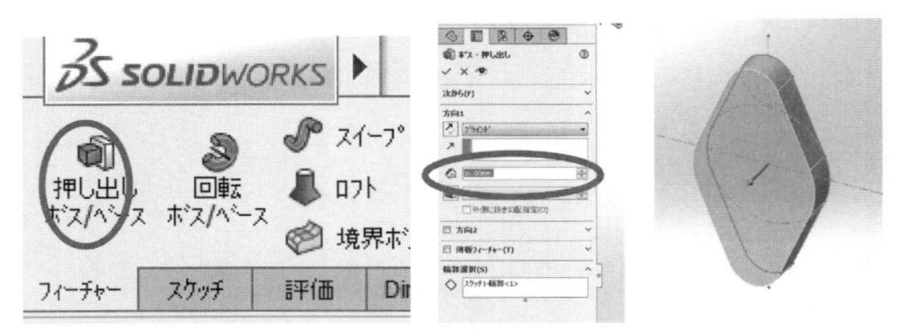

(a) 押し出しコマンド　(b) 押し出し距離の設定　(c) プレビュー

図 2.2.25　スケッチの押し出し

3.11　ボルト穴のスケッチ

図 2.2.26(a)のように表側の面を選択してスケッチを作成する。まず、円を描く。この円と、外周の円を選択し、[同心円] の拘束を選択する(図 2.2.26(c)、(d))。[スマート寸法] で円の直径を 14 mm に設定する。スケッチを終了する。

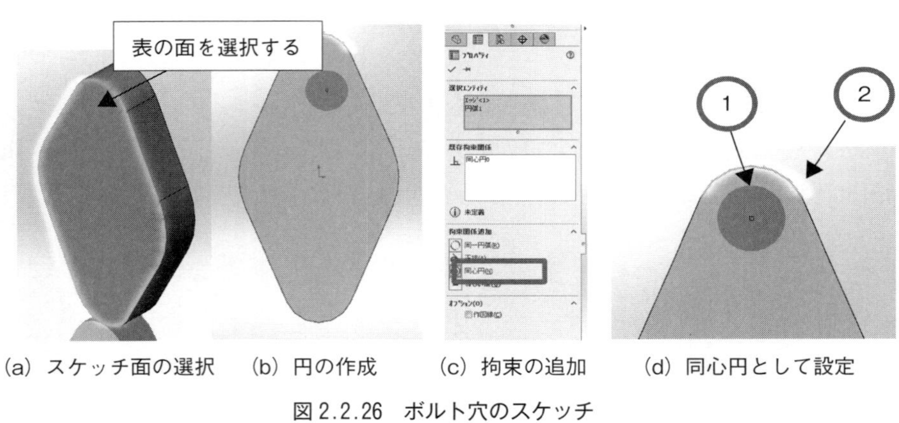

(a) スケッチ面の選択　(b) 円の作成　(c) 拘束の追加　(d) 同心円として設定

図 2.2.26　ボルト穴のスケッチ

3.12　押し出しカット

作成したスケッチを指定して [押し出しカット] で [全貫通] を指定する。[OK] で確定して穴を開ける。

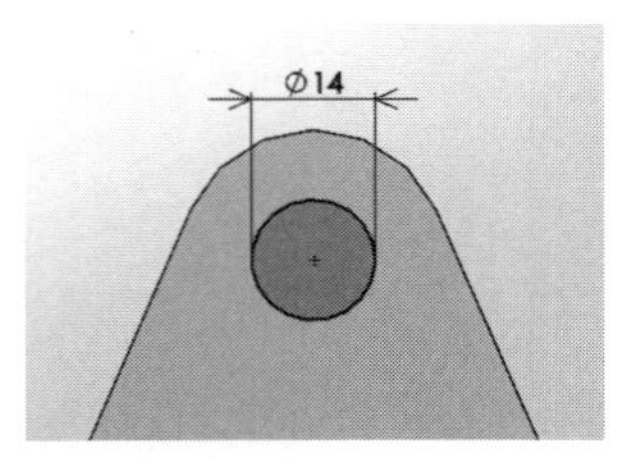

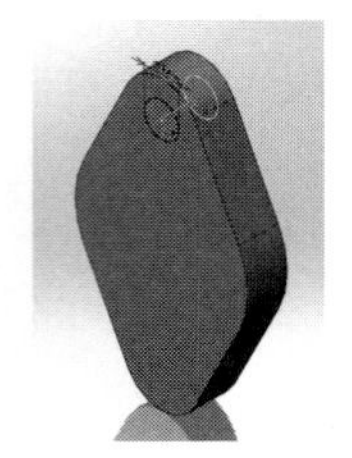

(b) 押し出しコマンド　(b) 押し出し距離の設定　(c) プレビュー

図 2.2.27　スケッチによる穴あけ

3.13 ミラーリングによる穴あけ

［ミラー］コマンドを選択する。［ミラー面］として［平面］をダイアログの右のツリーから選ぶ。そして［ミラーコピーをするフィーチャー］として最後に作成した［カット］を選択する。［✔］で確定すると、部品の下側に穴が開く。

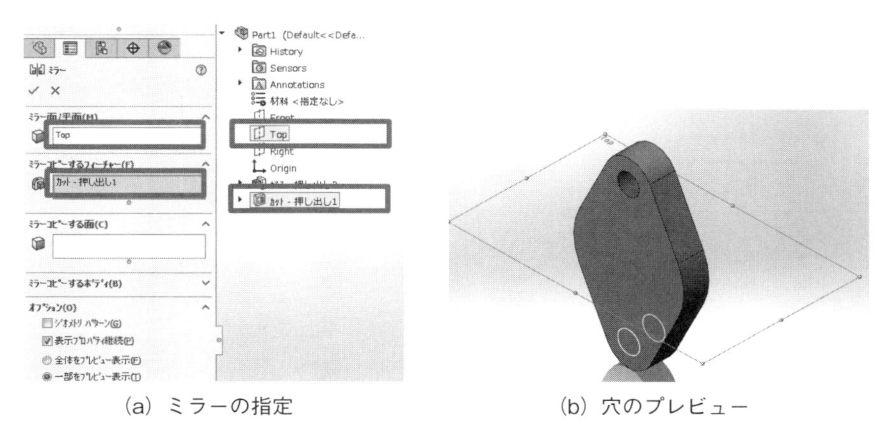

(a) ミラーの指定　　(b) 穴のプレビュー

図 2.2.28　穴のミラーリング

3.14 突起部分のスケッチ

形状の表の面を選択し、スケッチを開始する。原点を中心とする円を作成し、スマート寸法で直径を 60 mm とする。スケッチを終了する。

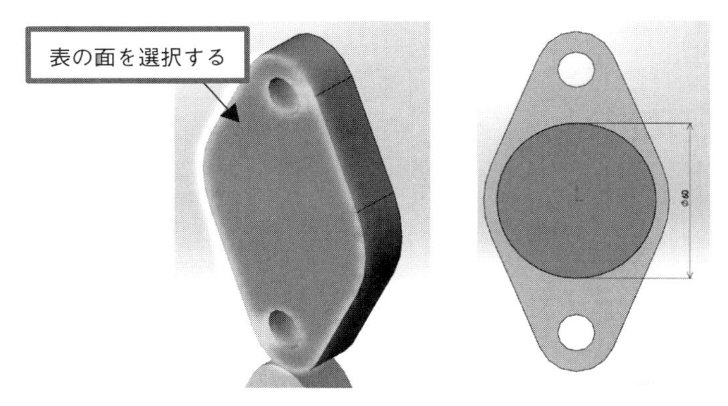

(b) スケッチ面の指定　　(b) 直径60mmの円の作成

図 2.2.29　突起部のスケッチ

3.15 参照平面の作成

本来は別の方法で押し出しを行うが、練習のために参照ジオメトリとして平面を作成して押し出しを行う。［フィーチャー］の中の［参照ジオメトリ］として［正面］

を作成する。距離 D2 を 40 mm として［✔］で確定する。

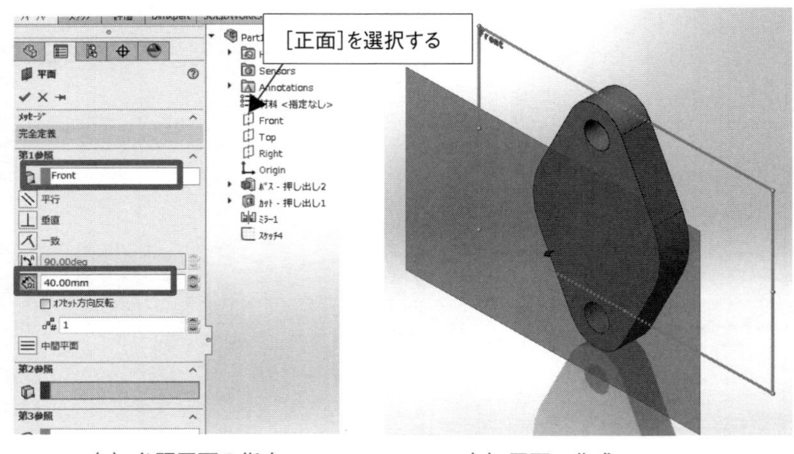

(a) 参照平面の指定　　(b) 平面の作成

図 2.2.30　参照平面の作成

3.16　押し出しの作成

さきほど作成したスケッチについて［押し出しボス／ベース］で押し出す。［端サーフェス指定］として、作成した参照平面［平面 1］を指定する。［✔］で押し出しを確定する。

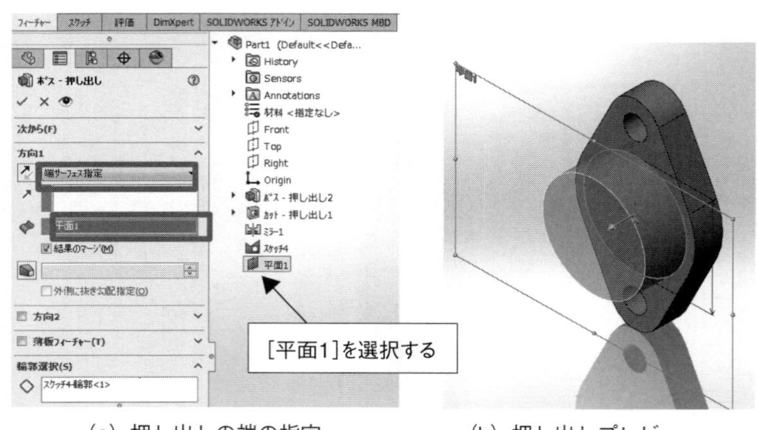

(a) 押し出しの端の指定　　(b) 押し出しプレビュー

図 2.2.31　参照平面による押し出し

3.17　不要図形の非表示

押し出しのために作成した参照平面［平面 1］は今後使用しないので、非表示にしておく。［フィーチャーツリー］の［平面 1］を右クリックし、［非表示］のアイコンをクリックする。再度クリックすれば、平面は表示のようになる。

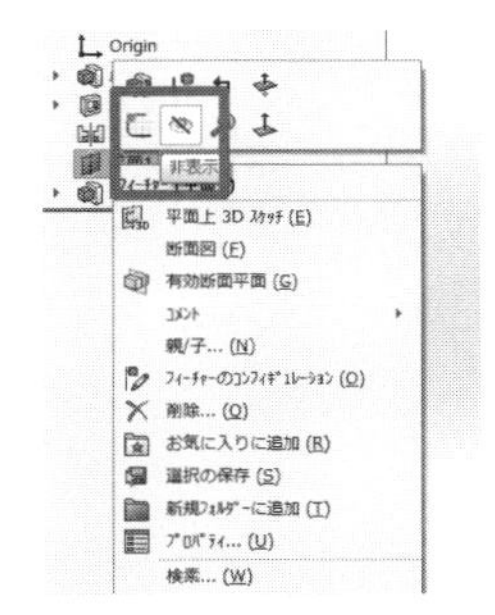

(a) 平面の非表示設定

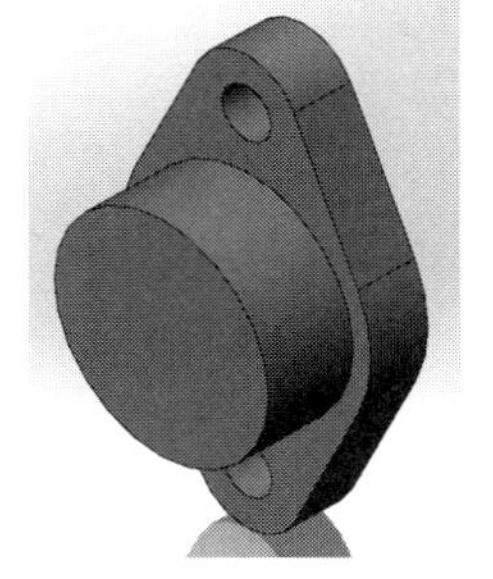
(b) 作成した押し出し

図 2.2.32　非表示の設定

3.18　穴のスケッチ

押し出した部分の表の面を選択して、スケッチを作成する。原点を中心とした円を作成し、直径を 40 mm とする。スケッチを終了させる。

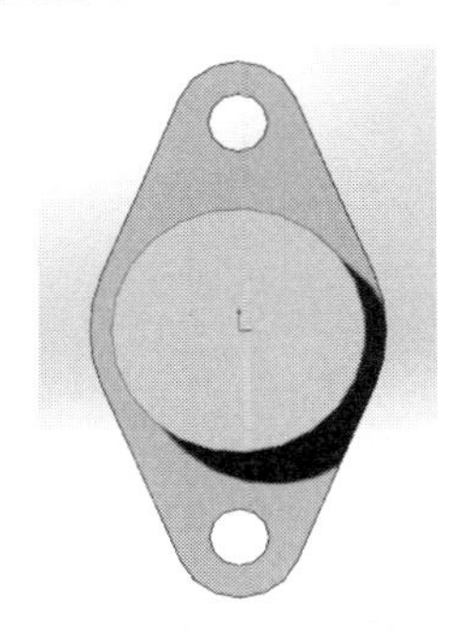
(a) スケッチ平面

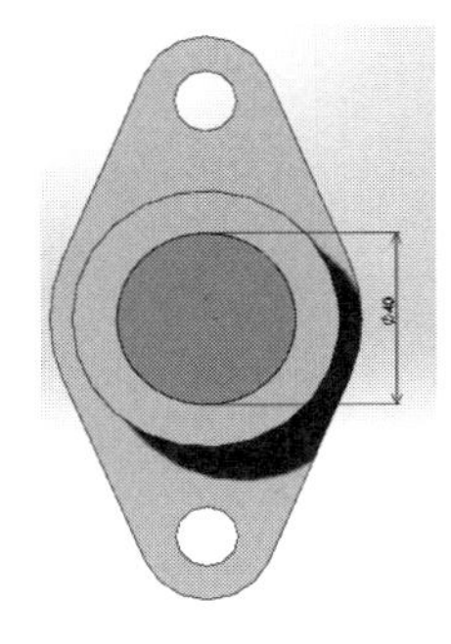
(b) スケッチと直径

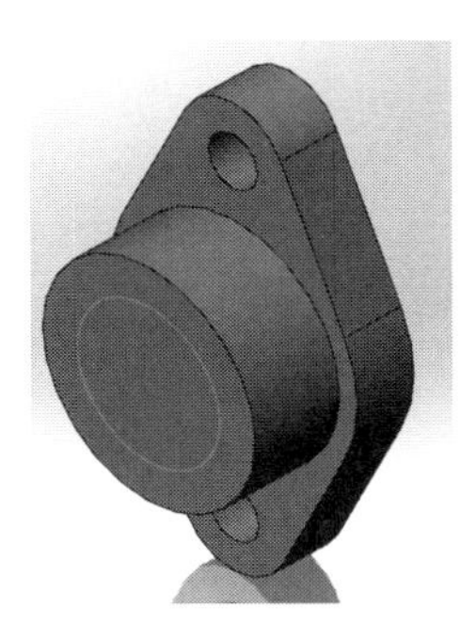
(c) スケッチ完成

図 2.2.33　穴のスケッチ

3.19　穴のカット

作成したスケッチを［押し出しカット］で穴にする。［全貫通］を選択し、向きを確認し、［OK］で確定する。

(a) カットの指定

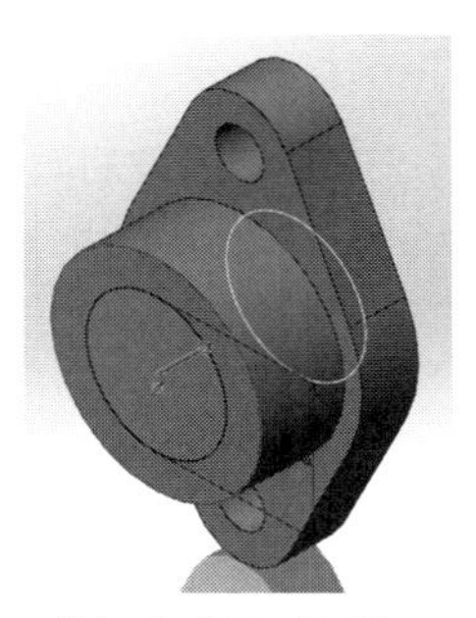
(b) 向きのプレビュー

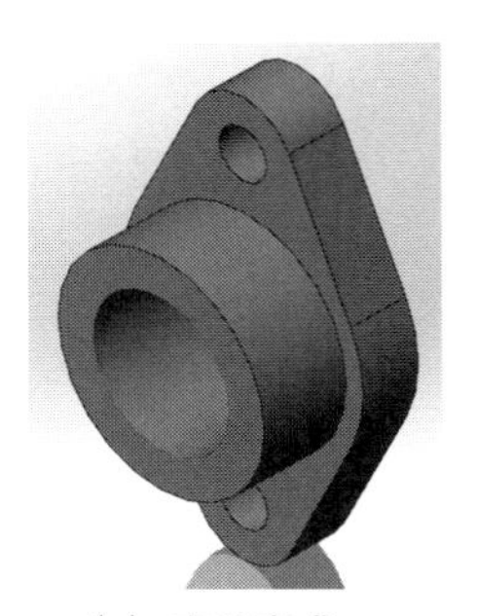
(c) 穴の完成

図 2.2.34　穴の作成

3.20 フィレットの作成

この形状の図のエッジに［フィレット］を作成する(図 2.2.35)。フィレットの半径を 2 mm とする。［✔］で確定する。

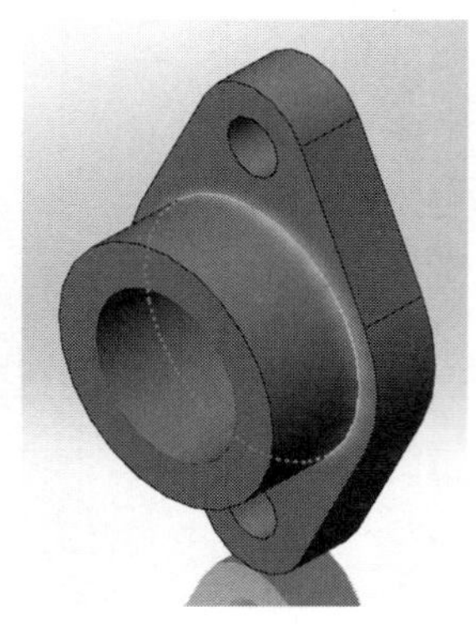

(a) エッジの指定

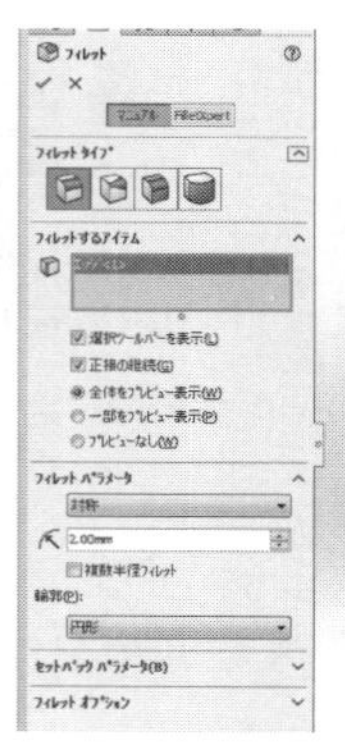

(b) フィレットの半径

(c) フィレットの完成

図 2.2.35 フィレットの作成

3.21 面取りの作成

この形状の図のエッジに［面取り］を作成する(図 2.2.36)。面取りする幅を 1 mm と角度を 45deg する。［✔］で確定する。

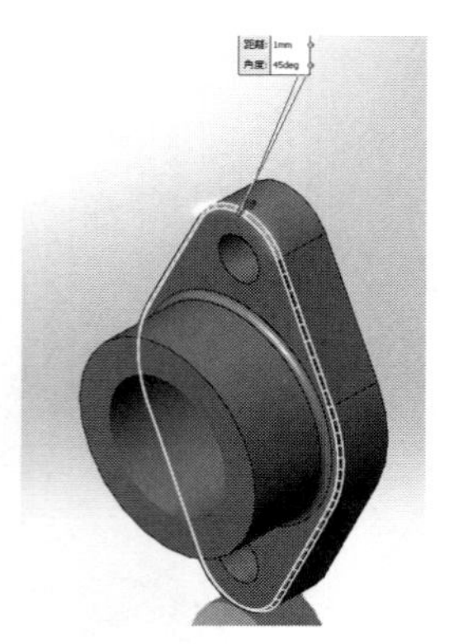

(a) 1 本目のエッジ

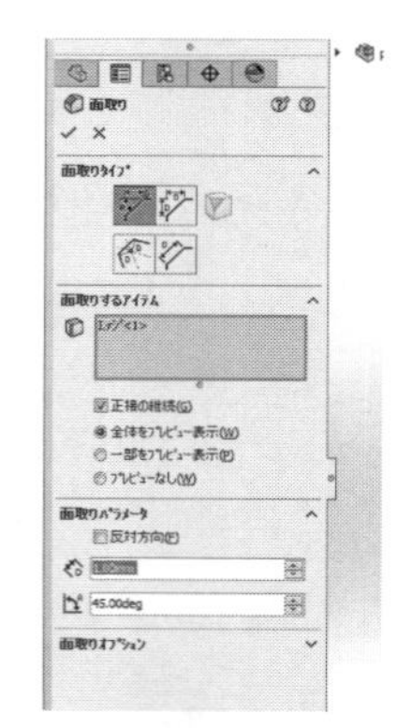

(b) 面取りの半径

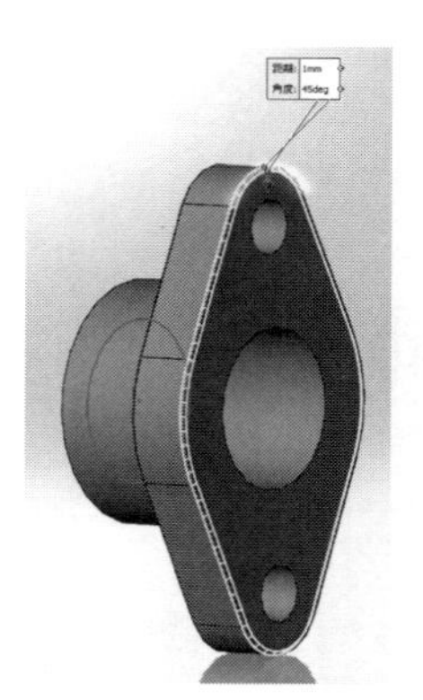

(c) 2 本のエッジ

図 2.2.36 面取りの作成

3.22 ファイルの保存

以上で部品が完成したので、ファイルに「Packing.sldprt」と名前をつけて保存する。

3.23 アセンブリの作成

作成したパッキン押えを利用したアセンブリを作成する。作成するアセンブリは図2.2.37のようなものとなる。図2.2.38、図2.2.39の部品を使用するので、事前に作成しておくこと。

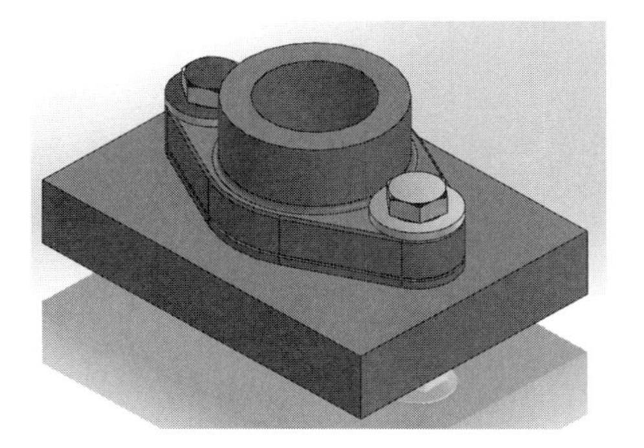

図 2.2.37　目的のアセンブリ

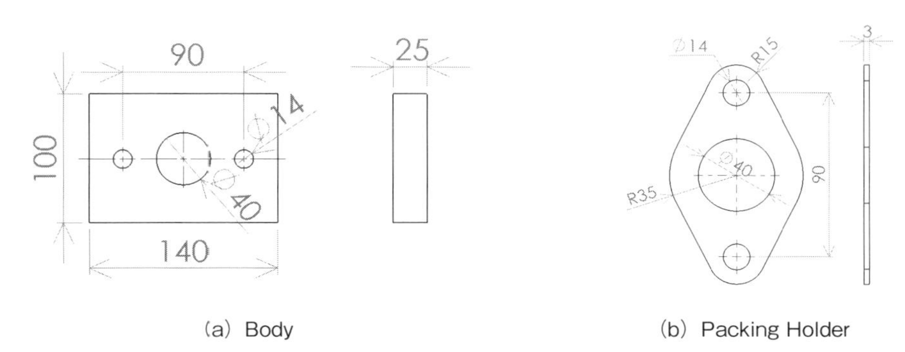

(a) Body　(b) Packing Holder

図 2.2.38　使用する補助部品

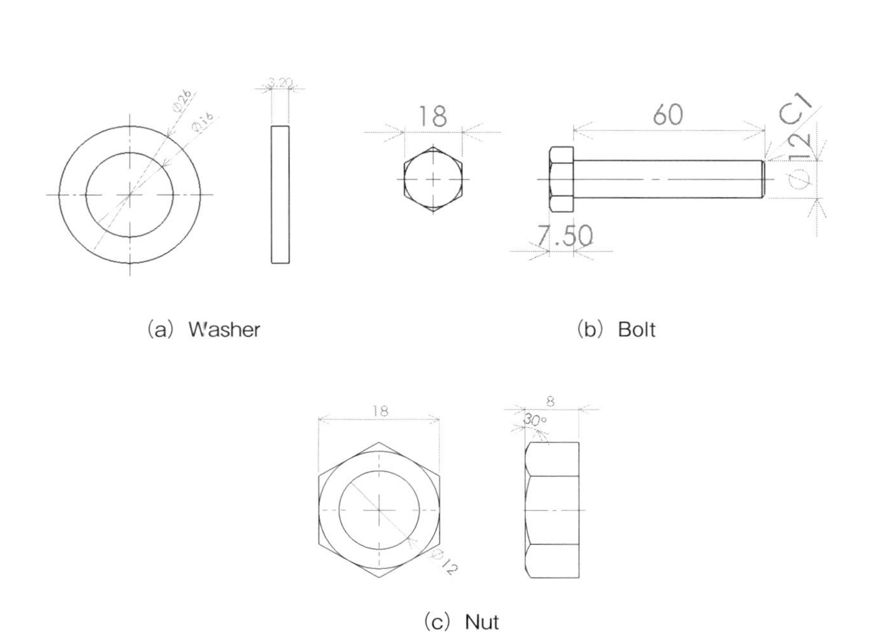

(a) Washer　(b) Bolt

(c) Nut

図 2.2.39　使用する補助部品

［新規作成］をクリックし、［アセンブリ］を選択して［OK］で確定する。

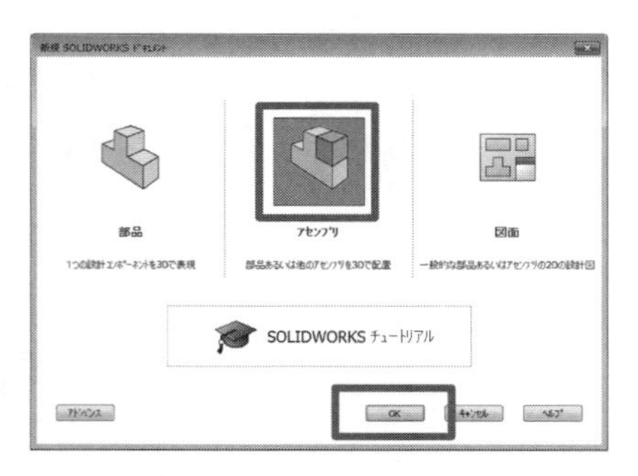

図 2.2.40　アセンブリの作成

3.24　最初の部品の選択

アセンブリが作成されると、最初の部品を読み込む。最初の部品はすべての基準となるもので、後から移動させることができない。「Body」のファイルを選択し、読み込んで画面の適当な位置をクリックすると位置が固定される。

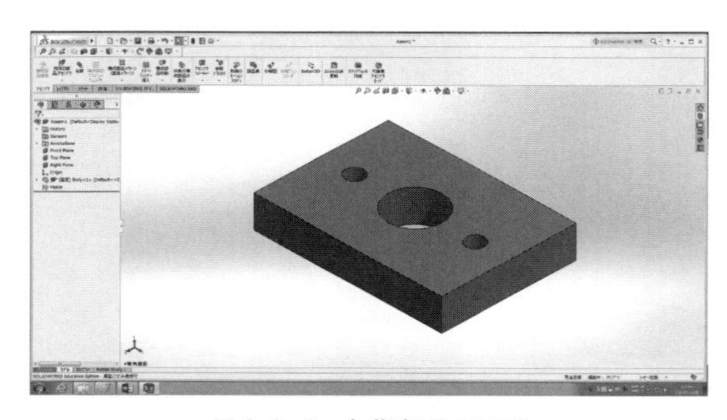

図 2.2.41　初期部品の配置

3.25　構成部品の読み込みと配置

［既存の部品］をクリックし、ファイルを選択して部品を読み込む。部品の名前が表示されていない場合には［参照］をクリックすると、ファイルダイアログが開く。「Packing Holder」のファイルを選択し、適当な位置に配置する。

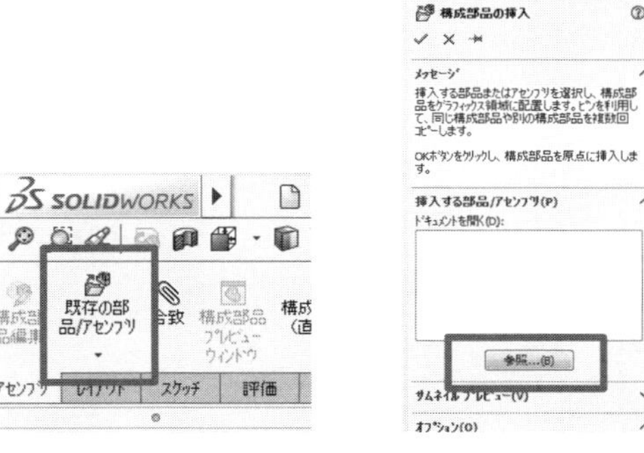

図 2.2.42　既存部品の配置

3.26　合致の作成

［合致］を選択し、図 2.2.43 の(a)、(b)、(c)のように２つの面の組み合わせを選択して確定させると拘束が追加される。必ず平面どうし、円筒どうしを選択すること。エッジを選択すると正しく合致が得られないので注意する。

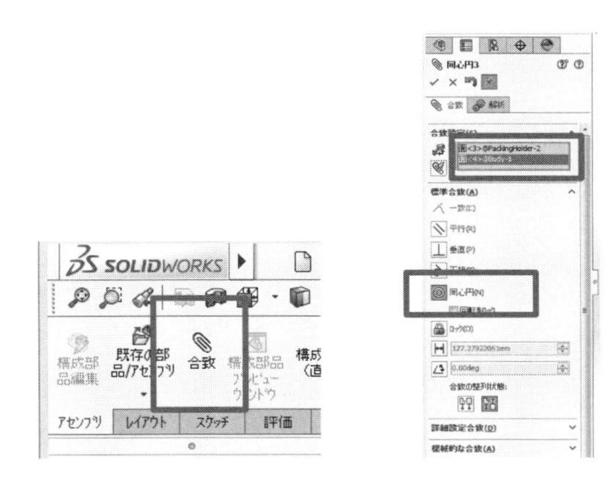

図 2.2.43　既存部品の配置

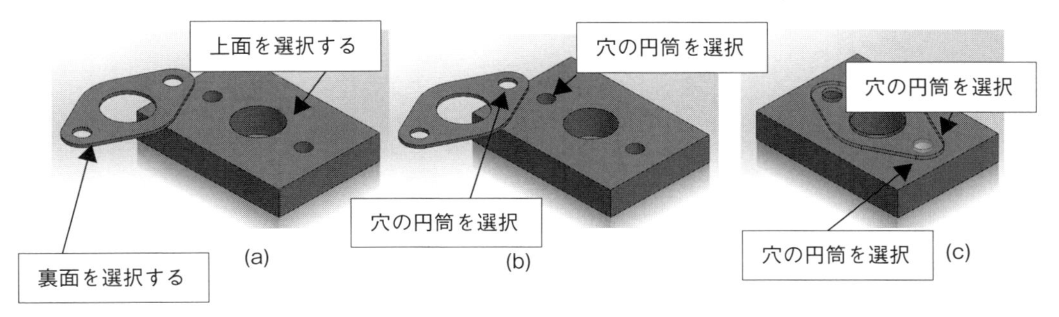

図 2.2.44　部品の合致

3.27　パッキンの配置と合致の付加

パッキンの部品を読み込む。そして合致を図 2.2.45 を参考にして付加し、アセンブリを作成する。

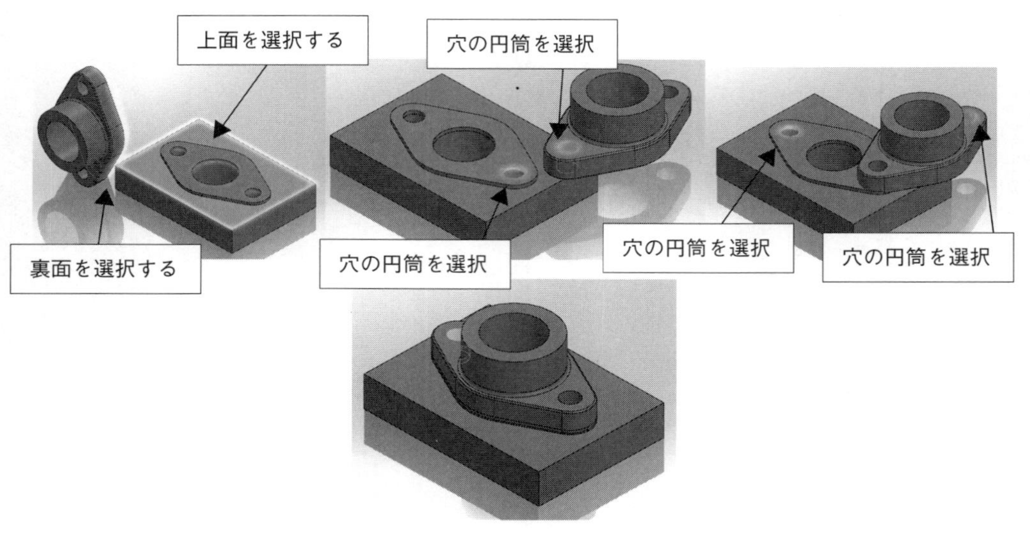

図 2.2.45　部品の合致

3.28　ワッシャーの配置と合致の付加

ワッシャーの部品を 2 個読み込む。そして合致を図 2.2.46(a)、(b)を参考にして付加する。

3.29　ボルトの配置と合致の付加

ボルトの部品を 2 個読み込む。そして合致を図 2.2.46(c)、(d)を参考にして付加する。

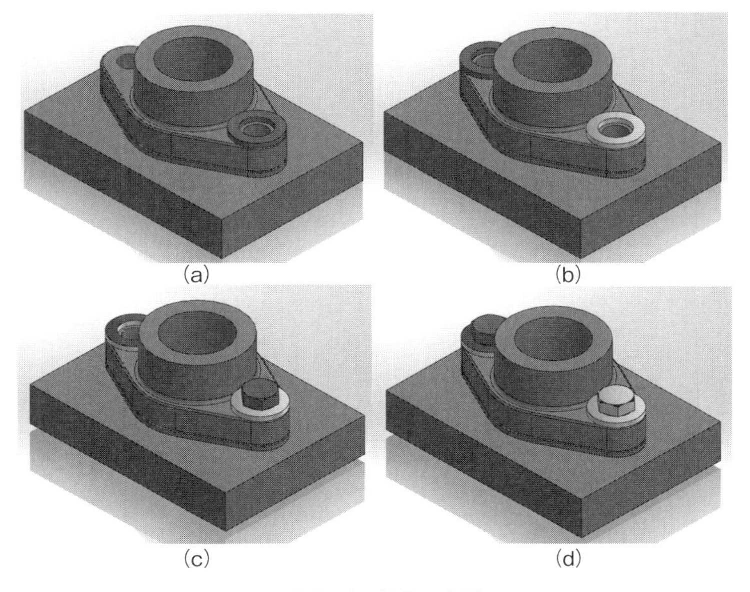

図 2.2.46　部品の合致

3.30　ナットの配置と合致の付加

ナットの部品を 2 個読み込む。そして合致を図 2.2.47 を参考にして付加する。

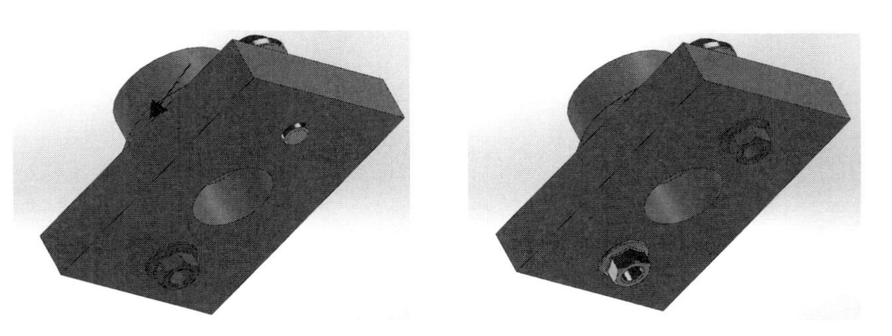
図 2.2.47　部品の合致

図 2.2.48　アセンブリの完成

3.31 ファイルへの保存

作成したアセンブリを「PackingAssembly」と名前をつけたファイルに保存する。

3.32 図面の作成

［新規作成］から［図面］を選択し、［OK］で確定する。

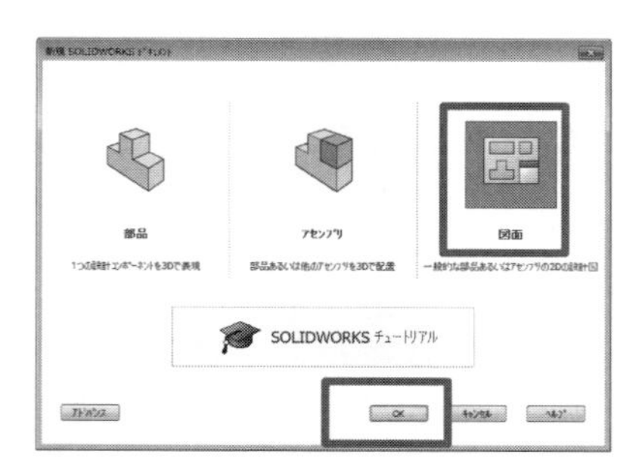

図 2.2.49 図面の作成

3.33 シートフォーマットの編集

シートを右クリックし、［シートフォーマット編集］を選択する（図 2.2.50）。フォーマットの設定ファイルを読み込み、JIS の A 4 の用紙（あるいは適切な大きさのもの）を選択する。［OK］で確定する。またグラフィックス領域でマウスの右クリックし、［投影タイプ］を［第 3 角法］に設定させ、［OK］で確定する。

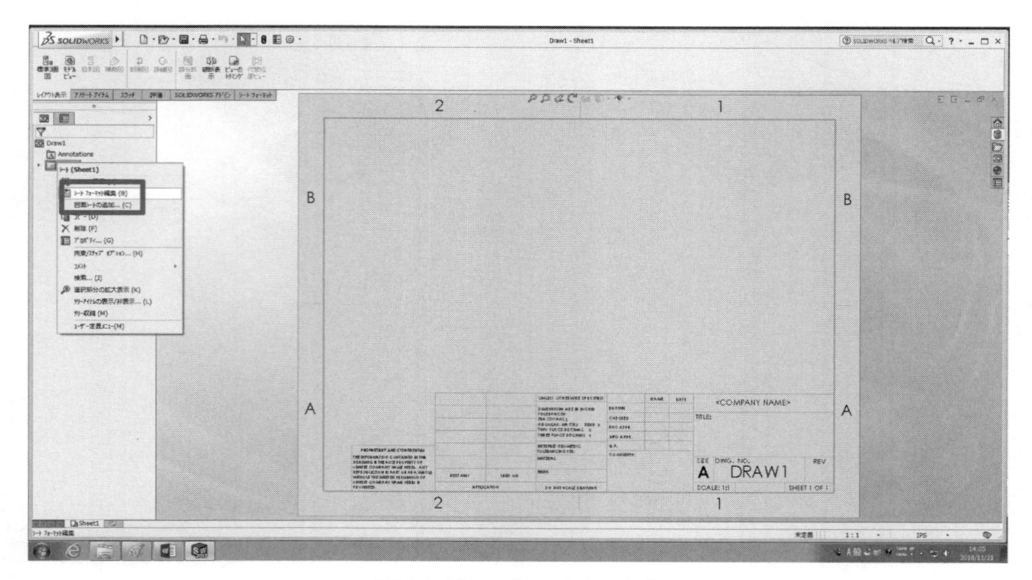

図 2.2.50 アセンブリの完成

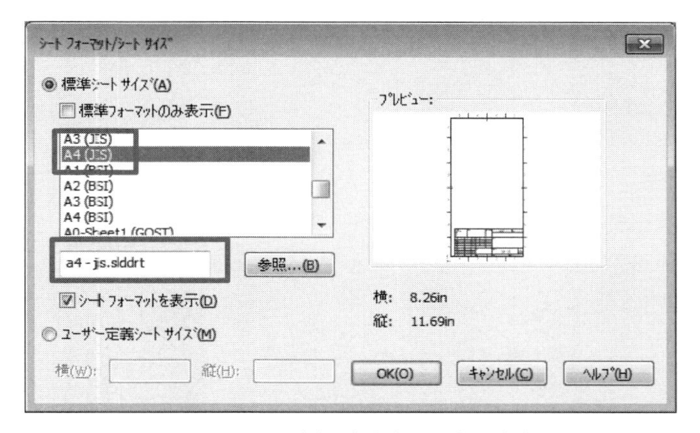

図 2.2.51　用紙の大きさの設定と書式

3.34 オプションの確認

ドキュメントプロパティの［設計規格］で［JIS］を指定しておくこと。［OK］で確定する。

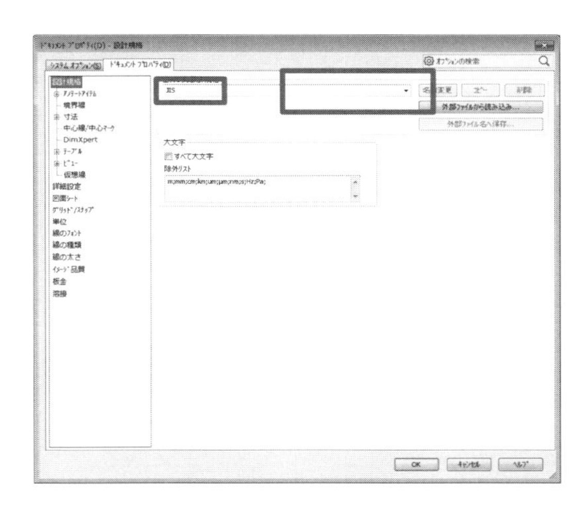

図 2.2.52　JIS 規格の選択

3.35　三面図の作成

［標準3面図］を選択し、［参照］から三面図を作成させる部品あるいはアセンブリの「Packing」として名前をつけたファイルを選択する。部品のファイルを開き、シートの上にマウスを移動させると、長方形が表示される。正面図を置く場所をクリックして確定する。さらにマウスを右に移動後、右側面図を置く場所をクリックさせる。マウスを上に移動させて、平面図を置く場所をクリックする。確定をしたあと、さらに投影図をドラッグして微調整させる。

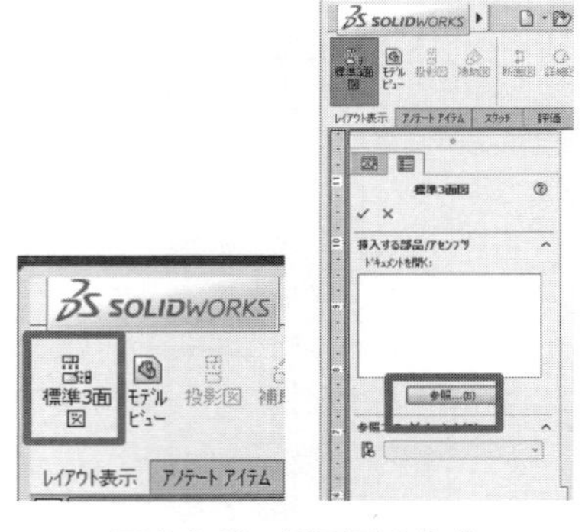

図2.2.53　三面図の作成

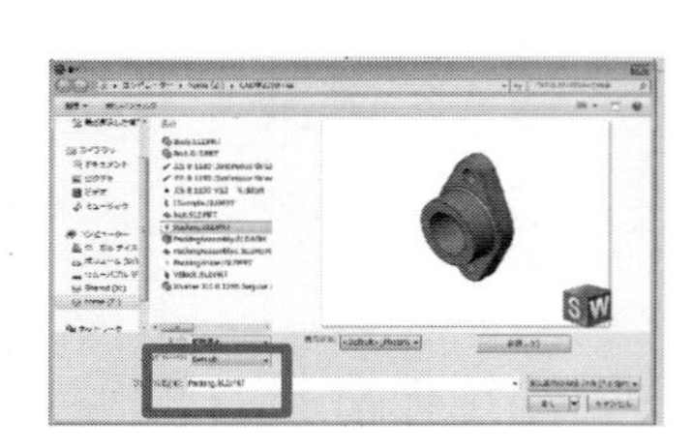

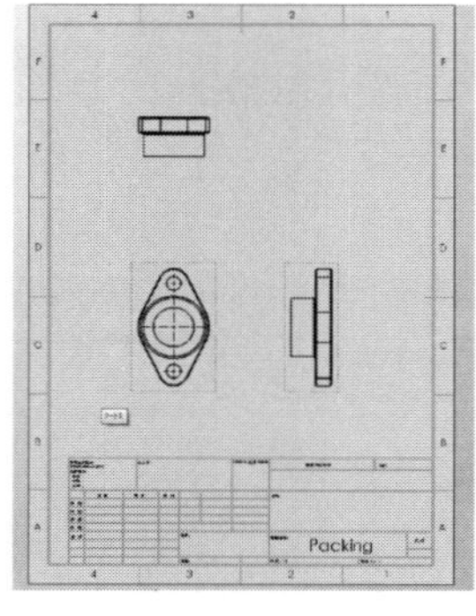

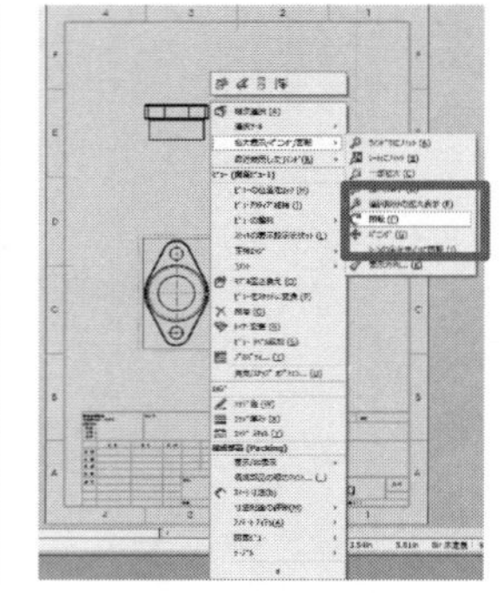

図2.2.54　三面図の配置

また、投影図の向きが間違っている場合には、投影図をダブルクリックして、標準表示方法を選んで確定させると、向きが変更させる。また投影図を右クリックし、［回転］を選ぶと図面を紙面上で回転させることができる。

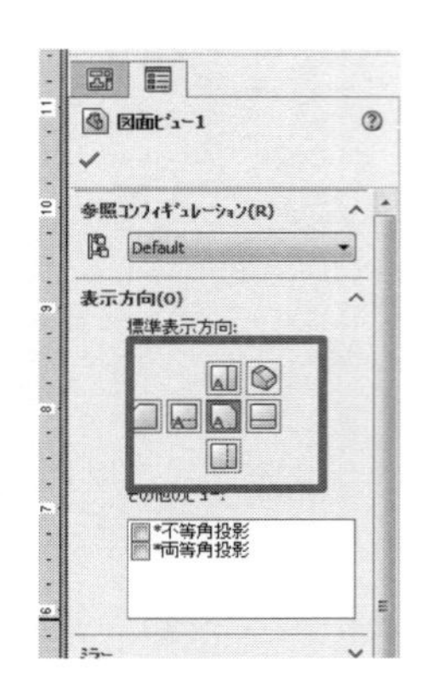

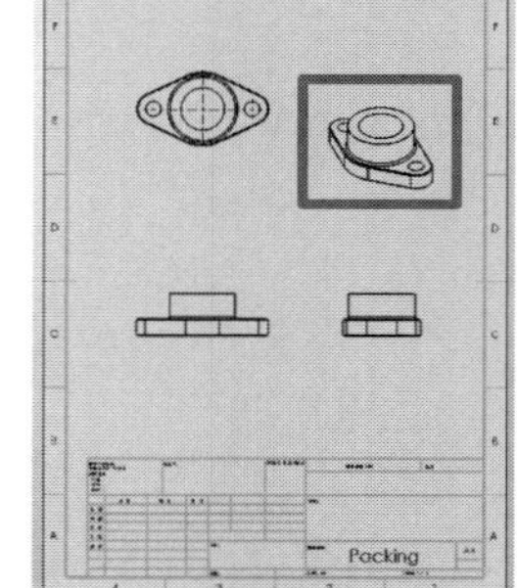

図2.2.55　投影図の作成

3.36　補助投影の作成

［投影図］を選択し、正面図をクリックするとアイソメ図を作成することができる。適切な位置に配置をして、マウスで位置を指示する。

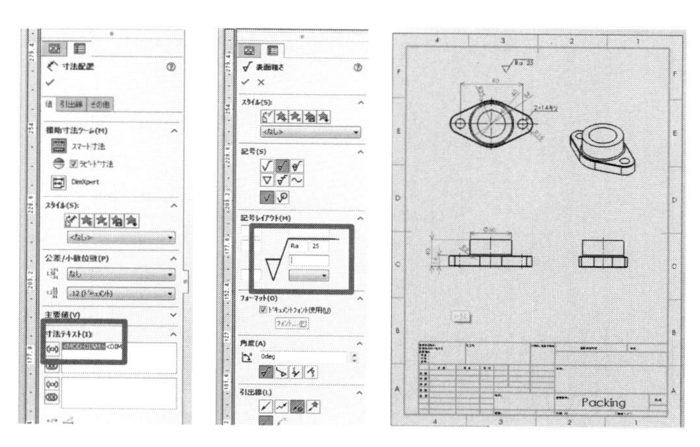

図 2.2.56　図面の作成

3.37　寸法の記入

［アノテートアイテム］の中の［寸法配置］、［表面粗さ］、［中心線］、［中心記号］を利用して、作成した三面図に寸法を記入し、図面を完成させる。

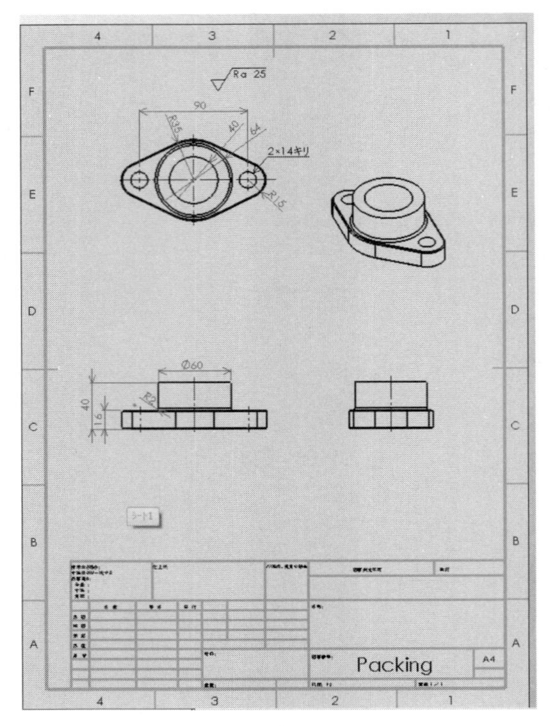

図 2.2.57　完成した図面

3.38　ファイルに保存

ファイルに名前をつけて保存する。ファイルの保存は必ず、部品あるいはアセンブリと同じフォルダにすること。

4. バイス部品のモデリング

4.1 SolidWorks の起動

SolidWorks のアイコンをクリックするか、[スタートメニュー] → [すべてのプログラム] → [SolidWorks] を選択して起動させる。単位が「MMGS」となっていることをこの時点で確認しておく。

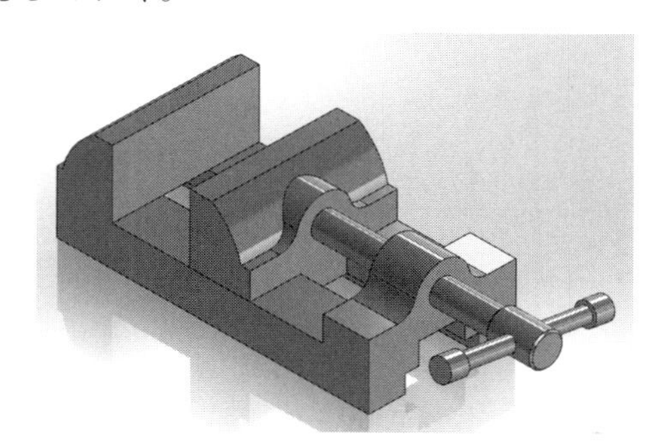

図 2.2.58 バイスのアセンブリ

4.2 台座部分の作成（スケッチの開始）

スケッチを作成するためにスケッチ平面を選択する。[フィーチャーツリー] の中の [正面] をクリックする。[スケッチ] タブをクリックし、[スケッチ] を選択してスケッチを開始する。

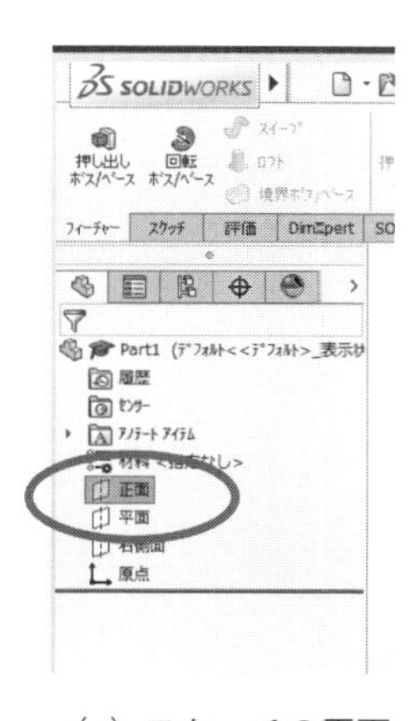

(a) スケッチの平面

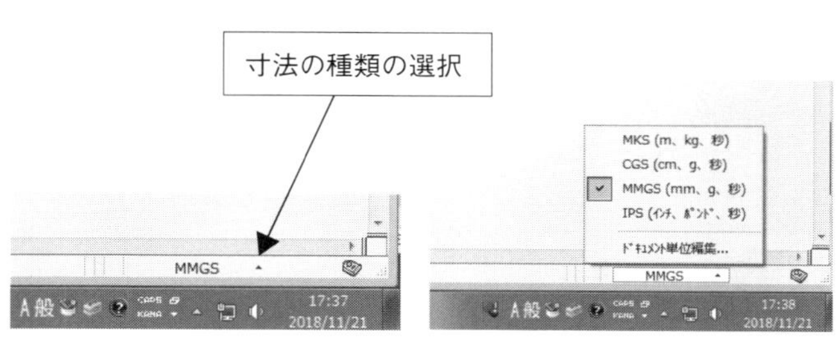

(b) 寸法の種類の指定

図 2.2.59 スケッチの開始

4.3 スケッチの作成

図2.3.60を参考にしてスケッチを作成する。原点は図形の左下の位置とする。

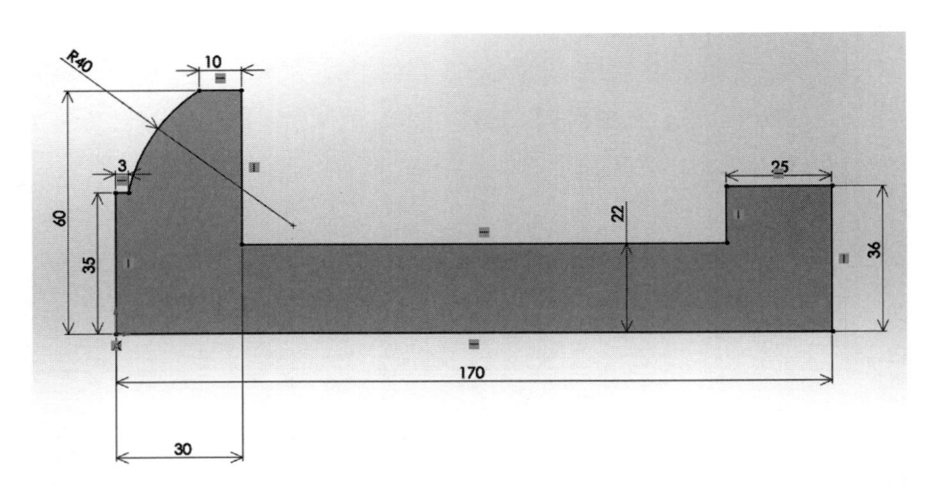

図2.2.60 外形のスケッチの作成

4.4 押し出し

作成したスケッチを［方向1］、［方向2］の2方向に40 mmずつ押し出す。［OK］で確定する。

(a) 押し出しの設定

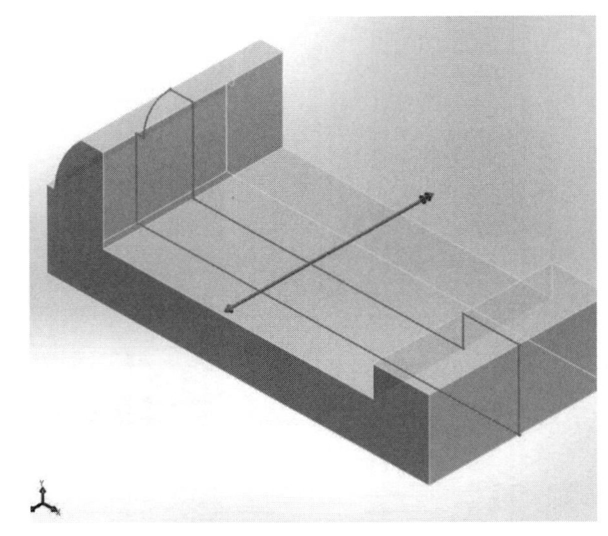

(b) 押し出しのプレビュー

図2.2.61 押し出しの作成

4.5　端面のスケッチの作成

作成した形状の右の端にスケッチを作成する。図 2.2.62 を参考にして円と線分を作成する。円の中心は原点と［鉛直］になるように設定する。円の直径は 30 mm として円の中心は底面から 40 mm の高さの位置にする。

4.6　押し出し

［押し出しボス／ベース］でスケッチを押し出す。［端サーフェス指定］として、図 2.2.62(b)の平面を指定する。

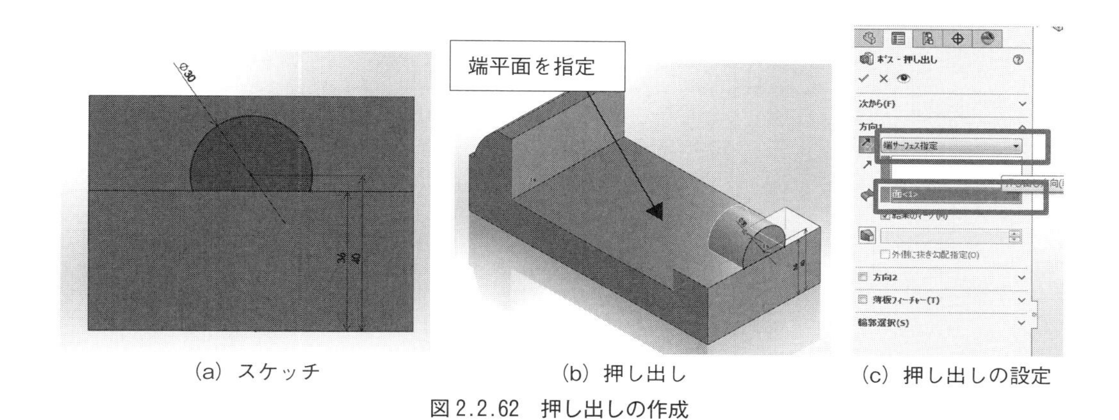

(a) スケッチ　(b) 押し出し　(c) 押し出しの設定

図 2.2.62　押し出しの作成

4.7　フィレットの作成

図 2.2.63(a)の 2 つのエッジを指定して、フィレットを作成する。半径は 10 mm とし、確定する。

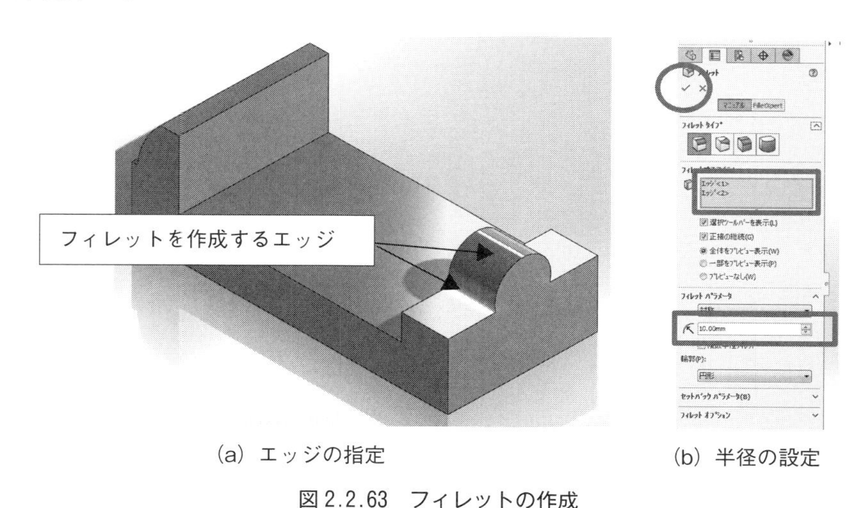

(a) エッジの指定　(b) 半径の設定

図 2.2.63　フィレットの作成

4.8 スケッチ作成

図 2.3.64 を参考にしてスケッチを作成する。原点を通る垂直な中心線を作成する。10 mm の高さの 2 本の水平線は［同一直線］の拘束をつける。また鉛直な線は 2 本ずつ中心線について対称の拘束を付ける。

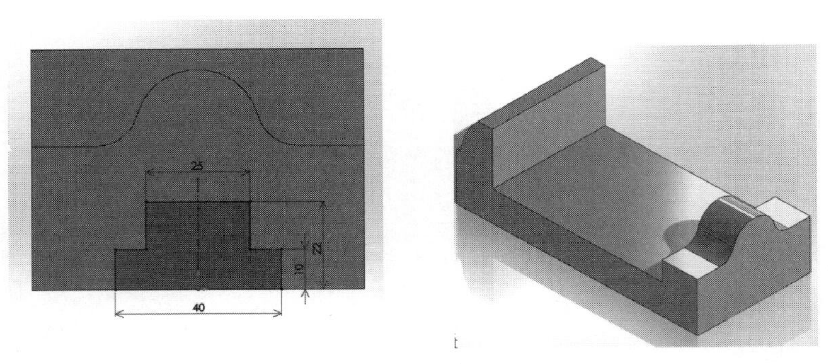

図 2.2.64　スケッチの作成

4.9 押し出しカット

［押し出しカット］を使い、作成したスケッチを［全貫通］で図のようにカットする。［OK］で確定する。

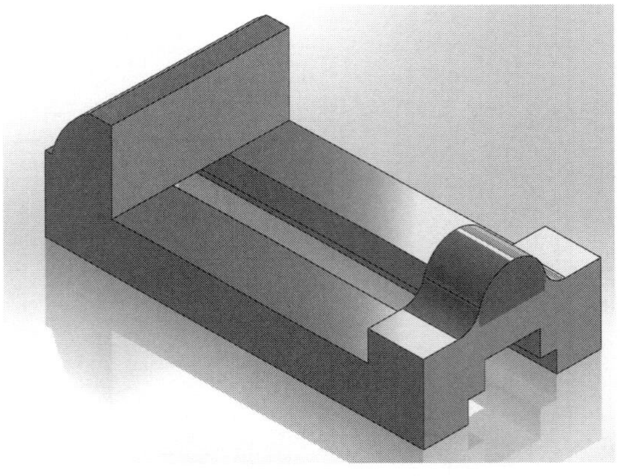

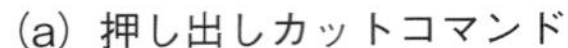

(a) 押し出しカットコマンド　　(b) カットの作成

図 2.2.65　スケッチのカット

4.10 穴のスケッチ

面を選択してスケッチを作成していく。まず、円を描く。この円と、外周の円を選択し、［同心円］の拘束を選択する (図 2.2.66(a)、(b))。［スマート寸法］で円の直径を 14 mm に設定する。スケッチを終了する。

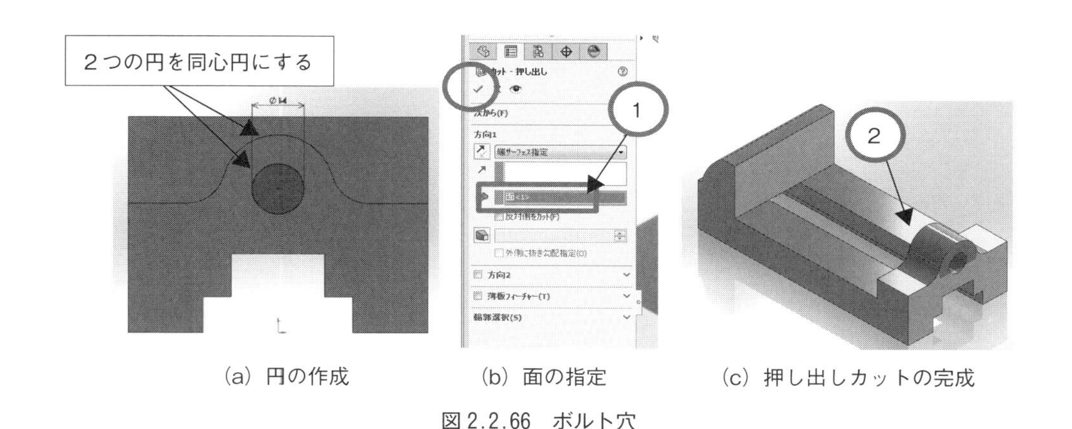

(a) 円の作成　(b) 面の指定　(c) 押し出しカットの完成

図 2.2.66　ボルト穴

4.11　押し出しカット

作成したスケッチを指定して［押し出しカット］で①「端サーフェス指定」で②の面を選択する。［✔］で確定して穴を開ける。

4.12　ファイルへの保存

以上で部品が完成したので、「Base」という名前をつけてファイルに保存する。

4.13　可動部の作成（スケッチの作成）

図 2.2.67 を参考にしてスケッチを作成する。原点は図形の左下の位置とする。

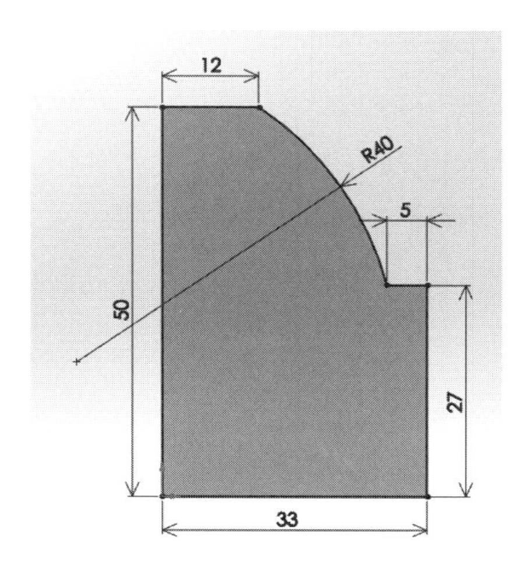

図 2.2.67　外形のスケッチの作成

4.14 押し出し

作成したスケッチを［方向1］、［方向2］の2方向に40 mmずつ押し出す。［✔］で確定する。

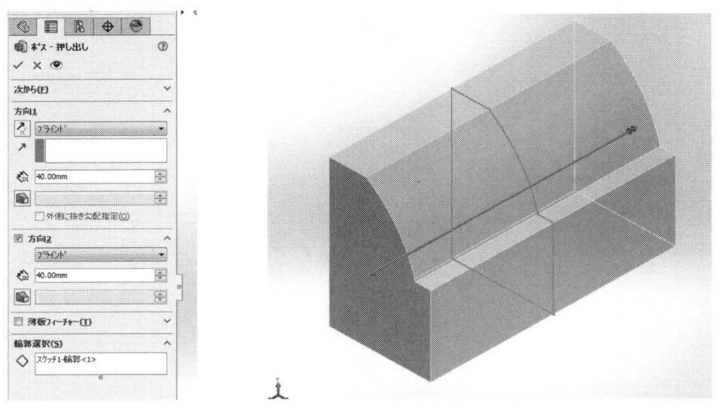

(b) 押し出しの設定　　(b) 押し出しのプレビュー

図2.2.68　押し出しの作成

4.15 端面のスケッチの作成

作成した形状の右の端にスケッチを作成する。図2.2.69を参考にして円を作成する。円の中心は原点と［鉛直］になるように設定する。円の直径は30 mmとして円の中心は底面から30 mmの高さの位置にする。

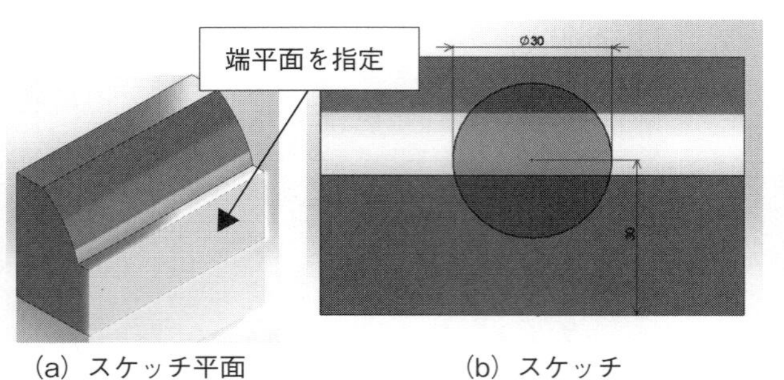

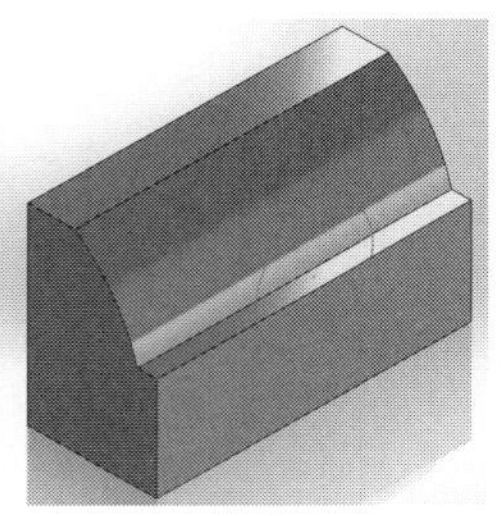

(a) スケッチ平面　　(b) スケッチ　　(c) 完成したスケッチ

図2.2.69　スケッチの作成

4.16 押し出し

［押し出しボス／ベース］でスケッチを押し出す。［次サーフェス］とする。［✔］で確定をする。

(a) 押し出しの指定

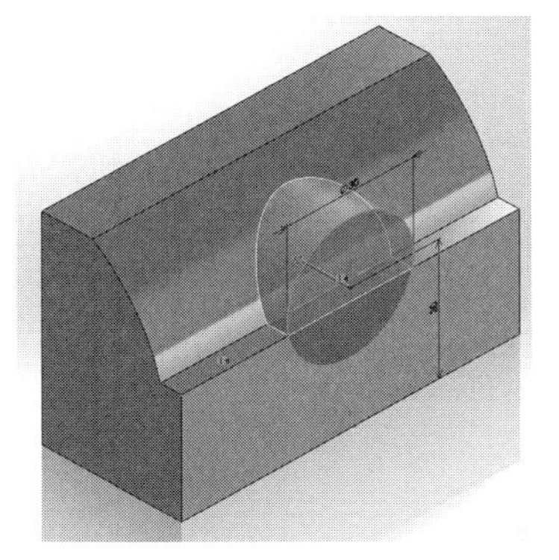

(b) プレビュー

図 2.2.70 押し出しの作成

4.17 フィレットの作成

図 2.2.71 のように 2 つのエッジを指定して 10 mm の半径のフィレットを作成する。

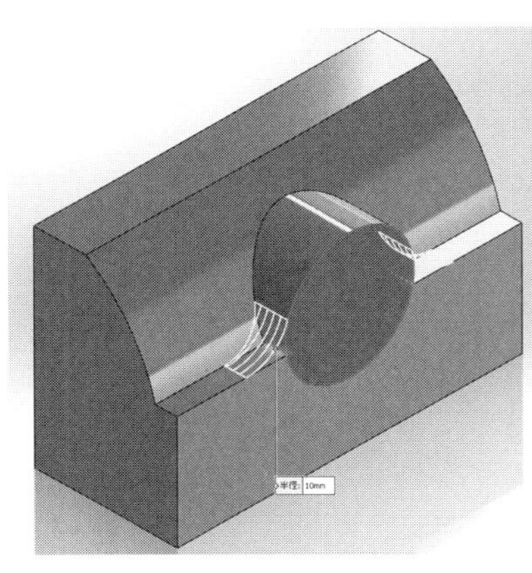

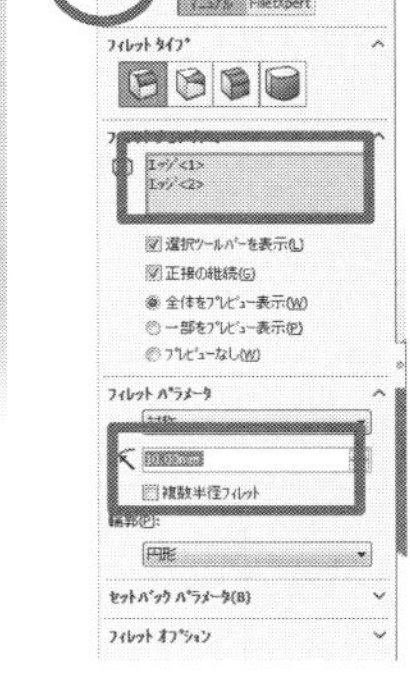

図 2.2.71 フィレットの作成

4.18 押し出しカット

同じ面に図のようにスケッチを作成する。原点の位置に鉛直な中心線を作成する。また 12 mm の高さの 2 本の線分は、［同一直線上］の拘束をつけておく。［押し出しカット］を使い、作成したスケッチを［全貫通］で図のようにカットする。［反対側をカット］にチェックを入れて、スケッチの外側がカットされるようにする。［✔］で確定する。結果が図 2.2.72 のようになることを確認しておく。

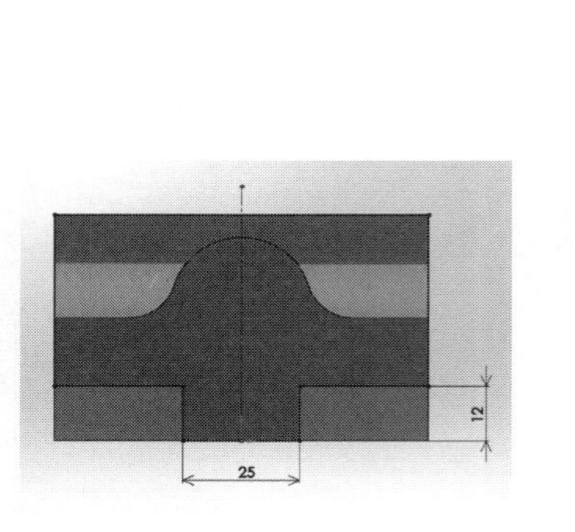

(a) カットスケッチ

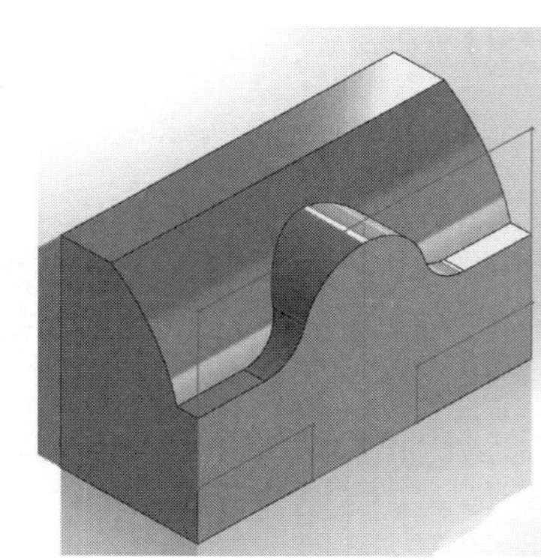

(b) スケッチの終了

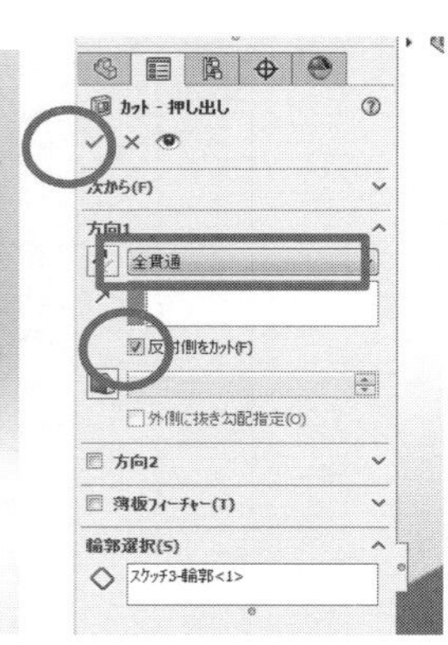

(c) 全貫通で押し出しカット

図 2.2.72 押し出しカット

4.19 穴のスケッチ

図 2.2.73 ように同じ面を選択してスケッチを作成する。直径 14 mm の円を原点と鉛直な拘束を付けて、高さ 30 mm の位置に描く。

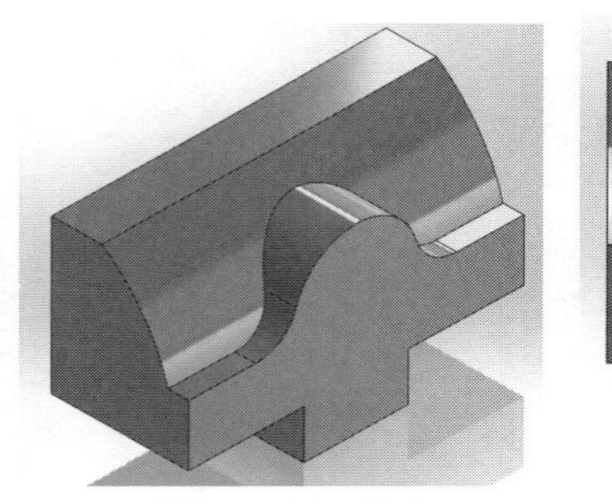

(a) カットの結果

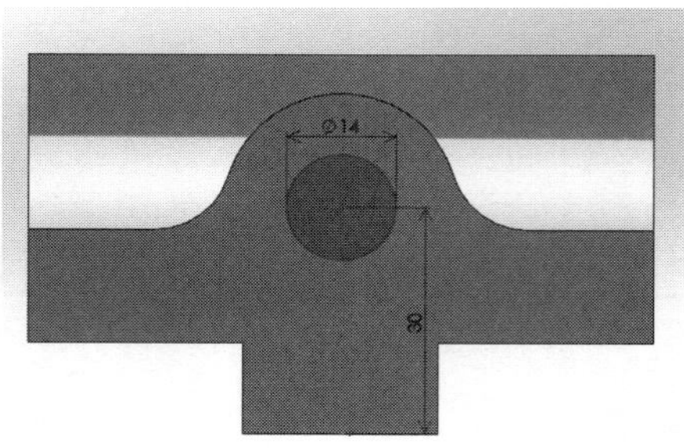

(b) スケッチの作成

図 2.2.73 穴のスケッチ

4.20 押し出しカット

作成したスケッチを指定して［押し出しカット］で［全貫通］を指定する。［OK］で確定して穴を開ける。

(a) 押し出しカットコマンド

(b) 全貫通

図 2.2.74 スケッチによる穴あけ

4.21 ファイルへの保存

以上でこの部品が完成したので、「Movement」という名前をつけてファイルに保存する。

4.22 押しつけ棒の作成（スケッチの作成）

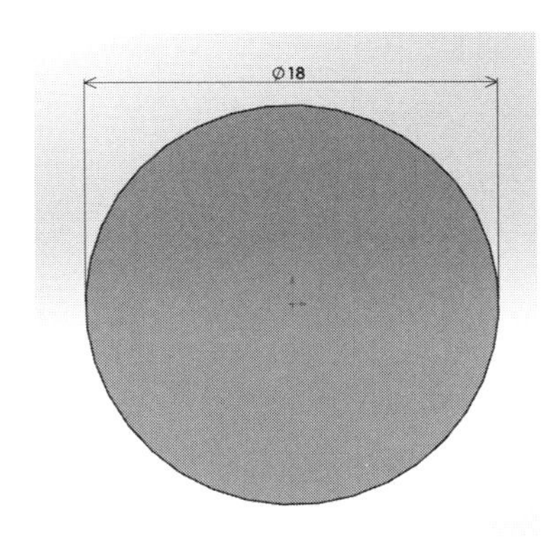

図 2.2.75 スケッチ

［新規作成］で［部品］を作成する。［正面］を選択し、図 2.2.75 のように原点を中心にして直径 18 mm の円のスケッチを作成する。

4.23 押し出し

作成したスケッチを 25 mm 押し出す。

(a) 押し出しの指定　　(b) プレビュー

図 2.2.76　押し出し

4.24　端面のスケッチ

形状の端面に原点を中心に直径 14 mm の円をスケッチする。

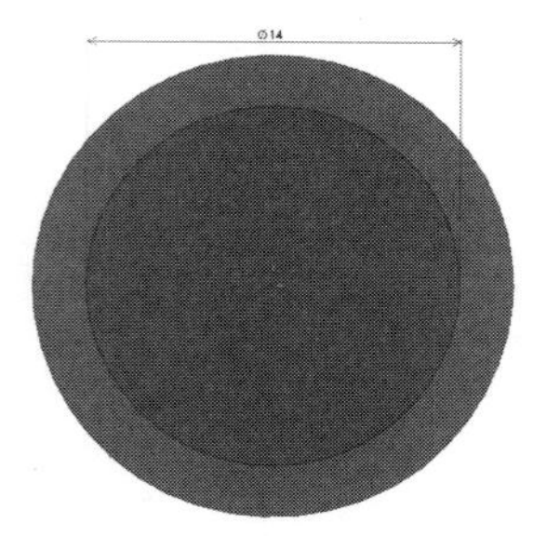

図 2.2.77　スケッチ

4.25　押し出しの作成

作成したスケッチを 130 mm 押し出す。

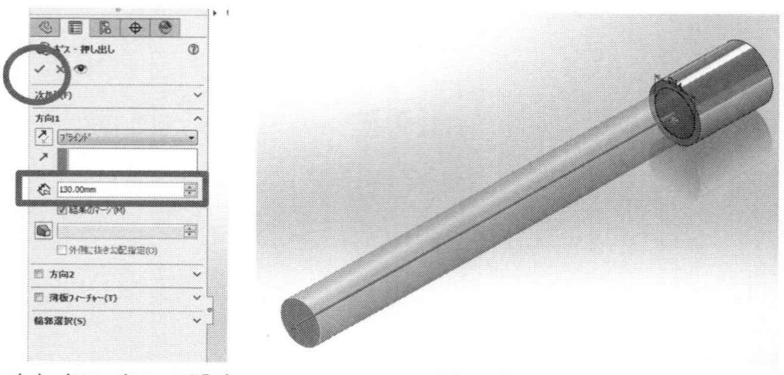

(a) 押し出しの設定　　(b) プレビュー

図 2.2.78　押し出しの作成

4.26 穴のスケッチ

［右側面］を選択し、端から 12.5 mm の位置に原点から水平な位置に直径 8 mm の円をスケッチする。

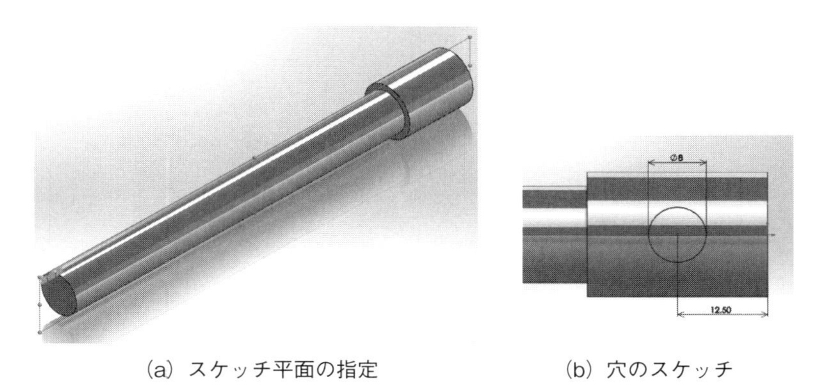

(a) スケッチ平面の指定　　(b) 穴のスケッチ

図 2.2.79　穴のスケッチ

4.27 穴のカット

押し出しカットを使って、スケッチを［全貫通-両方］で穴を開ける。

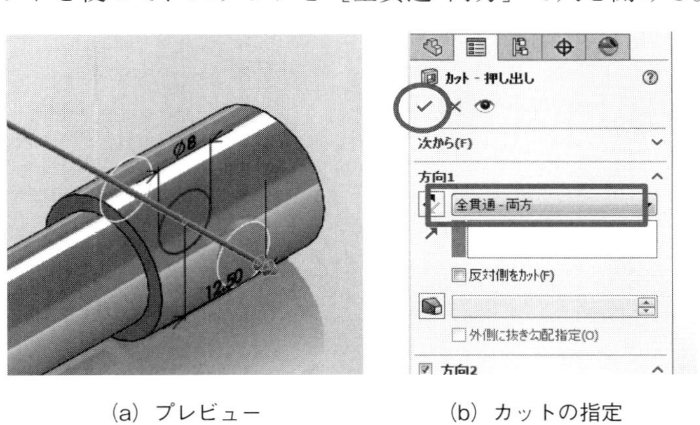

(a) プレビュー　　(b) カットの指定

図 2.2.80　カットの作成

4.28 面取りの作成

図 2.2.81 のように 2 つのエッジに 1 mm の面取りを作成する。

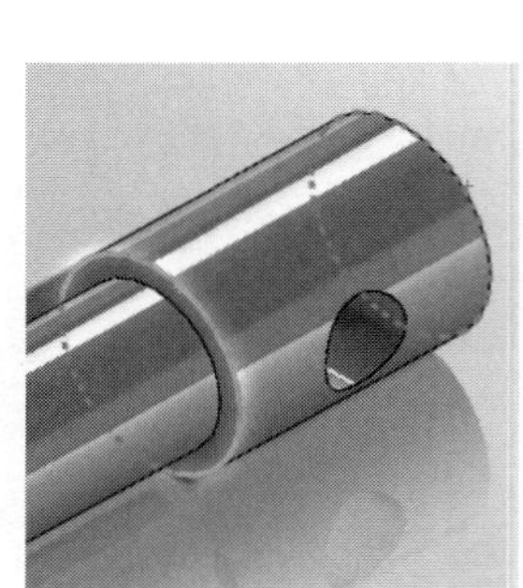
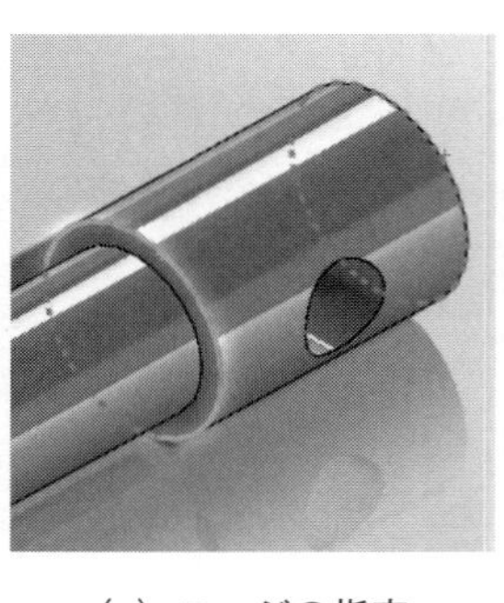

(a) エッジの指定

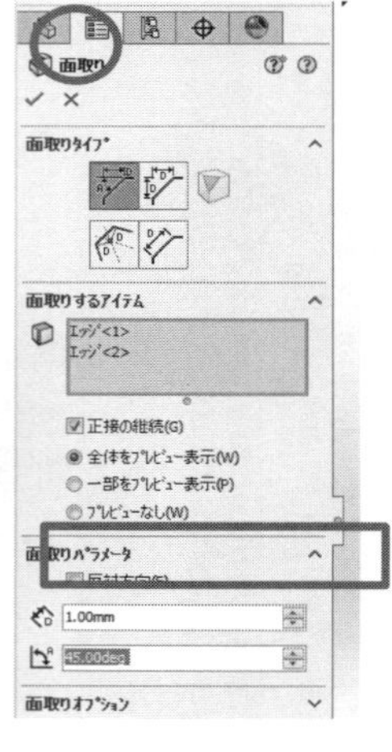

(b) 面取り半径

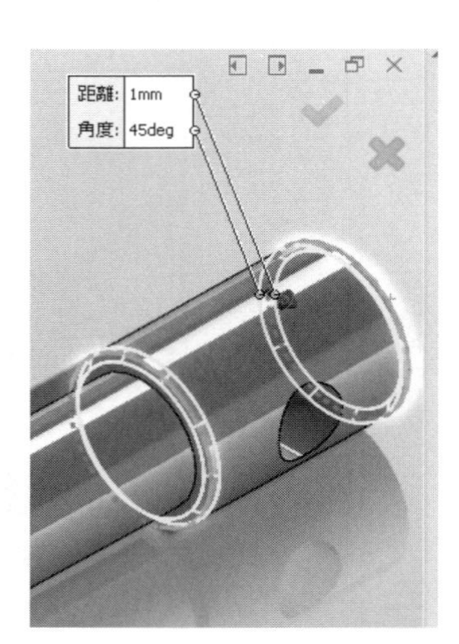

(c) プレビュー

図 2.2.81 面取りの作成

4.29 ファイルへの保存

以上で部品が完成したので、ファイルに「Bar」として名前をつけて保存する。

図 2.2.82 完成した押しつけ棒部品

4.30 ハンドルの作成（スケッチの作成）

［新規作成］で［部品］を作成する。［正面］を選択し、図 2.2.83 のように原点を出発点にして L 字型のスケッチを作成する。スケッチの左下の位置が原点になるようにする。最後に左端の鉛直な線を選択し、［直線プロパティ］で［作図線］に変更しておく。この線をミラーコピーの軸に用いるためである。横幅はあとで指定するので、適当な長さでつくっておく。

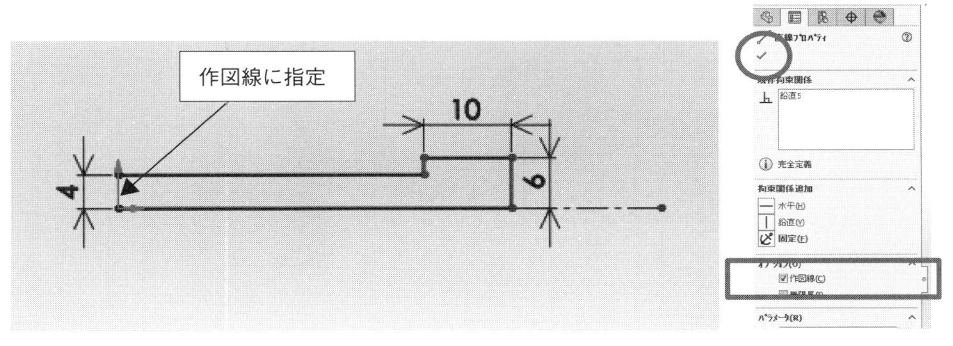

図 2.2.83　スケッチ

4.31　スケッチのミラーリング

作成したスケッチを［作図線］を中心として［ミラーリング］で左右対称のスケッチにする。

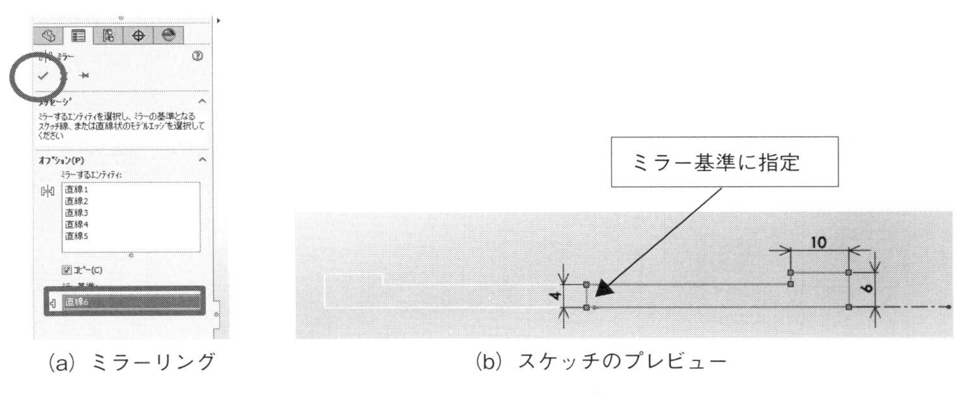

(a) ミラーリング　　(b) スケッチのプレビュー

図 2.2.84　ミラーリング

4.32　スケッチの寸法指定

得られたスケッチの全体の長さを［スマート寸法］で 90 mm に指定する。

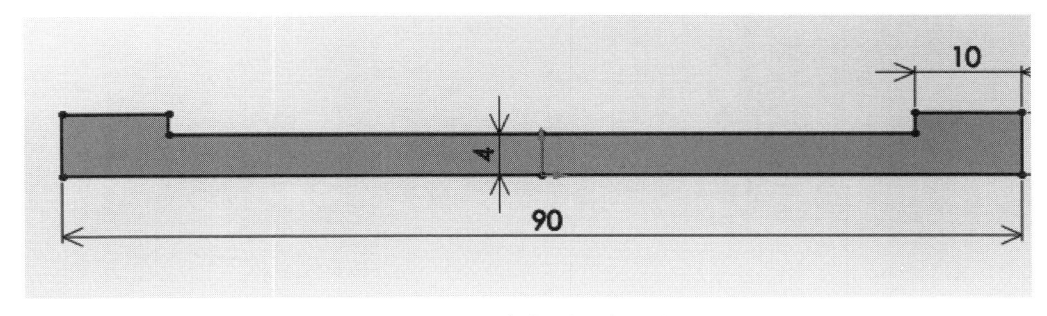

図 2.2.85　完成したスケッチ

4.33 回転の指定

作成したスケッチを［回転ボス/ベース］で図 2.2.86 のように立体にする。

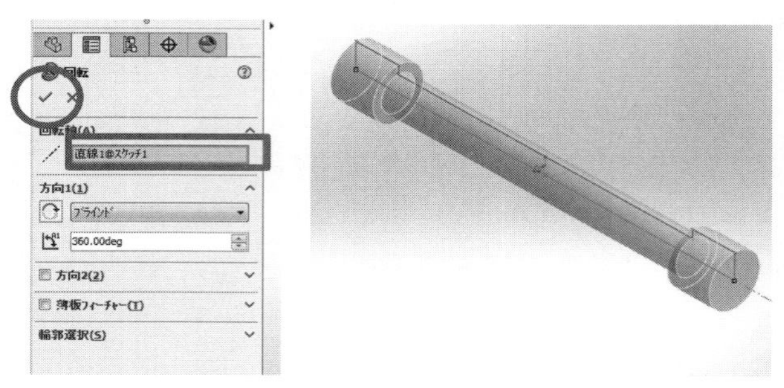

(b) 回転の設定　　(b) プレビュー

図 2.2.86　回転部品の作成

4.34 ファイルへの保存

以上で部品が完成したので、ファイルに「Handle」という名前をつけて保存する。

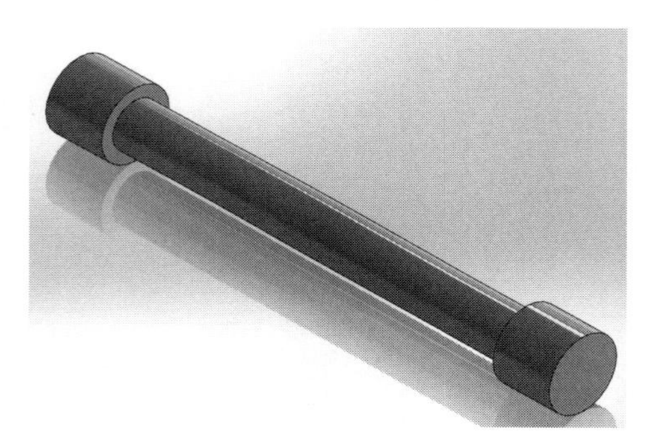

図 2.2.87　ハンドル部品の完成

4.35 アセンブリの作成

作成した部品を利用したアセンブリを作成する。作成するアセンブリは図 2.2.88 のようなものとなる。

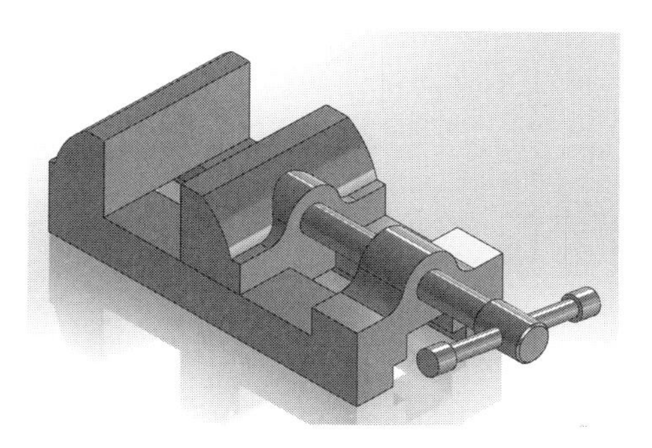

図 2.2.88　目的のアセンブリ

［新規作成］をクリックし、［アセンブリ］を選択して［OK］で確定する。

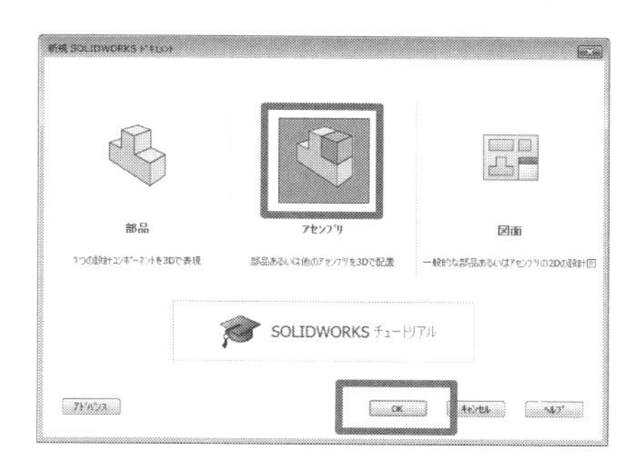

図 2.2.89　アセンブリの作成

4.36 最初の部品の選択

アセンブリが作成されると、最初の部品を読み込む。最初の部品はすべての基準となるもので、後から移動させることができない。「Body」と名前をつけたファイルを選択し、読み込んで画面の適当な位置をクリックすると位置が固定される。

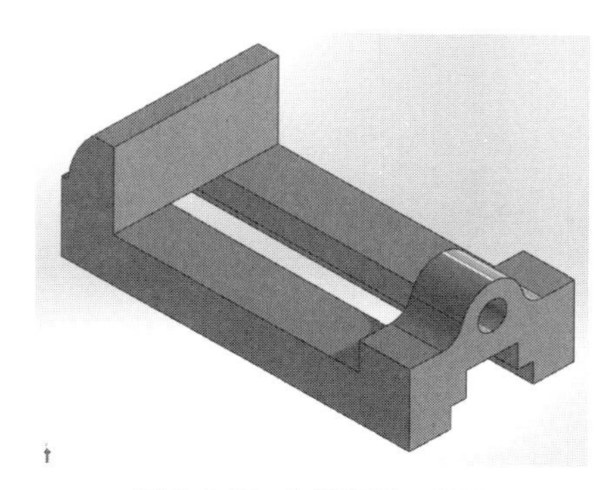

図 2.2.90　初期部品の配置

4.37　構成部品の読み込みと配置

［既存の部品］をクリックし、ファイルを選択して部品を読み込む。部品の名前が表示されていない場合には［参照］をクリックすると、ファイルダイアログが開く。「Packing Holder」のファイルを選択し、適当な位置に配置する。

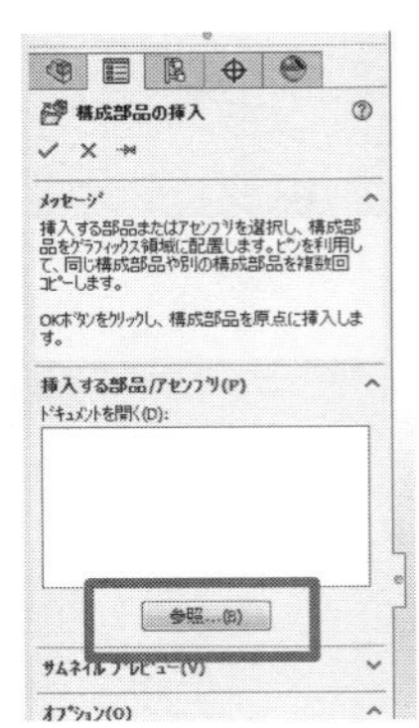

図 2.2.91　既存部品の配置

4.38　合致の作成

既存部品を順に読み込み、［合致］を選択し、図 2.2.92 から図 2.2.97 のように 2 つの面の組み合わせを選択して確定させると拘束が追加される。必ず平面どうし、円筒どうしを選択すること。そのときにエッジを選択すると正しく合致が得られないので注意すること。

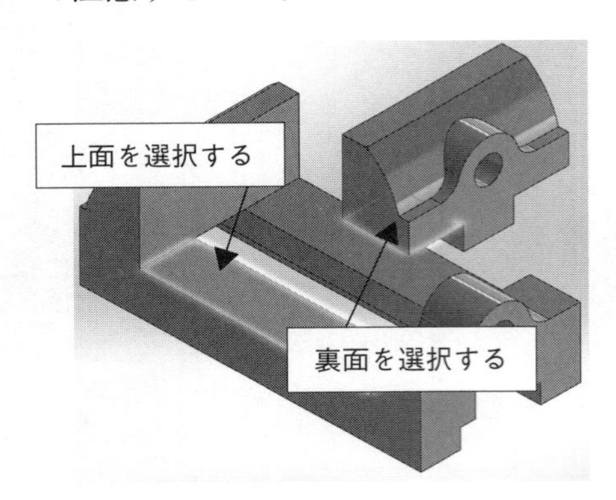

図 2.2.92　既存部品の配置と合致

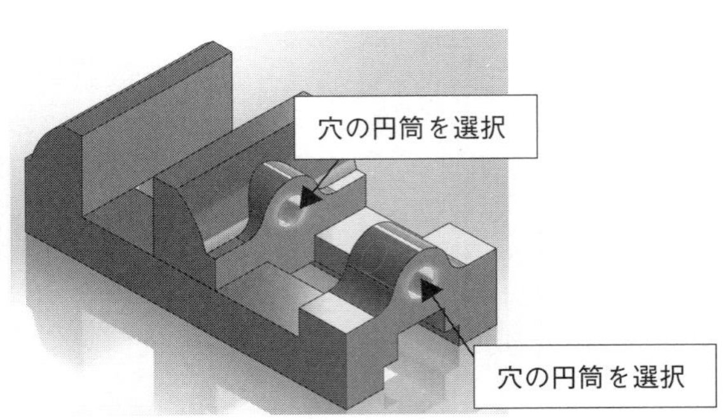

図 2.2.93　既存部品の配置

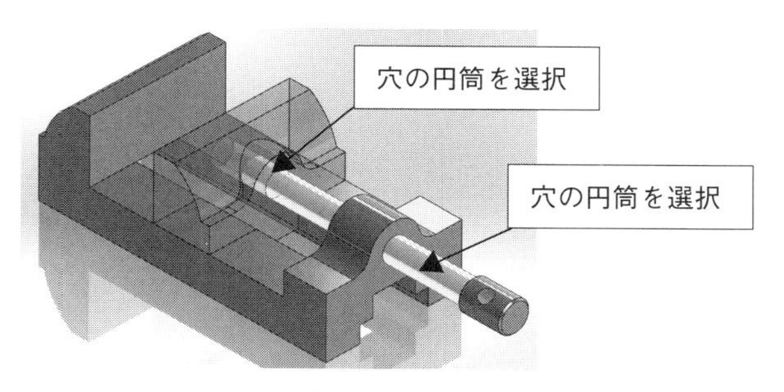

図 2.2.94　既存部品の配置

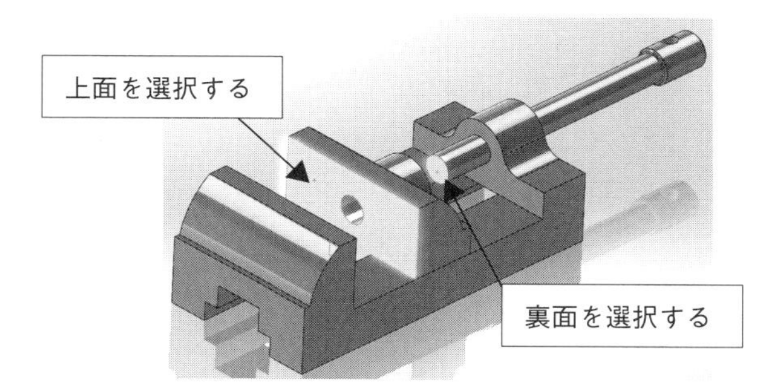

図 2.2.95　既存部品の配置

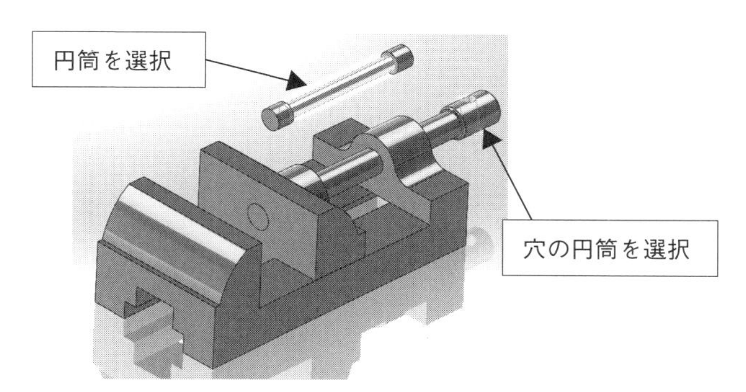

図 2.2.96　既存部品の配置

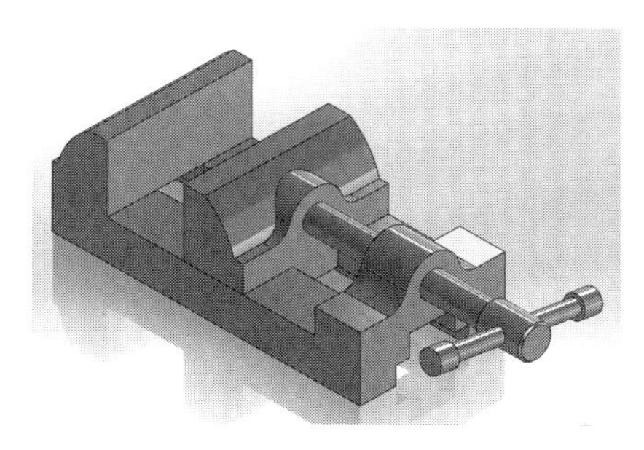

図 2.2.97　アセンブリの完成

4.39　ファイルへの保存

作成したアセンブリを「ViseAssembly」という名前をつけてファイルに保存する。

4.40　図面の作成

［新規作成］から［図面］を選択し、［OK］で確定する。

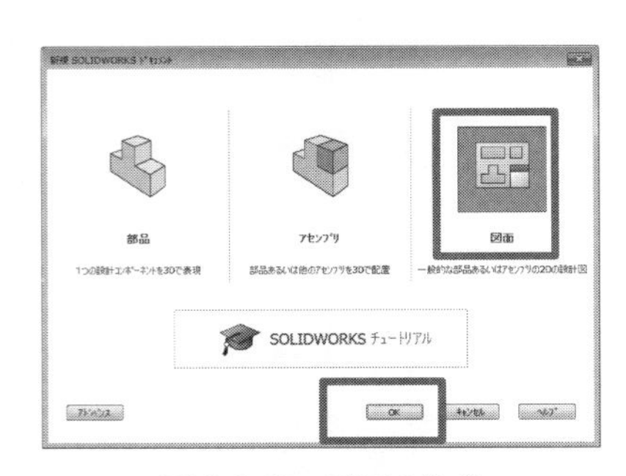

図 2.2.98　図面の作成

4.41　シートフォーマットの編集

シートを右クリックし、［シートフォーマット編集］を選択する(図 2.2.99)。フォーマットの設定ファイルを読み込み、JIS の A4 の用紙（あるいは適切な大きさのもの）を選択する。［OK］で確定する。またグラフィックス領域でマウスの右ボタンをクリックし、［投影タイプ］を［第3角法］に設定させ、［OK］で確定する。

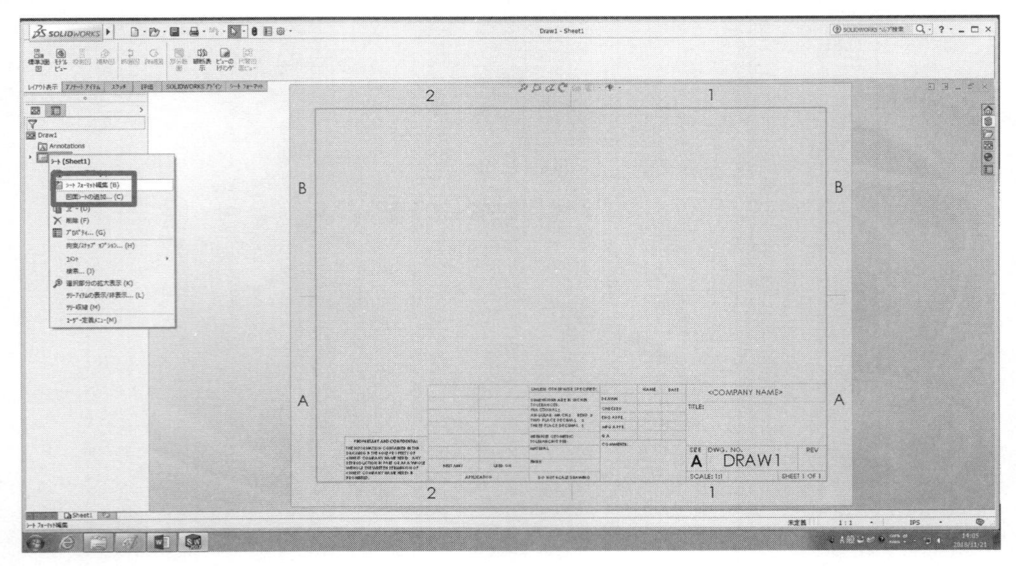

図 2.2.99　アセンブリの完成

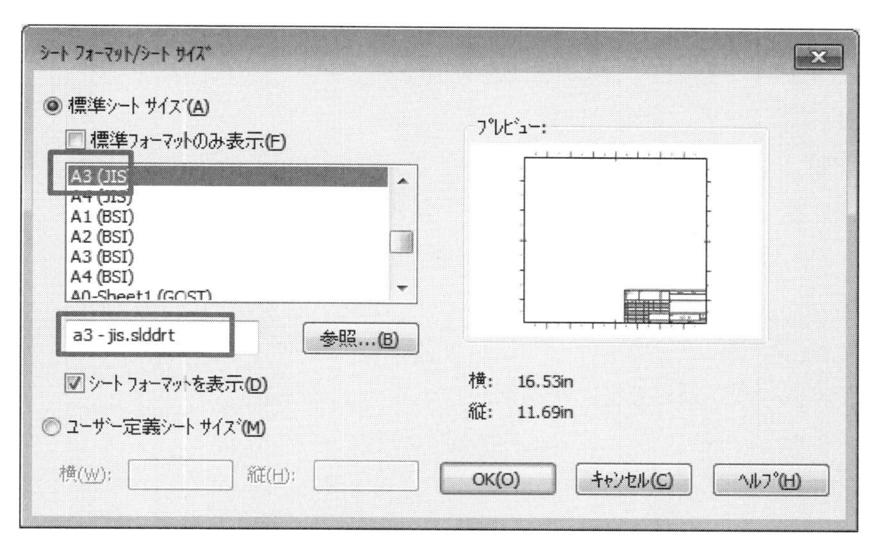

図 2.2.100　用紙の大きさの設定と書式

4.42　オプションの確認

ドキュメントプロパティの［設計企画］で［JIS］を指定する。［OK］で確定する。

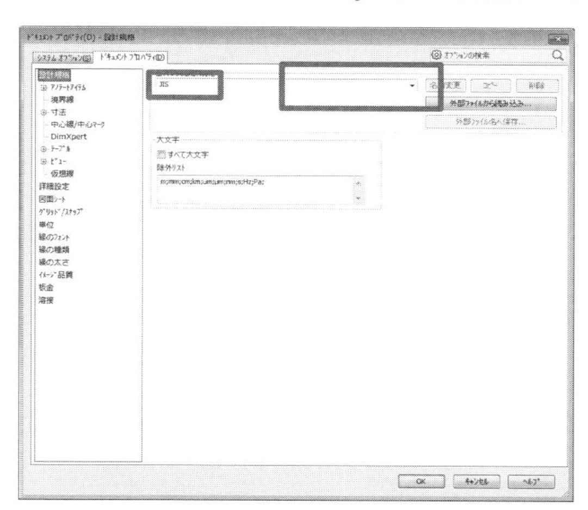

図 2.2.101　JIS 規格の選択

4.43　三面図の作成

［標準３面図］を選択し、［参照］から三面図を作成させる部品あるいはアセンブリの「Packing」と名前をつけたファイルを選択する。

部品のファイルを開き、シートの上にマウスを移動させると、長方形が表示される。正面図を置く場所をクリックして確定させる。さらにマウスを右に移動さ、右側面図を置く場所をクリックさせる。マウスを上に移動させて、平面図を置く場所をクリックする。確定をしたあと、さらに投影図をドラッグして微調整させる。

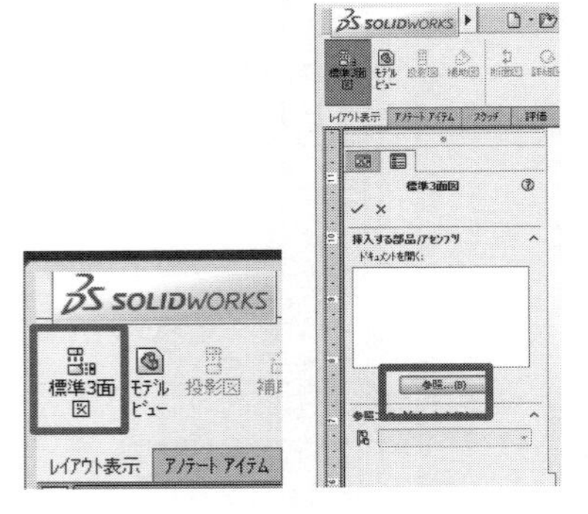

図 2.2.102　三面図の作成

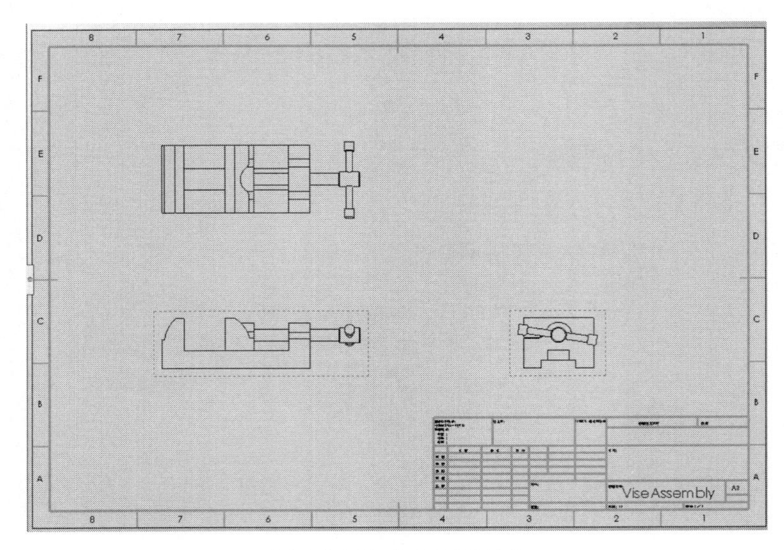

図 2.2.103　三面図の配置

投影図の向きが間違っている場合には、投影図をダブルクリックして、標準表示方法を選んで確定させると、向きが変更させる。また投影図を右クリックし、［回転］を選ぶと図面を紙面上で回転させることができる。その後、［アノテートアイテム］を使用して寸法や中心線などを記入すること。

4.44　ファイルに保存

ファイルに名前をつけて保存する。ファイルの保存は必ず、部品あるいはアセンブリと同じフォルダにすること。

第3章 機構（移動ロボット）のモデリング実習

1. 設計概要

本章では、図 2.3.1 に示す移動ロボットに必要な部品を、SolidWorks を用いて 3D モデリングする。作成する部品は、本体フレーム、ベアリング、車軸、歯車、車輪である。部品作成が終了したら、各部品の組み立てるアセンブリを行う。最後には、アセンブリした移動ロボットモデルから 2D 組み立て図面を作成する。

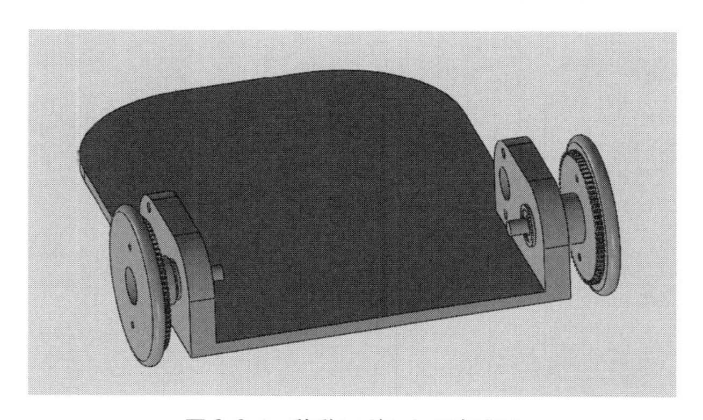

図 2.3.1　移動ロボットの完成図

2. 本体フレームのモデリング

2.1　本体ベースプレート

1 SolidWorks 起動後、［メニューバーメニュー］を表示、［ファイル］→［新規］を選択（マウス左クリック）する。グラフィカル領域に、部品、アセンブリ、図面選択用ポップアップメニューが表示されるので、［部品］を選択する（図 2.3.2）。部品設計画面に切り替わる（図 2.3.3）。

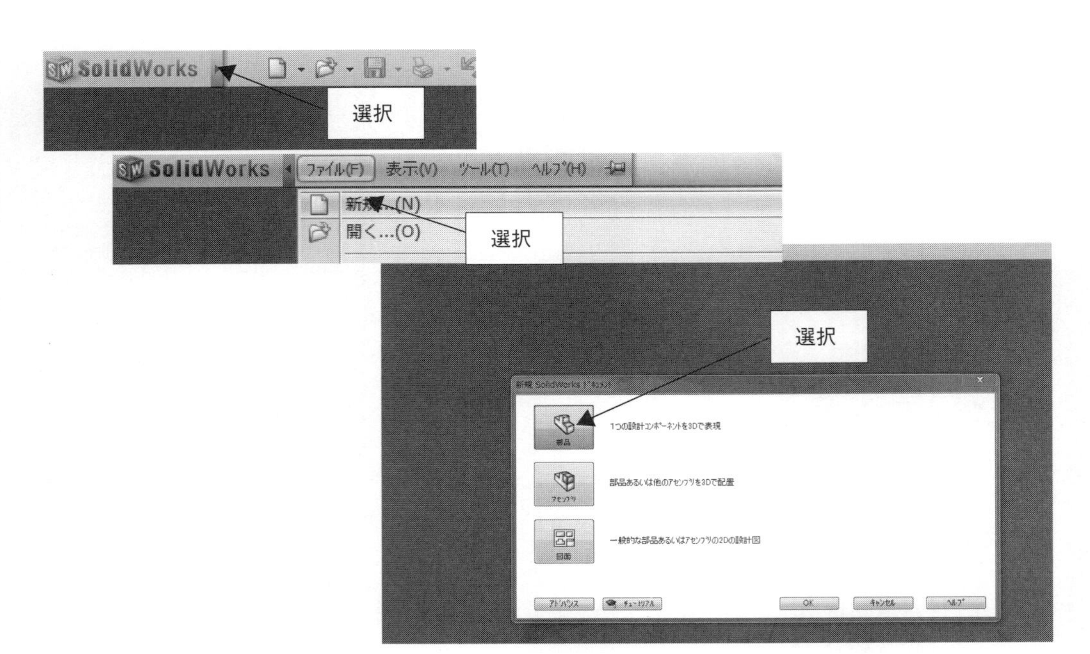

図 2.3.2 新規部品設計選択画面

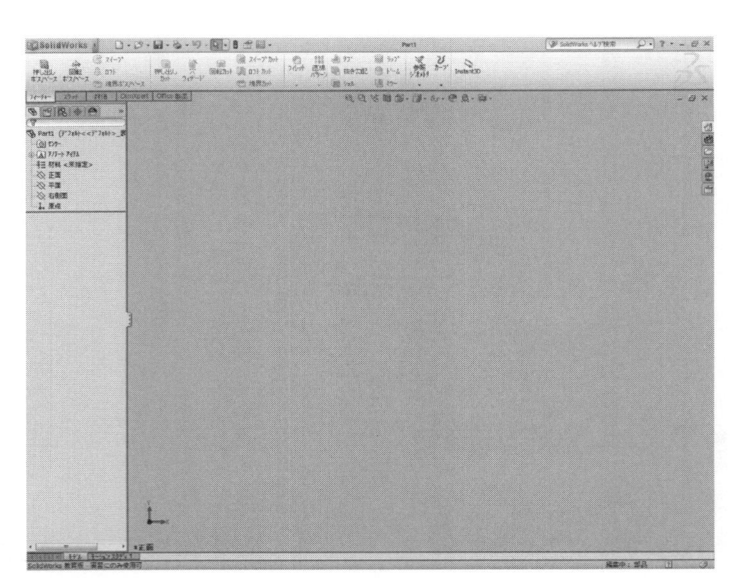

図 2.3.3 部品設計画面

2［コマンドマネージャー］の［フィーチャーコマンド］内の［押し出しボス/ベース］を選択すると（図2.3.4）、グラフィックス領域に正面が現れる（図2.3.5）。

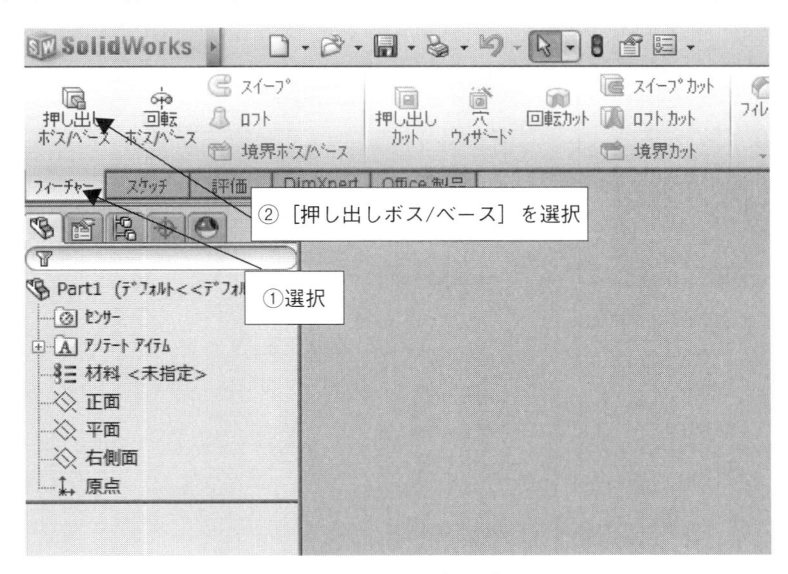

図 2.3.4　押し出しボス選択画面

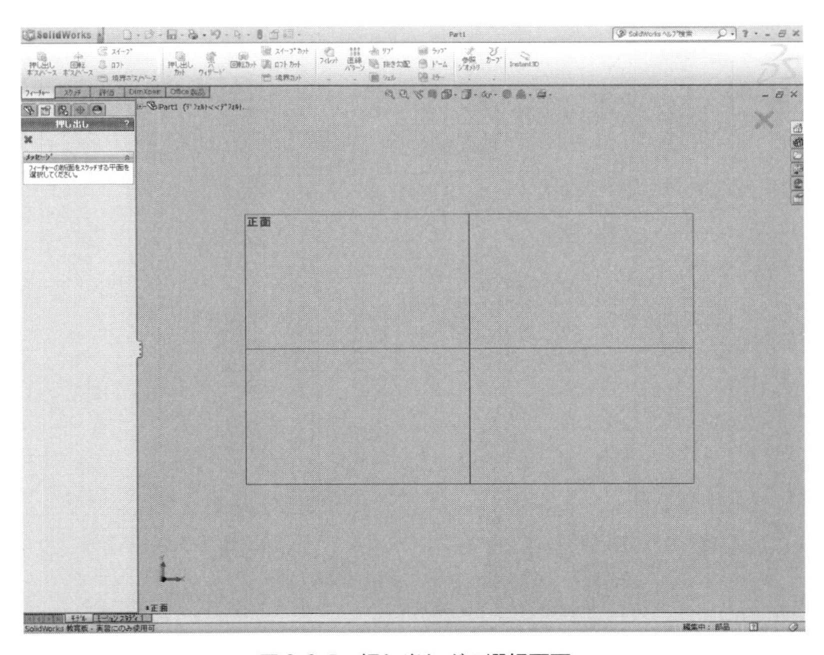

図 2.3.5　押し出しボス選択画面

3ヘッズアップ表示ツールバー内で［表示方向］アイコンを選択して展開する。［等角投影］を選択すると正面、平面、右側面が表示される（図 2.3.6）。［正面］を選択する。［コマンドマネージャー］が［スケッチコマンド］に切り替わり、正面にスケッチができる状態になる（図 2.3.7）。

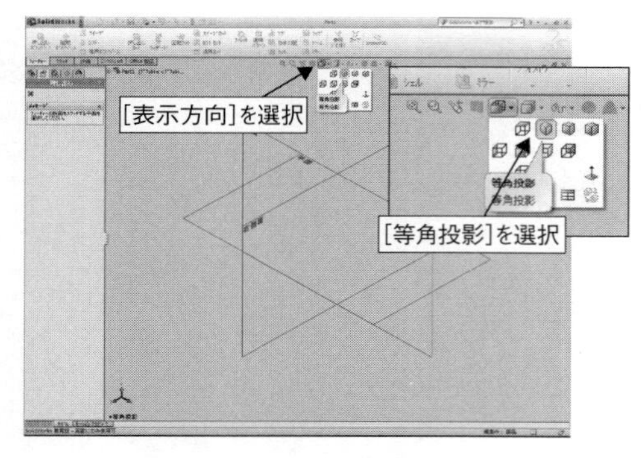

図 2.3.6　三面の等角表示画面

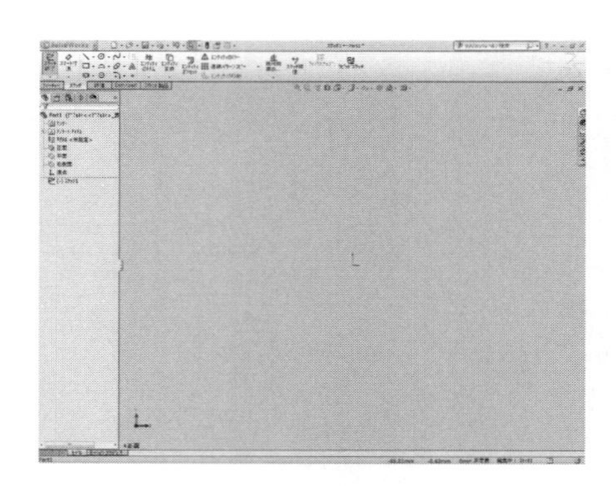

図 2.3.7　スケッチ画面

4［矩形メニュー］の矢印をクリックして展開し、［矩形中心］を選択する。グラフィカル領域で、原点をマウスの左ボタンでクリック後、適当な位置まで移動して再度左ボタンをクリックして確定する。その後、画面左の［プロパティマネージャー］の［✔］ボタンをクリックして矩形スケッチを終了する（図 2.3.9）。

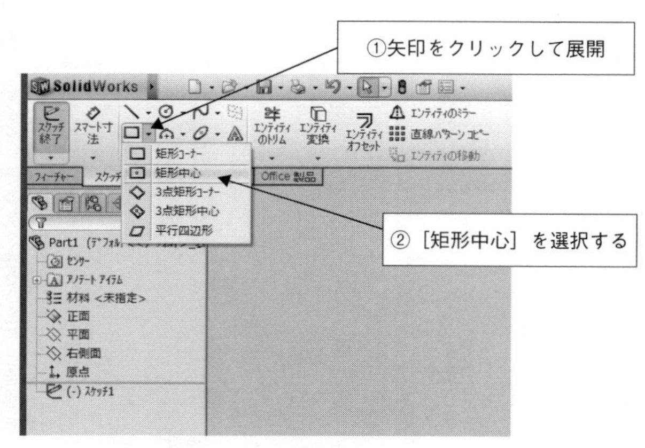

図 2.3.8　矩形中心選択

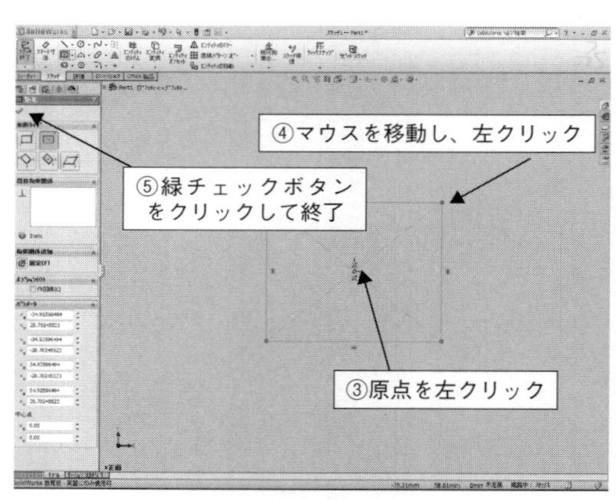

図 2.3.9　矩形のスケッチ

5 ［スマート寸法］を選択する（図 2.3.10）。スケッチした四角の上の横線をマウスで選択して寸法線を表示させた後、上方へドラッグする。マウスの左ボタンを再度クリックすると、寸法修正ボックスが現れるので、数値を「200」に修正後に緑のチェックアイコンをクリックして確定する（図 2.3.11）。同じく、スマート寸法の状態で、四角の左の縦線をクリックして寸法を「150」に修正した後、［スケッチ終了］をクリックして終了する（図 2.3.12）。

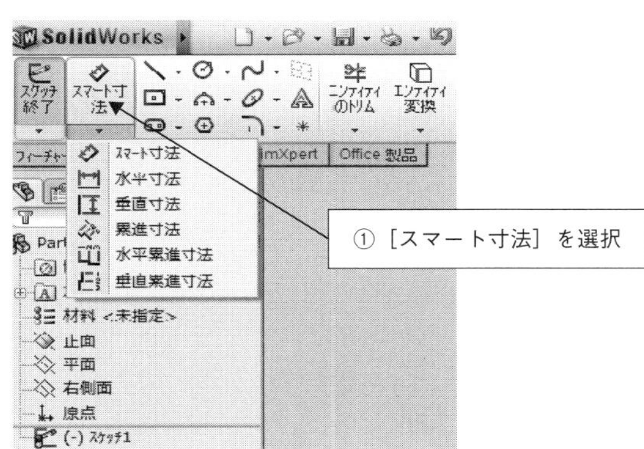

図 2.3.10　スマート寸法選択

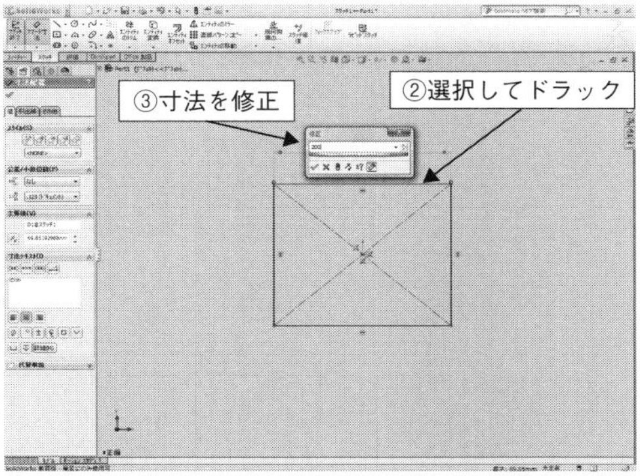

③寸法を修正

②選択してドラッグ

図 2.3.11　横幅寸法修正

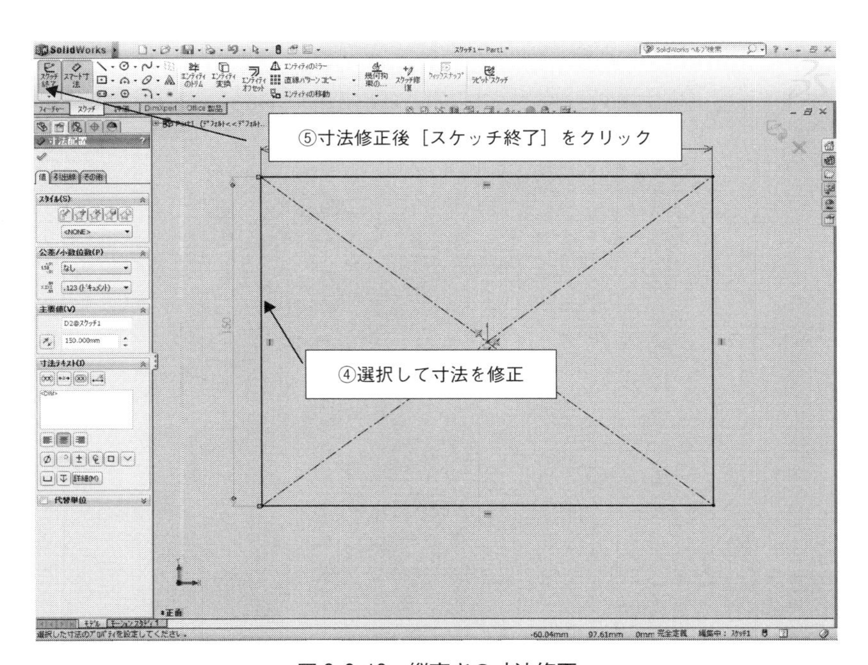

図 2.3.12　縦高さの寸法修正

第2編 SolidWorks

⑥スケッチを終了すると、［フィーチャーコマンド］がアクティブになる。［フィーチャーマネージャー］内の［方向１（１）］欄で［ブラインド］を選択して、距離を５ mm に修正して確定すると、厚さ５ mm の四角板が完成する（図 2.3.13）。

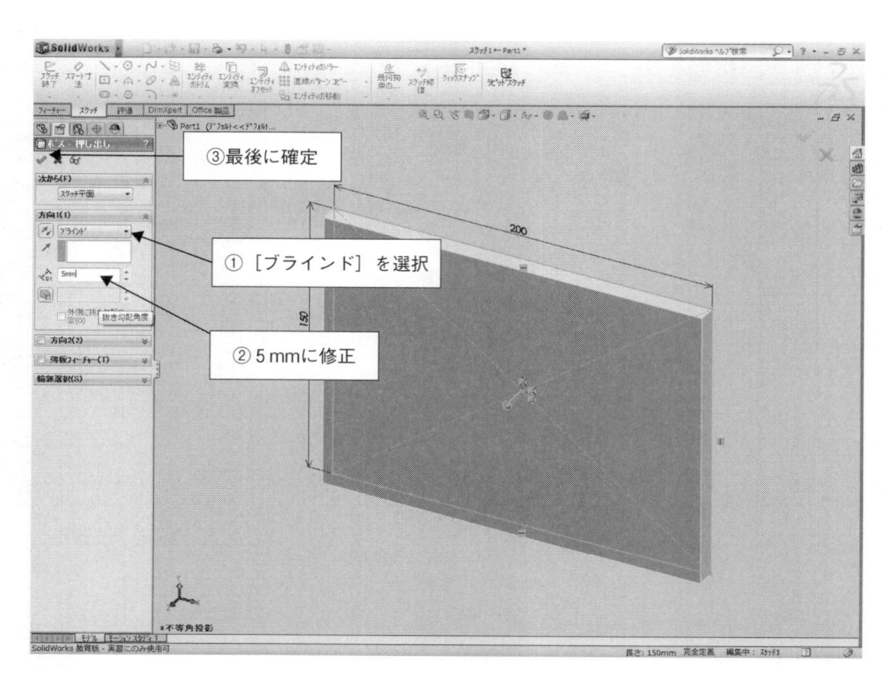

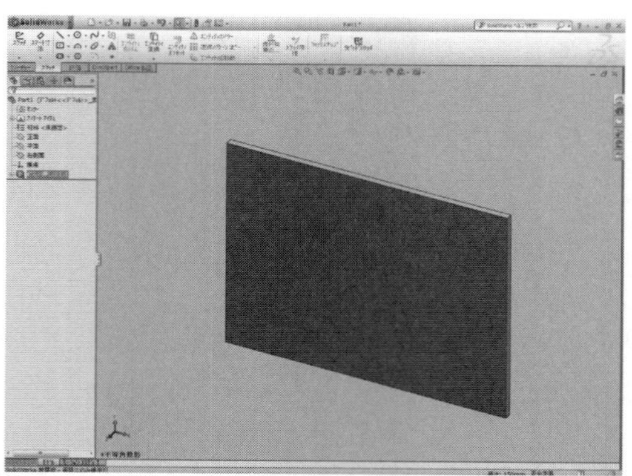

図 2.3.13　ブラインド押し出し

⑦四角板の両端をフィレットする。［フィーチャーコマンド］を選択し、［フィレット］下の矢印を選択して展開、［ポップダウンメニュー］内で［フィレット］を選択する（図 2.3.14）。［フィーチャーマネージャー］内で半径を 50 mm に変更し、四角板の前方上下の角 2 個を選択して確定する（図 2.3.15、図 2.3.16）。

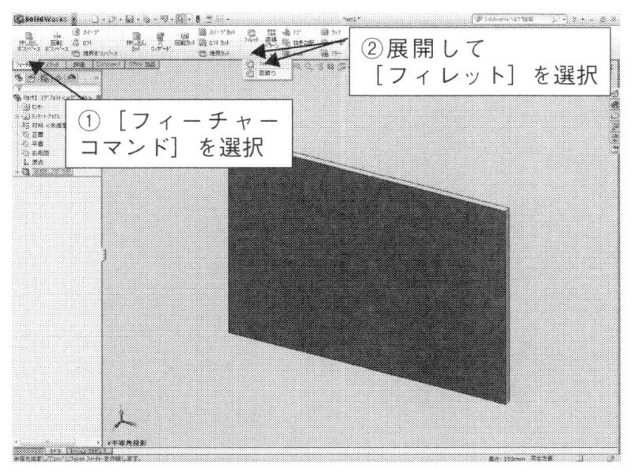

図 2.3.14　フィレット選択

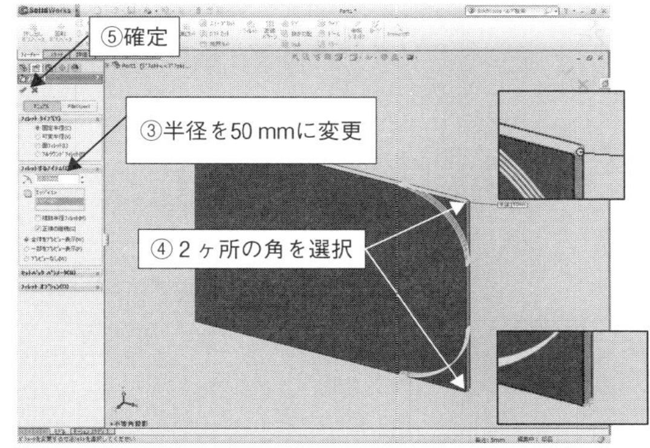

図 2.3.15　フィレット画面

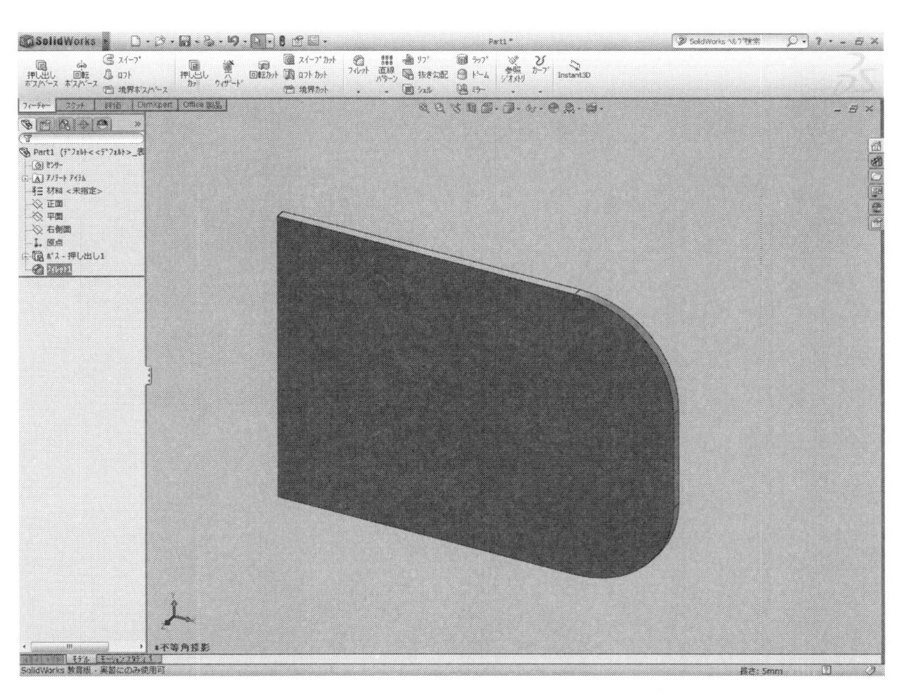

図 2.3.16　フィレットの完成

8 ［メニューバーツールメニュー］で［保存］アイコンを選択し、［ポップダウンメニュー］から保存を選択する（図 2.3.17）。［保存］ウィンドウが現れるので、「Robot」というフォルダ作成し、その中で「01_BodyFrame」の名前でパーツを保存する（図 2.3.18）。

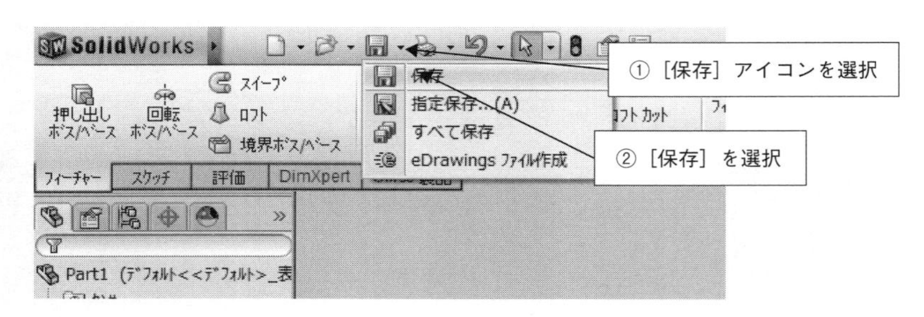

図 2.3.17　保存の選択

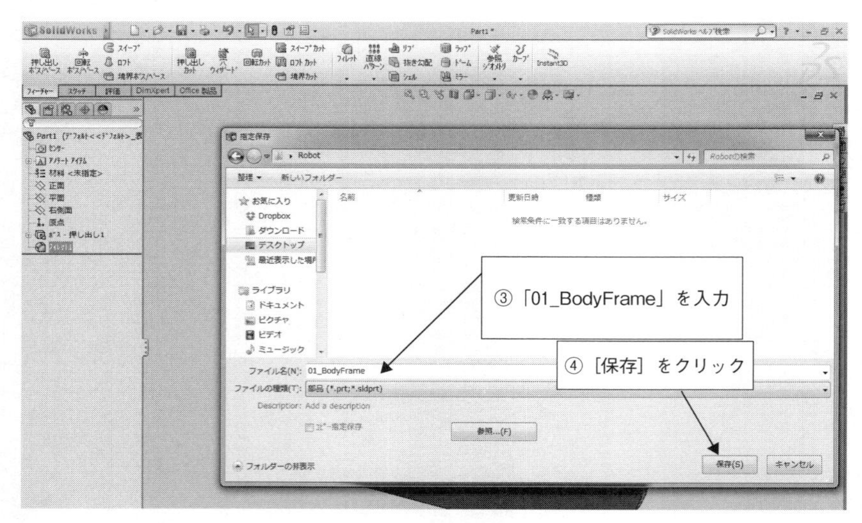

図 2.3.18　部品保存

2.2 車輪及びモータ取り付け部

1四角板に車輪やモータを取り付けるための部分を追加する。ヘッズアップ表示メニューで、［表示方向］→［正面］を選択して、板を正面向きにする（図 2.3.19）。板の正面上にスケッチを行うために、部品の表面を選択する。［フィーチャーコマンド］を選択して、［押し出し］を選択する（図 2.3.20）。

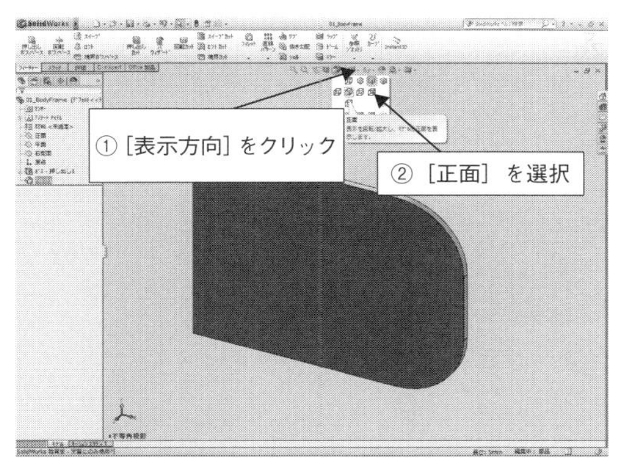

図 2.3.19　表示方向を正面に変更

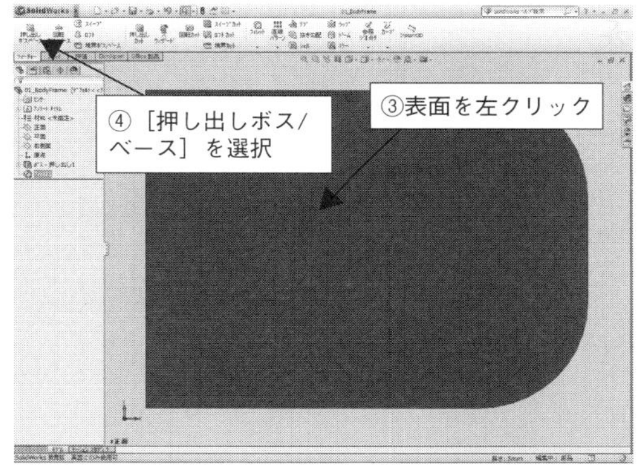

図 2.3.20　板表面を選択後に押し出し選択

2［フィーチャーコマンド］が［スケッチコマンド］に自動的に変わる。［矩形コーナー］を選択する（図 2.3.21）。板上面の左上頂点を左クリックして右下方向へドラッグする。適当な位置でマウスのボタンを離して四角をスケッチする（図 2.3.22）。

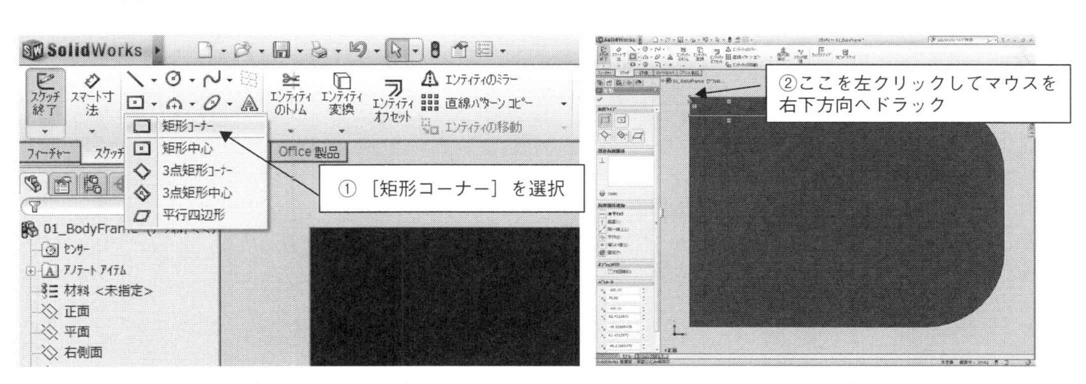

図 2.3.21　矩形コーナー選択画面

図 2.3.22　四角スケッチ

3［スマート寸法］を選択する。スケッチした四角形の上横線を選択し、70 mm に修正する。次に、右縦線の長さを 10 mm に修正して、スケッチを終了する（図 2.3.23）。

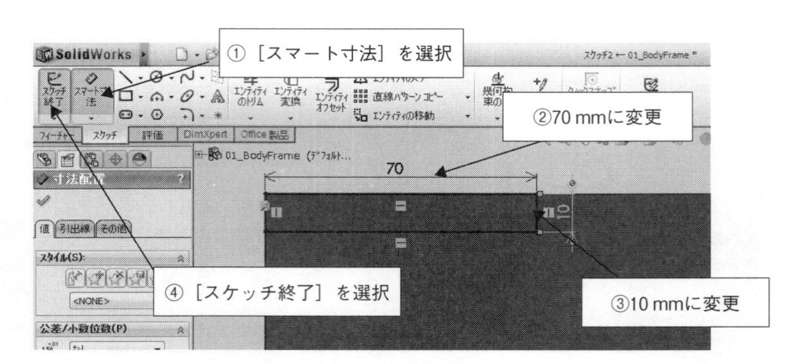

図 2.3.23　寸法変更画面

4スケッチを終了すると、自動的にボス押し出し画面に切り替わる。［フィーチャーマネージャー］内で［方向1（1）］を［ブラインド］に設定する。距離を 40 mm に変更する。［✔］ボタンを押して確定する（図 2.3.24）。（※グラフィックス領域でマウスホイルを押したまま動かすと部品が立体に見えるようになる）

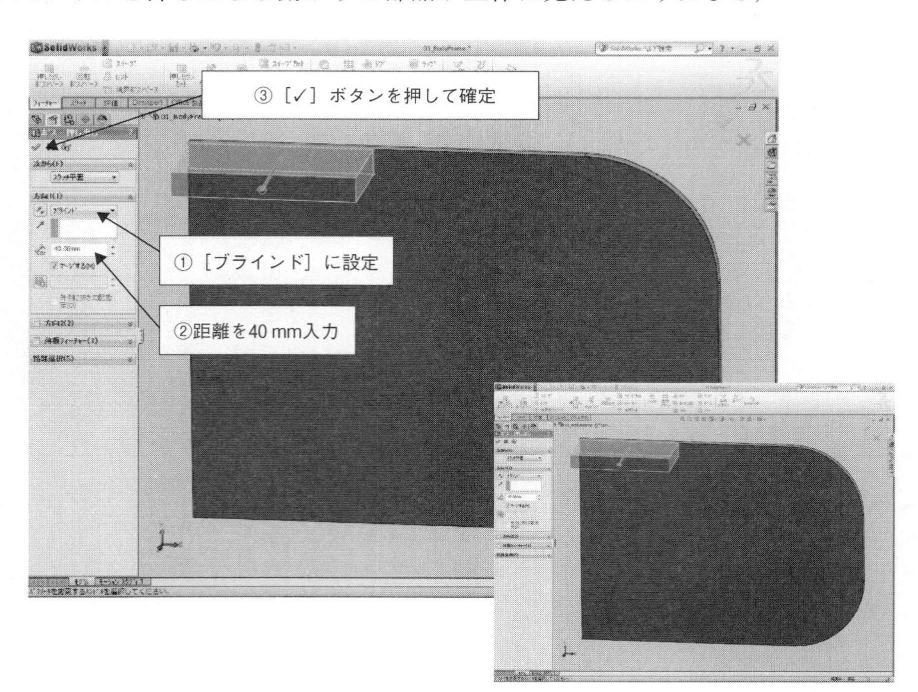

図 2.3.24　押し出し確定

2.3　車軸を通す穴

1まず、円をスケッチするために、押し出した四角柱の内側平面を選択する（図2.3.25）。［フィーチャーコマンド］内の［押し出しカット］を選択する。スケッチ画面に切り替わるので、スケッチしやすく表示方向を選択面に対して垂直にする（図2.3.26）。

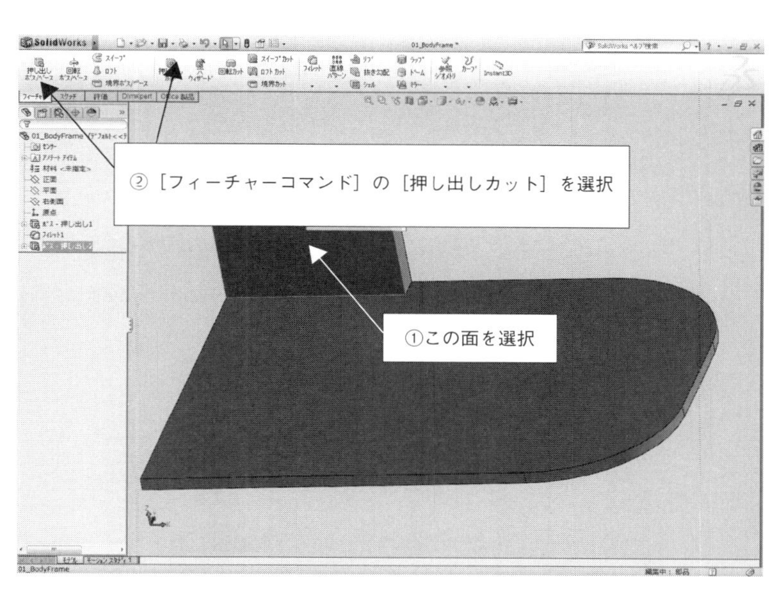

図 2.3.25　押し出しカット設定画面

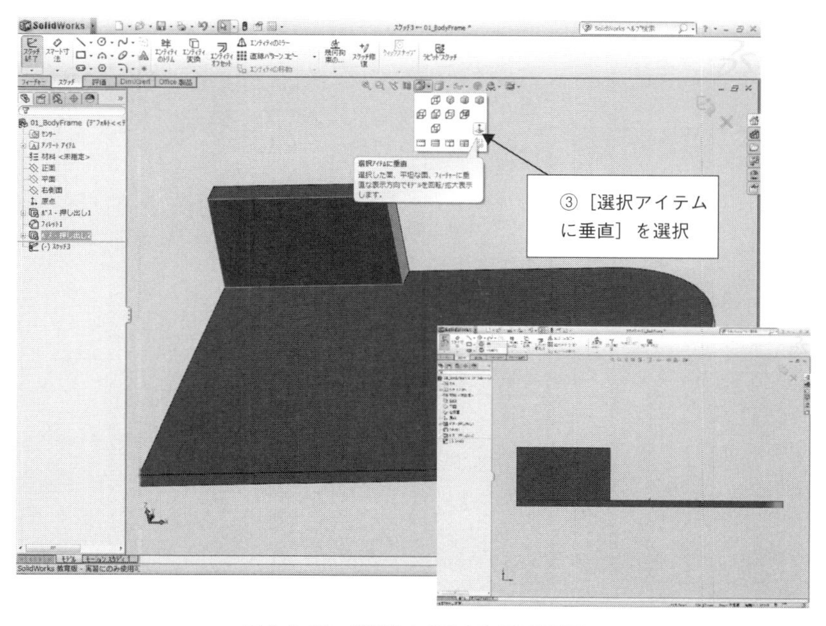

図 2.3.26　選択アイテムに垂直画面

[2] ［スケッチコマンド］内の［円スケッチ］を選択する。マウスで平面の中心部分を選択後、外側にドラッグする。適当な場所でボタンを離して円をスケッチする（図2.3.27）。

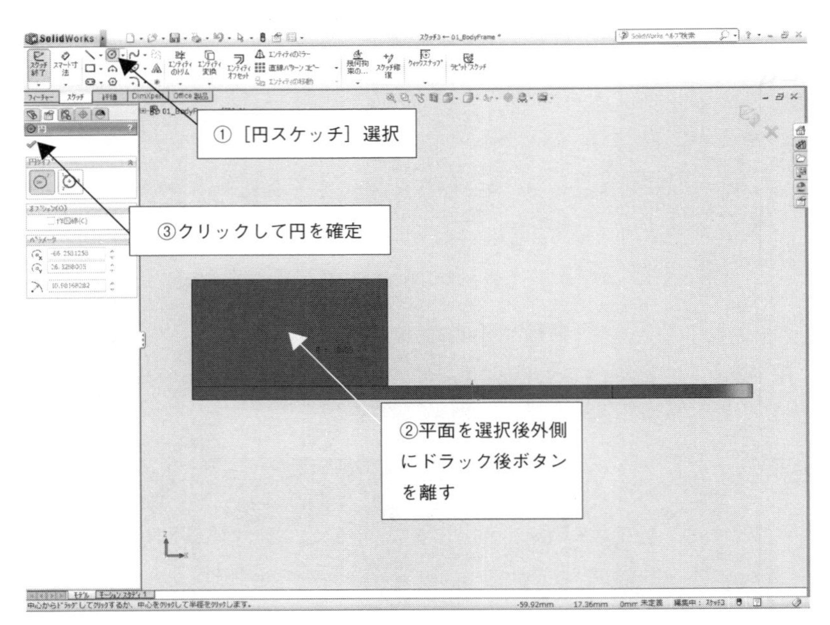

図 2.3.27 選択アイテムに垂直選択画面

[3] ［スマート寸法］を選択する。スケッチした円を選択し、15 mm に修正後確定する（図 2.3.28）。

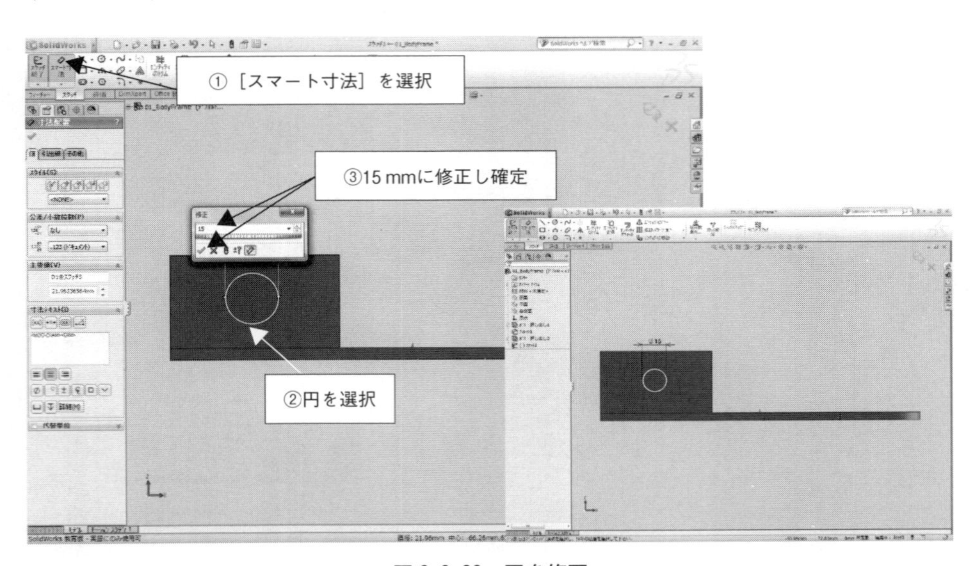

図 2.3.28 円を修正

4スマート寸法状態で、四角の下部横線と円の中心を選択する。寸法線をドラッグして適当な位置に配置して左ボタンを再度クリックする。[寸法修正ウインドウ] で 20 mm に修正する。四角の左縦線と円中心を選択し、寸法を 20 mm に修正して円の位置を確定する。

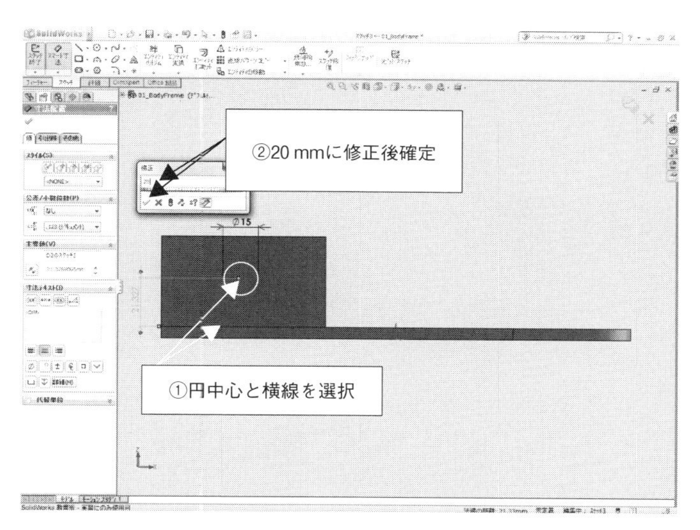

図 2.3.29　円の縦位置確定

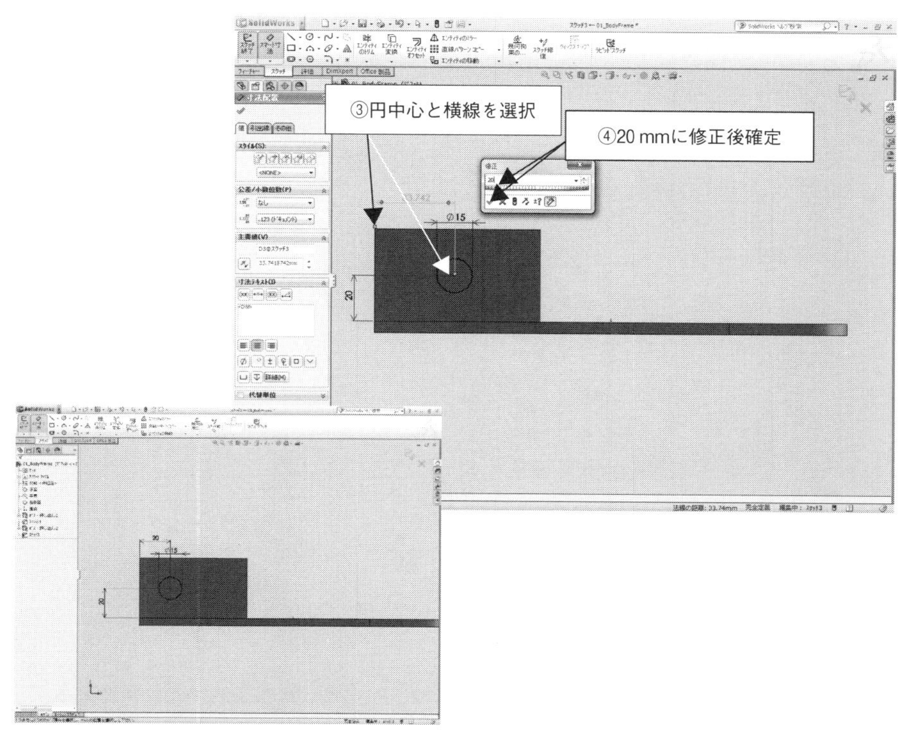

図 2.3.30　円の横位置確定

5モータ軸を通す穴を開ける。同様に、[スケッチコマンド] で [円スケッチ] を選択する。先ほどスケッチした円の右側に円をスケッチし、寸法を 14 mm に修正して確定する（図 2.3.31）。

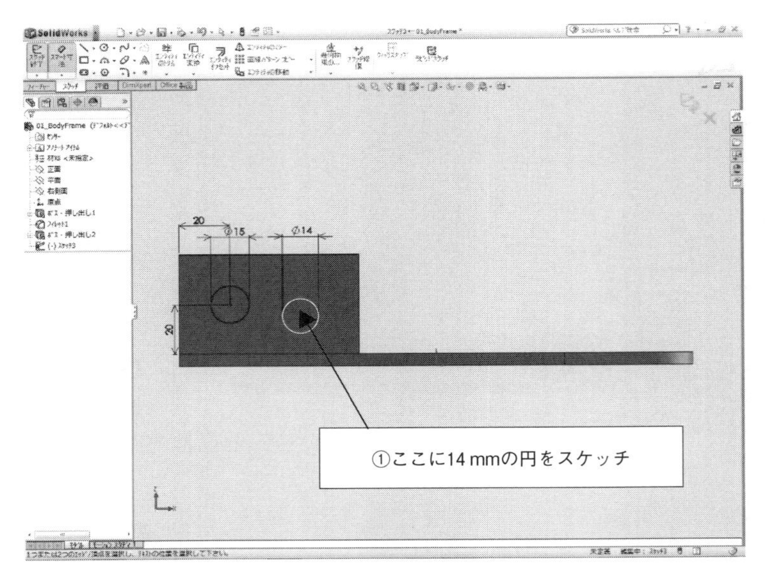

図 2.3.31 円のスケッチ

6 14 mm の円を拘束追加で位置を決定する。まず、[スケッチコマンド] 内で [幾何拘束の追加] を選択する（図 2.3.32）。2つの円中心を選択し、[フィーチャーマネージャー] 内拘束追加設定で水平を選択する（図 2.3.33）。これで、両円の中心が水平に揃う（図 2.3.34）。

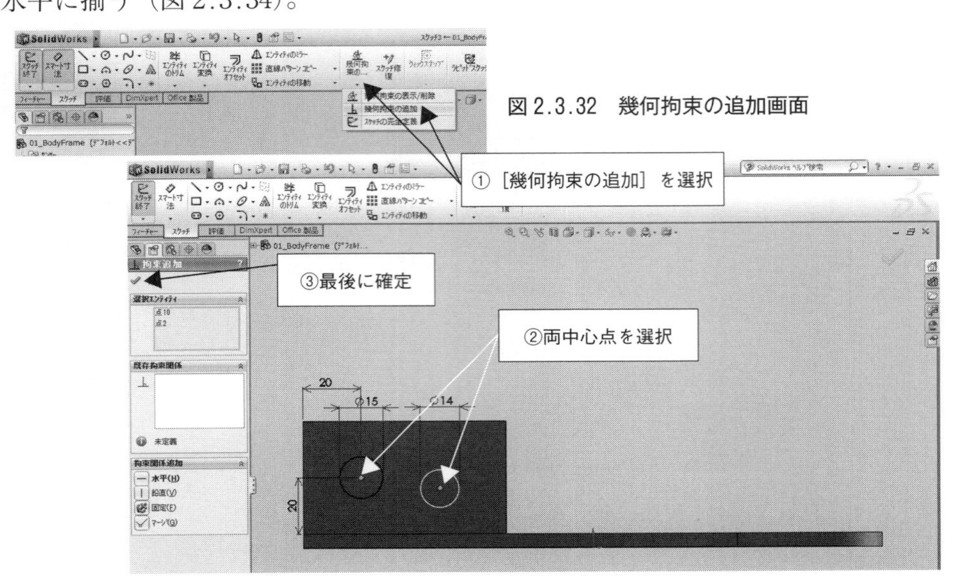

図 2.3.32 幾何拘束の追加画面

図 2.3.33 水平幾何拘束画面

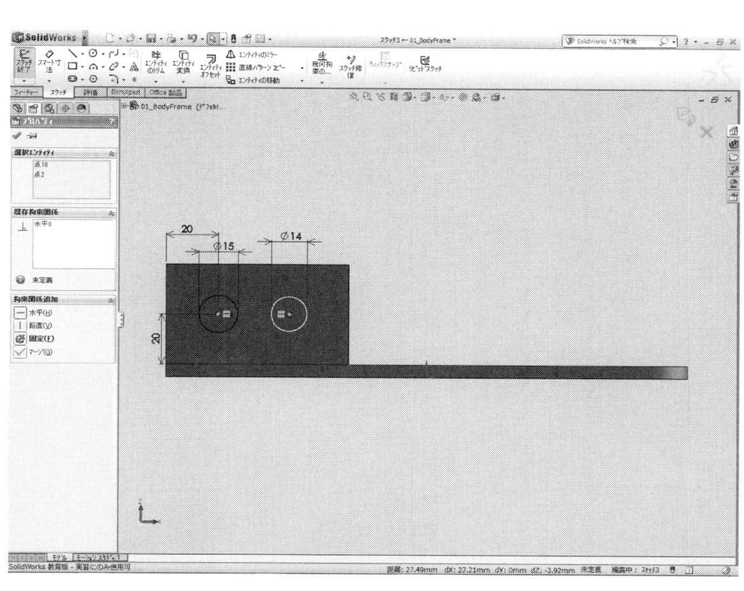

図 2.3.34　水平幾何拘束実行画面

⑦次に、［スマート寸法］を選択する。両円の中心を選択して寸法線を適当な場所に配置する。距離を 35.2 mm に修正して確定する（図 2.3.35）。スケッチを終了する。

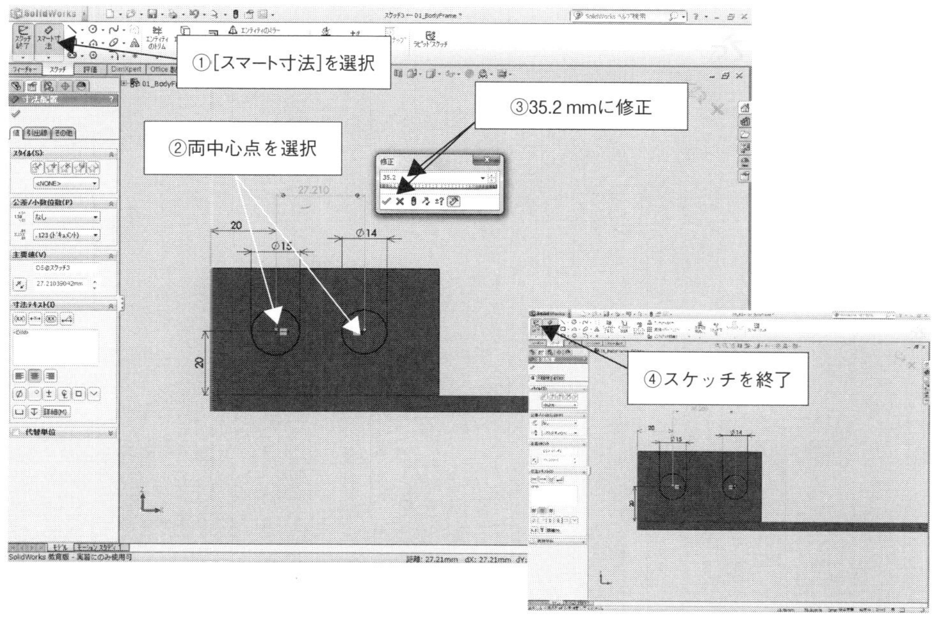

図 2.3.35　横位置決定画面

8穴を開ける。スケッチ終了で［カット押し出し］メニューに自動的に切り替わる。部品を立体的に見えるようにマウスを操作する［フィーチャーマネージャー］内［方向1］内で［次サーフェスまで］を選択して確定する（図 2.3.36）。

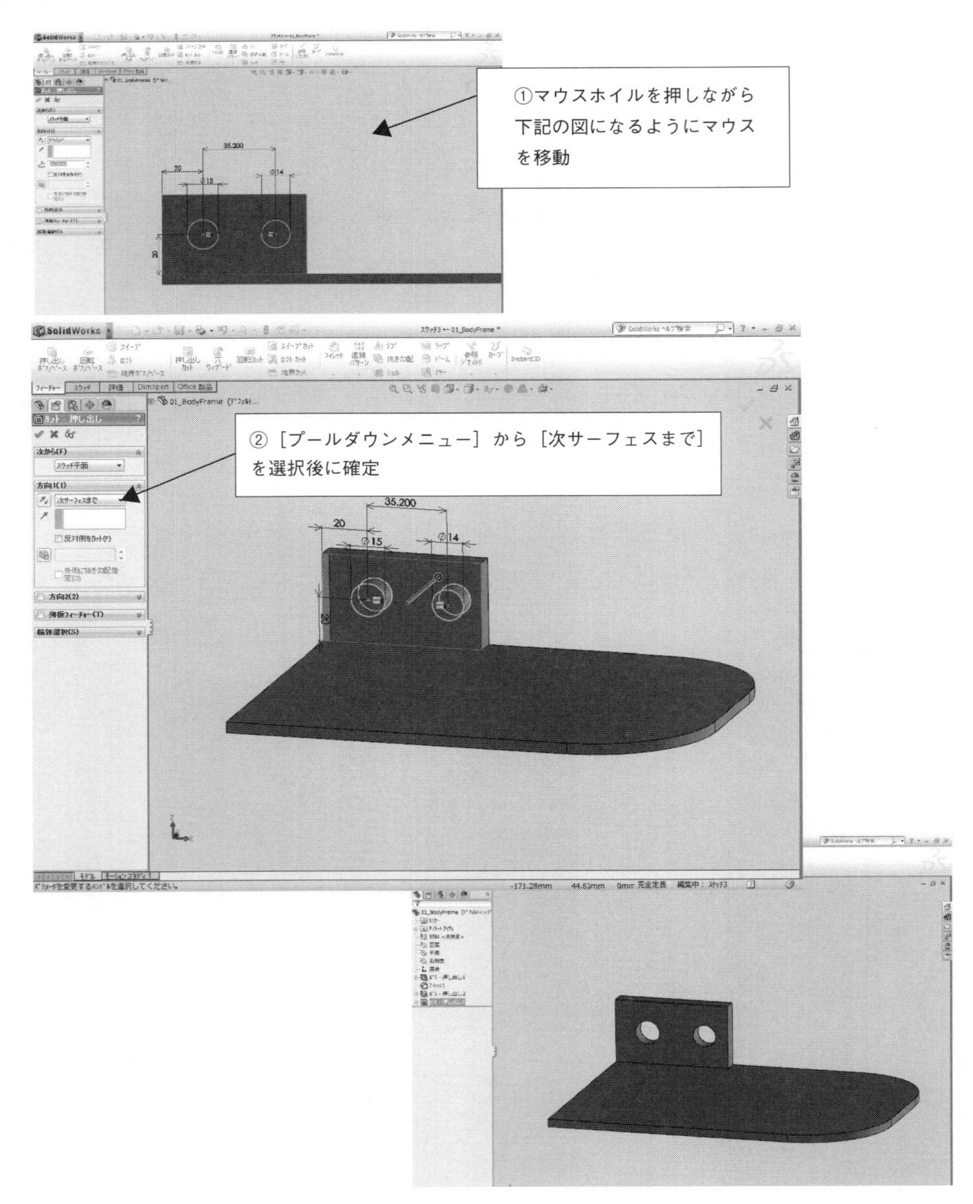

図 2.3.36　カット押し出し画面

2.4 モータ固定プレート用固定穴の作成

1 ［スケッチコマンド］を押して、図 2.3.37 に示すように平面を選択する。［ヘッズアップ表示ツールバー］で、表示方向を［選択アイテムに垂直］に変更する。［円スケッチ］を選択後、14 mm 円の上下に 2 個の円を作成する（図 2.3.38）。

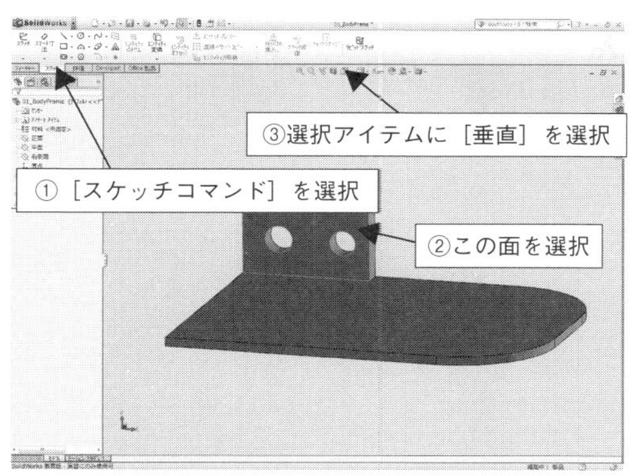

図 2.3.37 表示方向切り替え画面

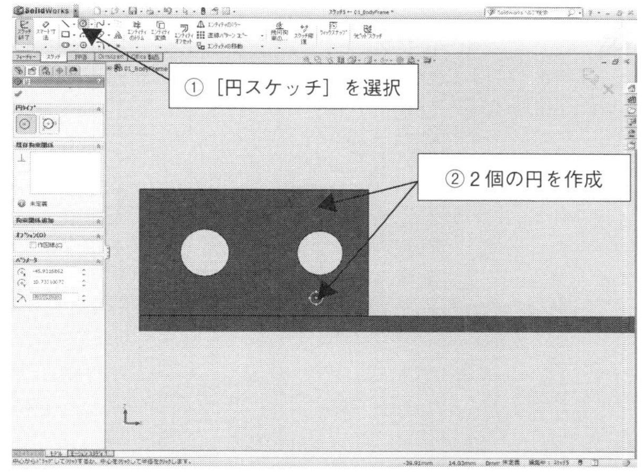

図 2.3.38 円スケッチ画面

2 ［スマート寸法］を選択する。1 つの円を選択して 4 mm に寸法を修正する。もう 1 つの円も同じく 4 mm に修正する（図 2.3.39）。

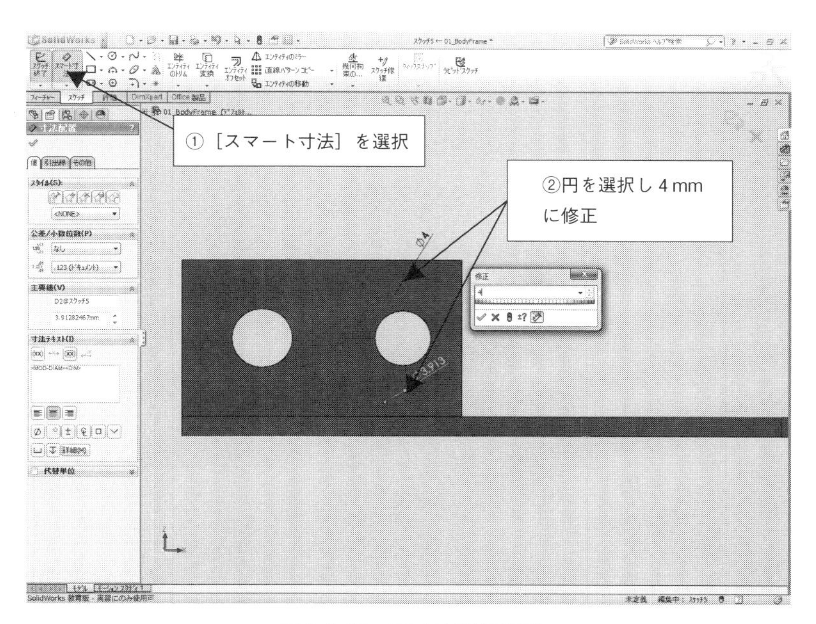

図 2.3.39 穴寸法修正画面

3 ［エンティティ変換］を選択する。② 14 mm 円の円周を選択して確定する。円の輪郭が現在スケッチ平面に変換（コピー）される。変換された円の輪郭を選択して⑤［フィーチャーマネージャー］内で作図線にする（図 2.3.41）。

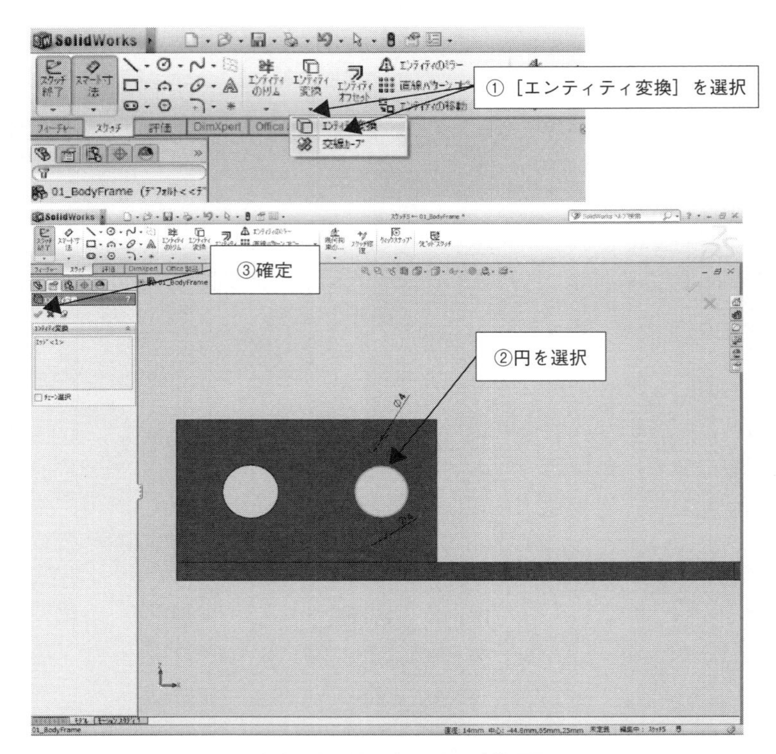

図 2.3.40　円スケッチの変換画面

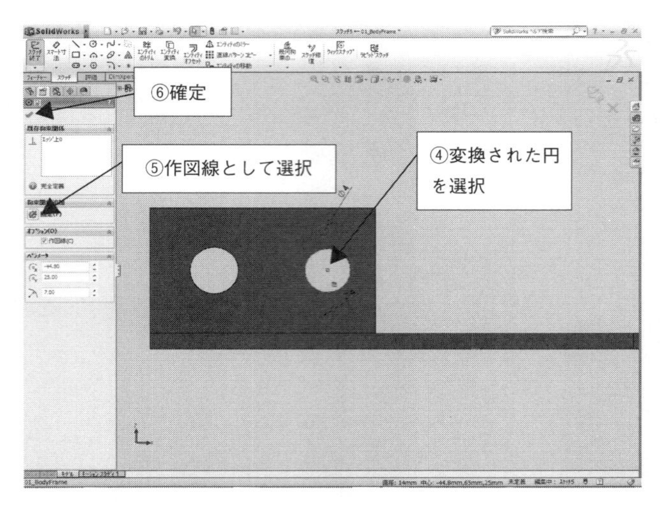

図 2.3.41　作図線指定画面

④［幾何拘束追加］を選択する。4 mm 円 2 個の中心と 14 mm 円の中心を選択する。［フィーチャーマネージャー］内拘束関係追加で［鉛直］を指定して確定する。これで、3 つの円中心が鉛直に並ぶ（図 2.3.42）。

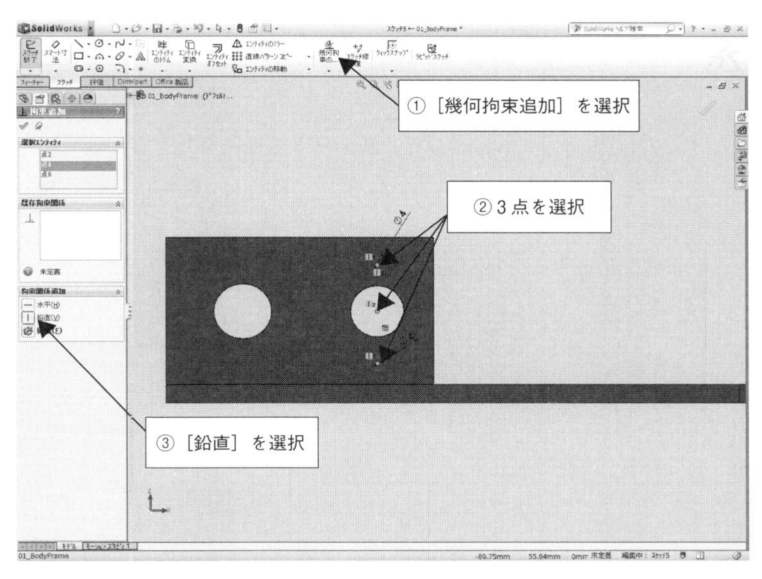

図 2.3.42　鉛直幾何拘束画面

⑤［スマート寸法］を選択する。14 mm 円と上の 4 mm 円を選択して距離を 14 mm に変更する。下の円と 14 mm の円の距離も 14 mm に変更する（図 2.3.43）。スケッチを終了する。

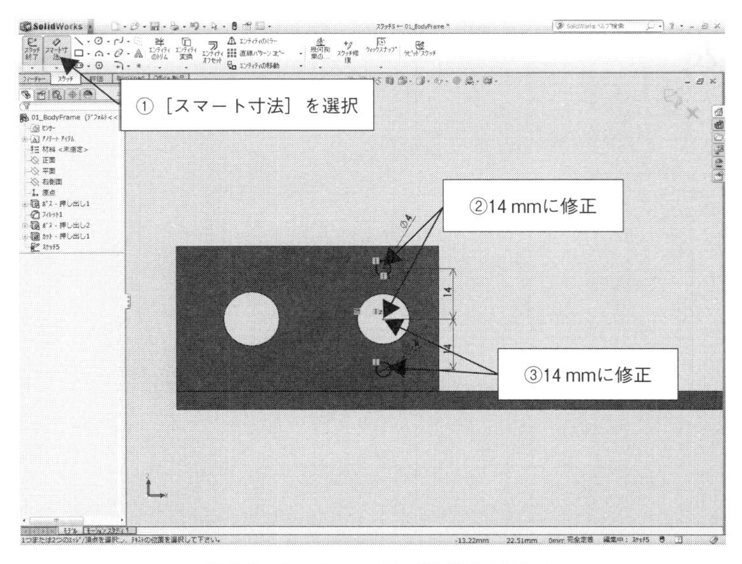

図 2.3.43　2 つの円の距離確定画面

6フィーチャーからスケッチを行っていないため、今回はスケッチを終了しても自動的にフィーチャー状態にならない。まず、［フィーチャーマネージャー］内の［デザインツリー］の中の［スケッチ5］（2個の穴のスケッチ）を選択する（図2.3.44）。［フィーチャーコマンド］を選択し、［押し出しカット］を選択する。2個の穴が押し出しカット状態になる。フィーチャーマネージャー］内［方向1（1）］で［全貫通］を選択して確定する（図2.3.45）。

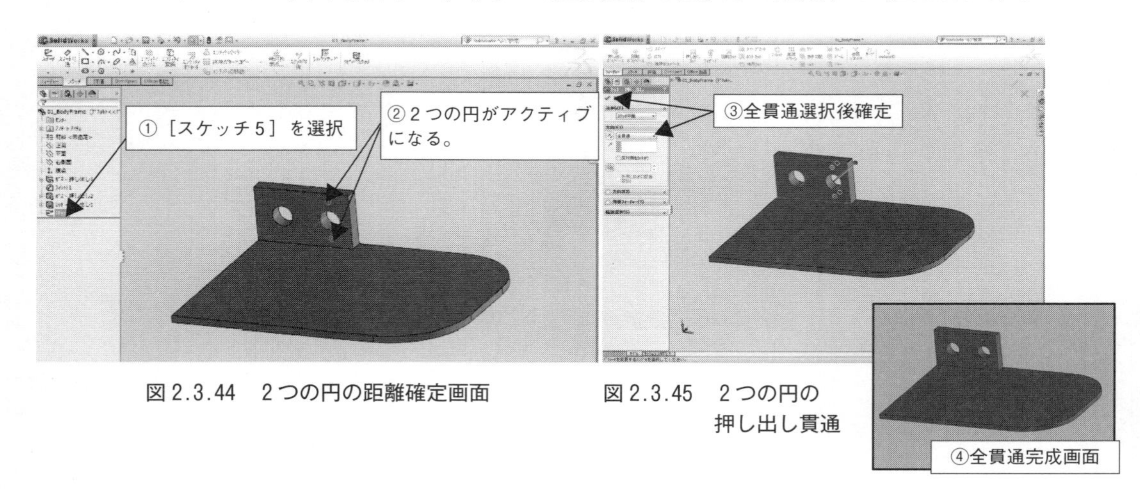

図2.3.44　2つの円の距離確定画面

図2.3.45　2つの円の押し出し貫通

2.5　車軸及びモータ取り付け部のフィレット

［フィーチャーコマンド］内で、［フィレット］を選択する（図 2.3.46）。半径 20 mm を入力する。四角押し出しの上部左右端を図のように選択してフィレットを完成させる（図 2.3.47）。

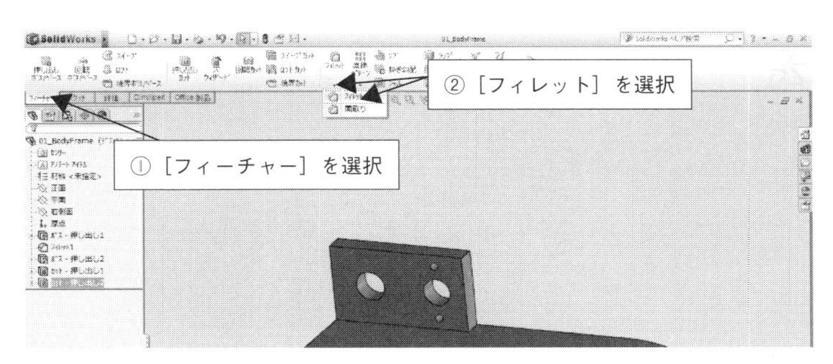

図 2.3.46　フィレット選択画面

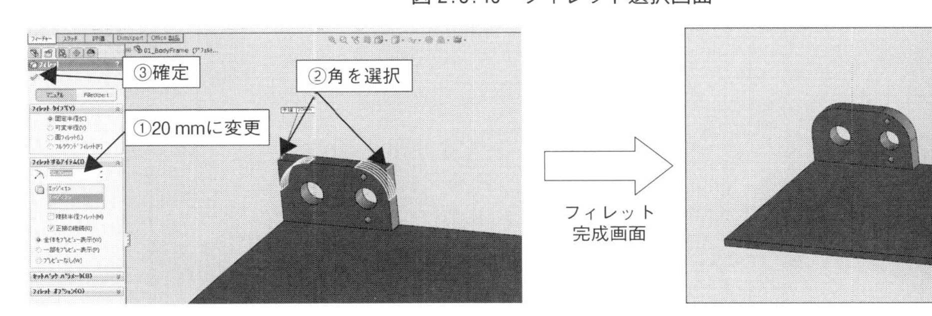

図 2.3.47　角の選択画面

2.6 反対側車輪、モータ取り付け部

1 ［フィーチャーコマンド］内の［参照ジオメトリ］→［平面］を選択する。［メニューバーメニュー］→［挿入］→［参照ジオメトリ］→［平面］でも作成できる（図 2.3.48）。グラフィックス領域内のデザインツリーを展開し、平面を選択する。［フィーチャーマネージャー］内の［第 1 参照］に平面が選択されていることを確認する。距離を「0」にして確定する（図 2.3.49）。

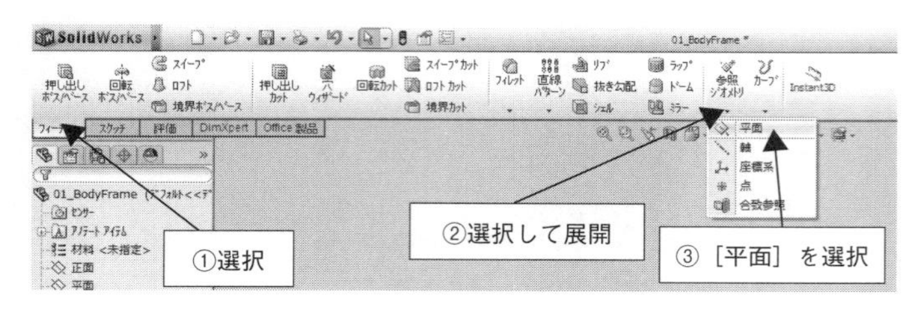

図 2.3.48　参照平面選択画面

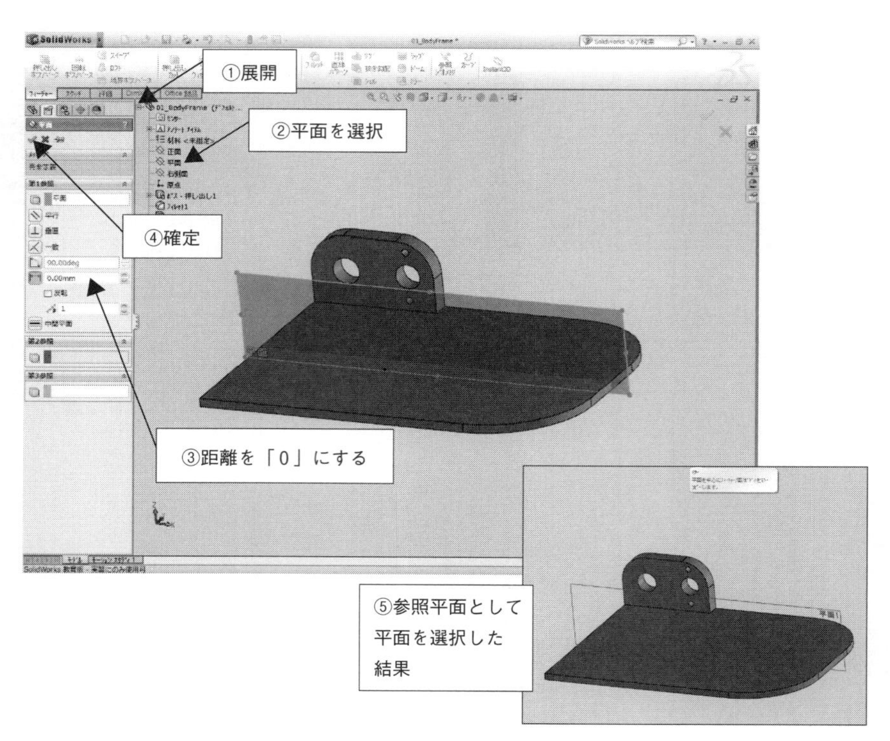

図 2.3.49　平面の参照平面選択画面

2 ［フィーチャーコマンド］内で［ミラー］を選択し、グラフィック領域の［フィーチャーツリー］を展開する（図 2.3.50）。［フィーチャーマネージャー］内のミラー面/平面（M）がアクティブ状態になっていることを確認する。グラフィック領域の［フィーチャーツリー］から［平面１］を選択する。［フィーチャーマネージャー］内の［ミラーコピーするフィーチャー（F)］がアクティブ状態になっていることを確認する。［フィーチャーツリー］からミラーコピーするフィーチャーとして、これまで作成した車輪、モータ取り付け部のすべてを［Ctrl］キーを押しながら選択して確定する（図 2.3.51）。

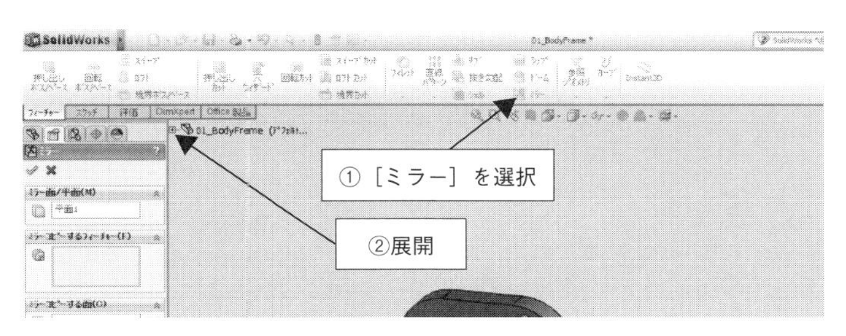

図 2.3.50　ミラー選択画面

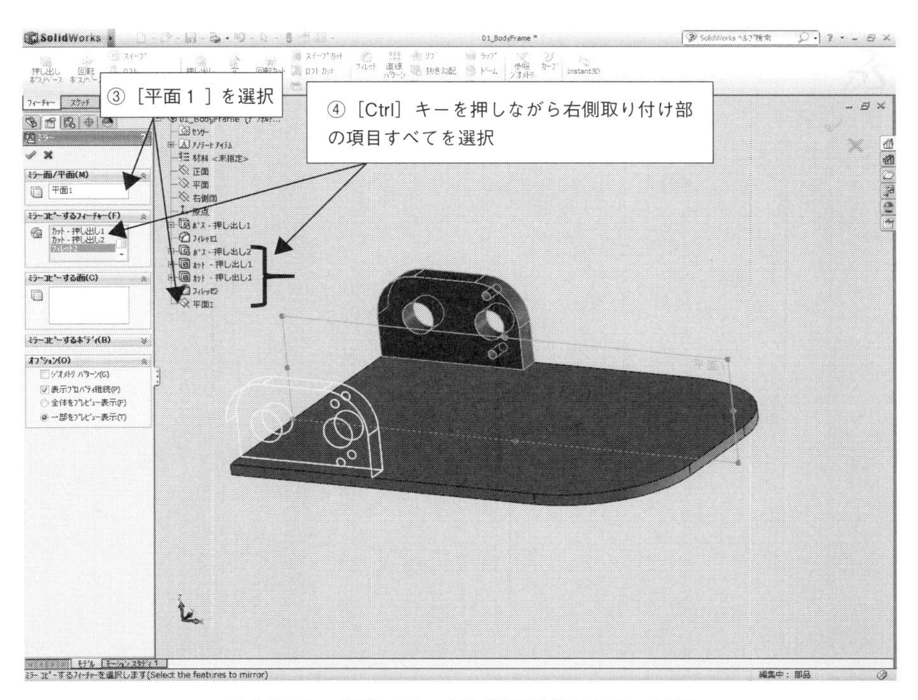

図 2.3.51　車輪、モータ取り付け部のミラー画面

3 これで本体部品が完成する（図 2.3.52)。［メニューバーメニュー］内で［ファイル］→［保存（ctrl + s）キー］で保存する。

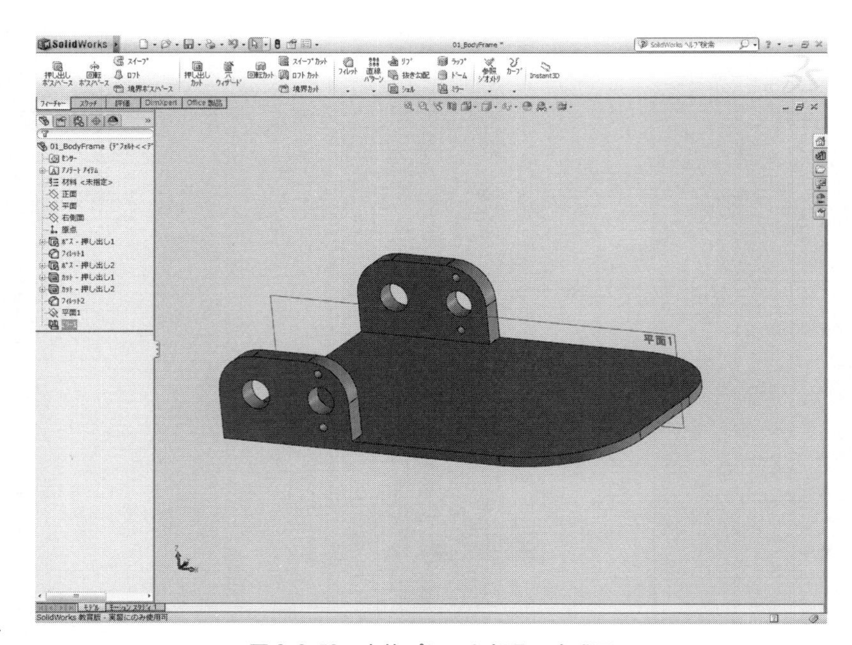

図 2.3.52　本体プレート部品の完成図

3. ベアリングのモデリング

1 ［メニューバーメニュー］→［ファイル］→［新規］を選択する。［ポップアップメニュー］で［部品］を選択する（図 2.3.2 を参照）。

2 ［フィーチャーコマンド］内で［回転ボス/ベース］を選択後、三面中［正面］を選択する(図 2.3.53)。

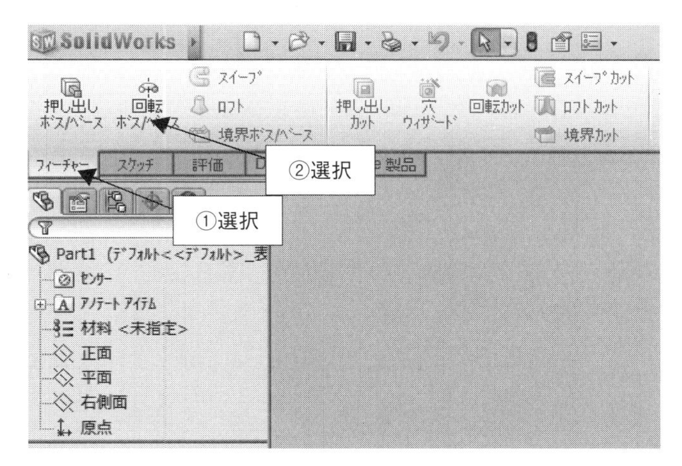

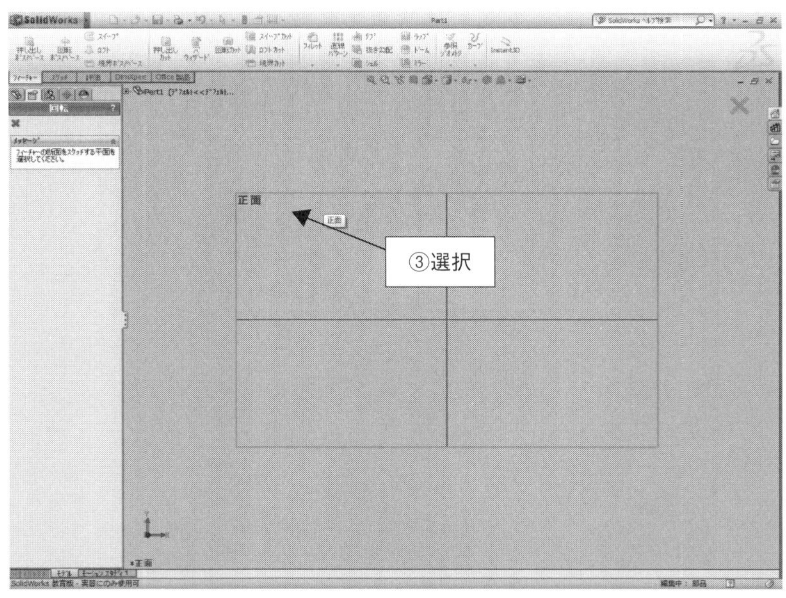

図 2.3.53 新規部品設計選択画面

3 ［スケッチコマンド］内の［直線］→［中心線］を選択する。原点左側の水平な位置にマウスのカーソルを移動させる。水平補助線が現れたら左クリックする。そのまま原点を通して、原点右側の水平位置で再度左ボタンをクリックする。最後に、［ESC］キーでスケッチを確定する。

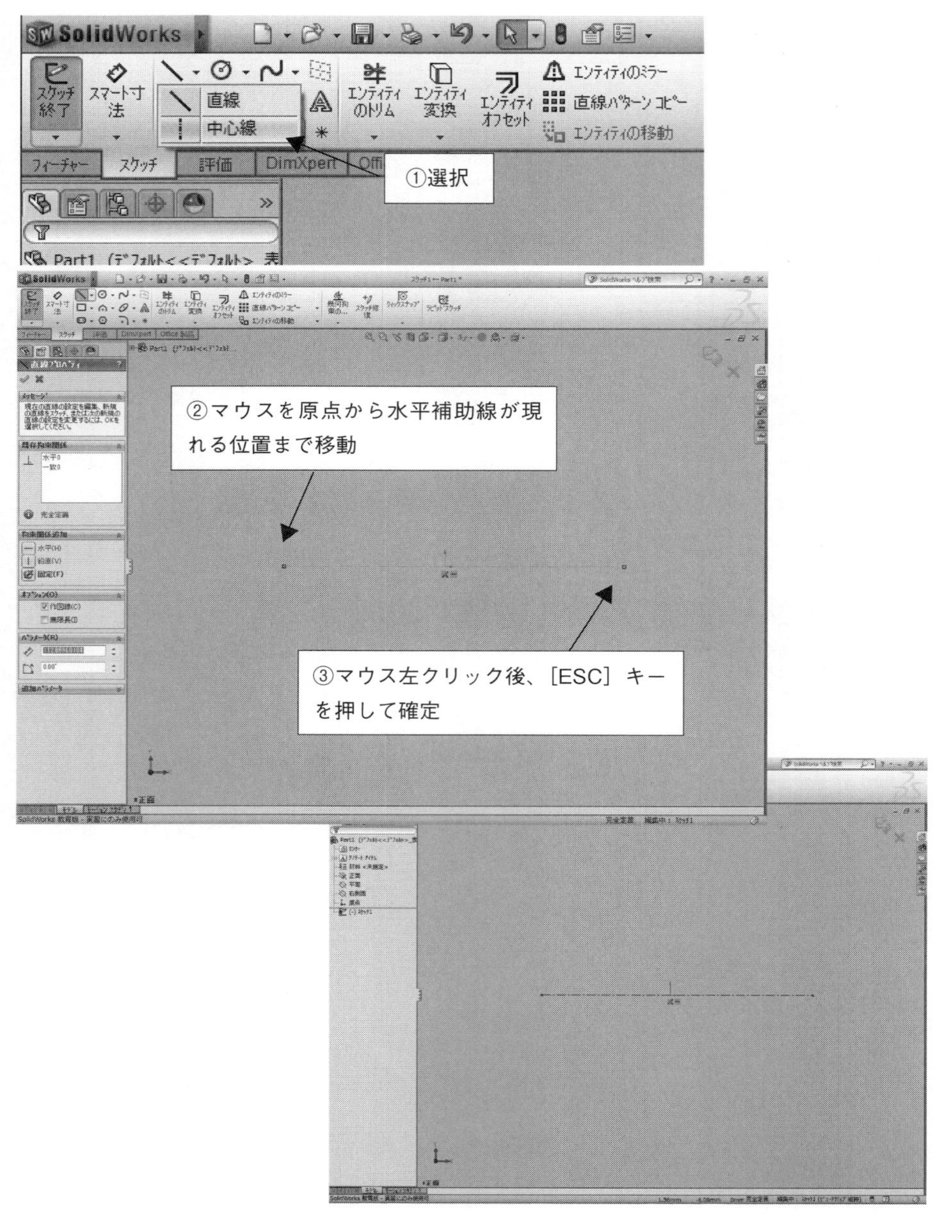

図 2.3.54　原点に水平な直線の作成

4 ［スケッチコマンド］内の［直線］→［直線］を選択する。原点の鉛直方向の離れた場所にマウスカーソルを移動する。ベアリングの輪郭を作成するために、図のように各角で左クリックして四角をスケッチする（図 2.3.55）。［スマート寸法］を選択し、中心線から 3 mm、横 5 mm、縦 5.5 mm の寸法に修正して確定する（図 2.3.56）。

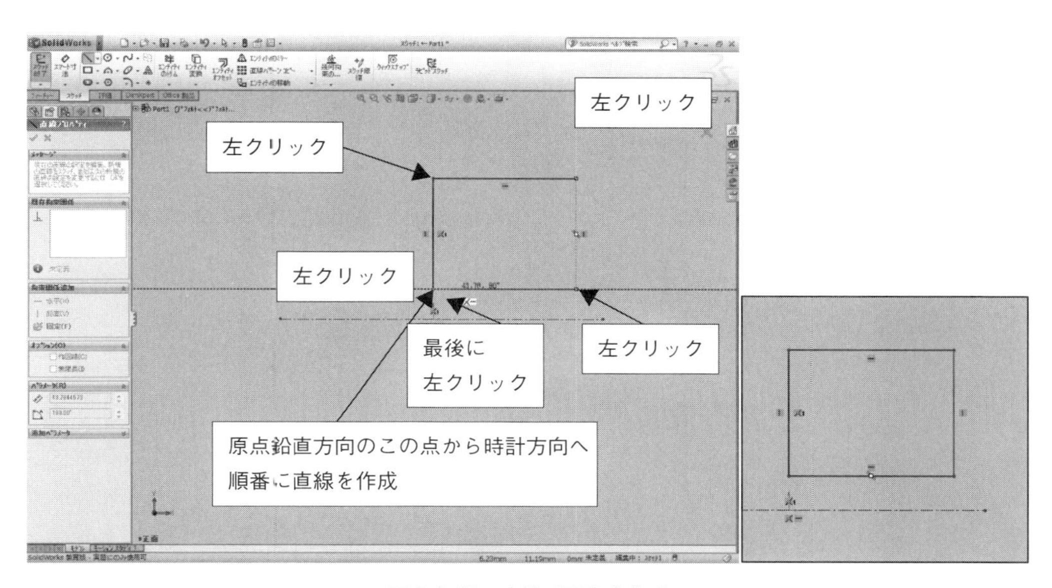

図 2.3.55　直線で四角を作成

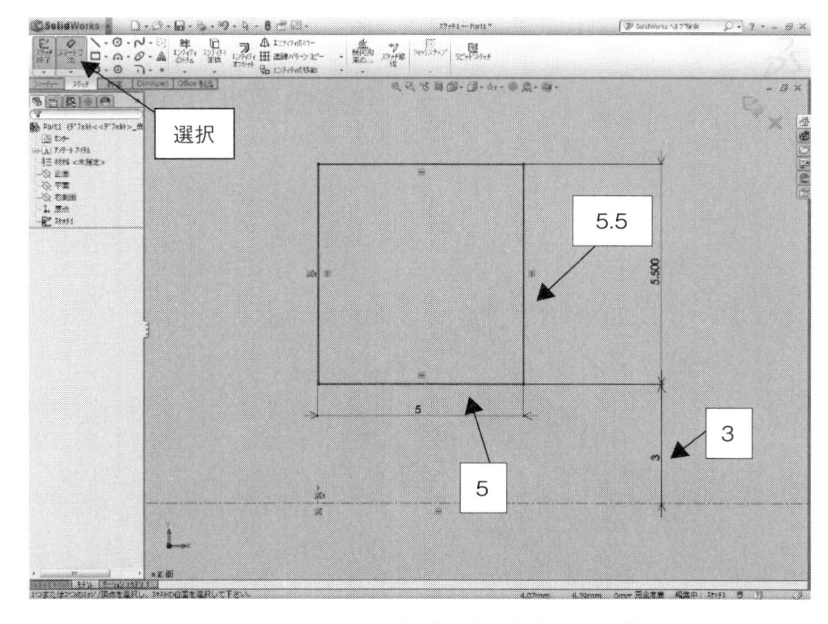

図 2.3.56　四角の寸法修正

5 ［直線］のままで、四角の中に図のように3つの長方形をスケッチする(図2.3.57)。

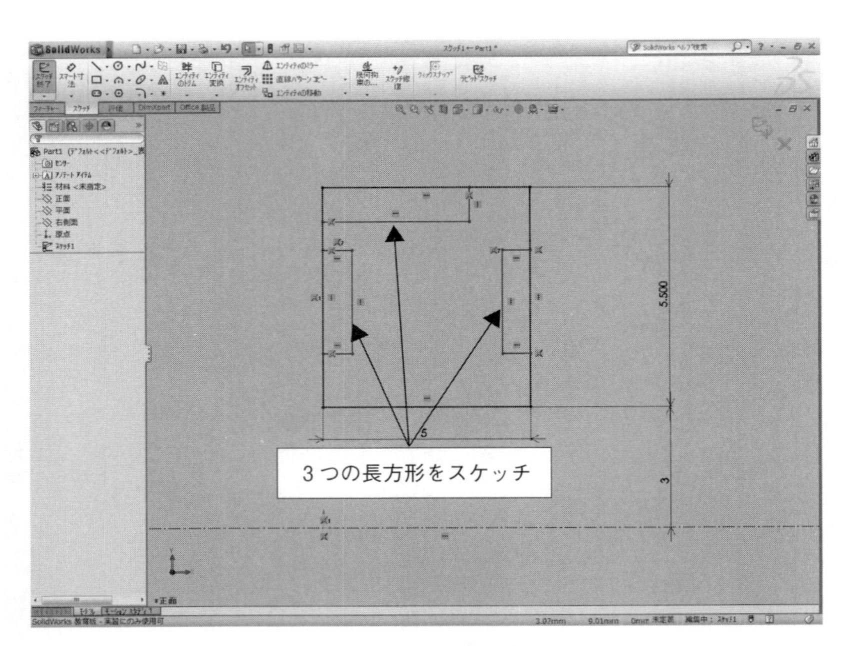

図2.3.57　長方形の四角スケッチ画面

6 ［スケッチコマンド］内の［エンティティのトリム］→［エンティティのトリム］を選択する。［フィーチャーマネージャー］内の［トリム］→［一番近い交点までトリム］を選択する。図 2.3.58 のようにトリムしたい直線を選択する。

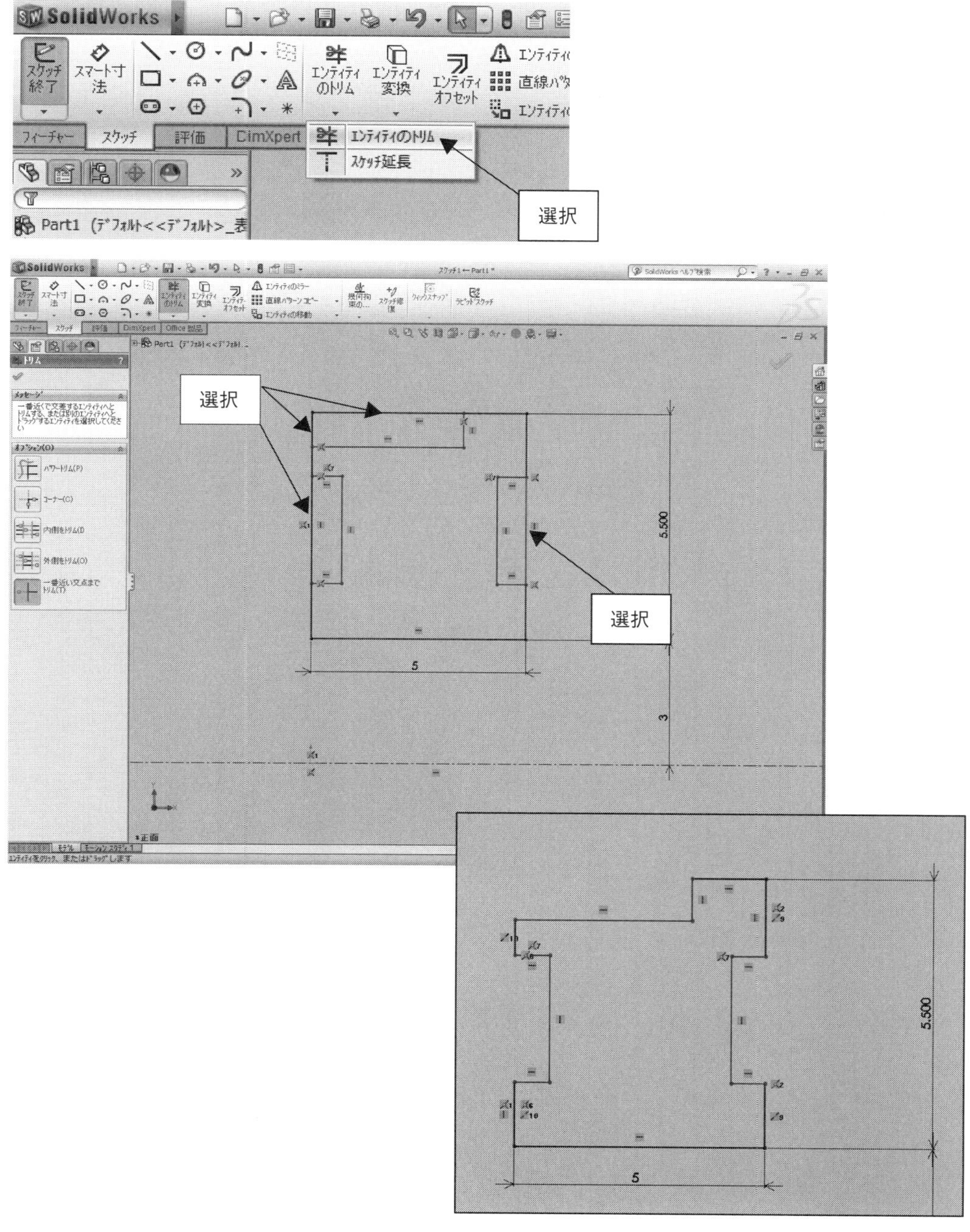

図 2.3.58　直線のトリム

7 ［スケッチフィレット］を選択する。フィーチャーマネージャー内の［スケッチフィレット］→［スケッチフィレットパラメータ］に「0.2」を入力する。まず、輪郭の左上のフィレットしたい2本の直線を選択して確定する。続けて他の2ヶ所をフィレットする。

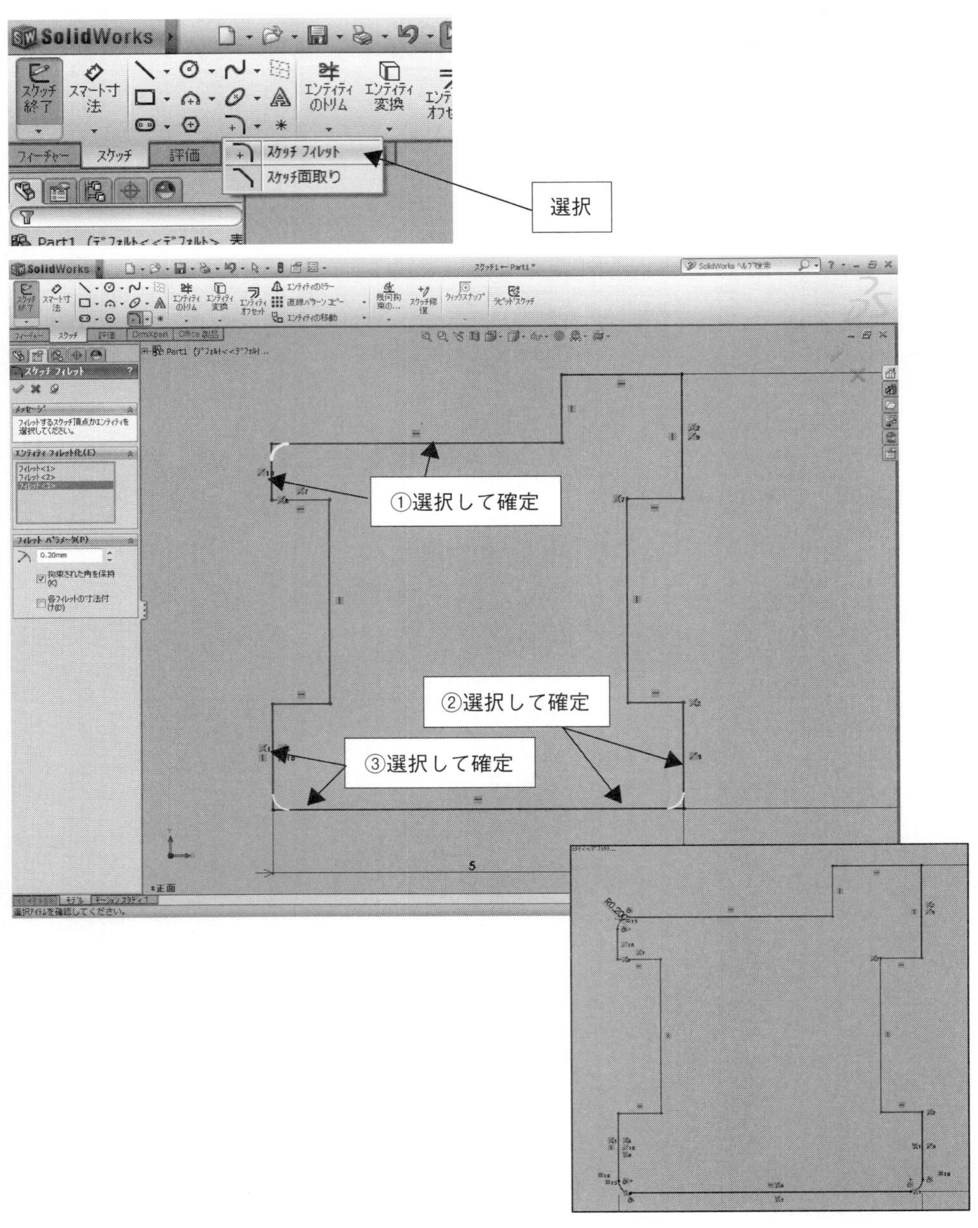

図2.3.59 フィレット画面

⑧［円中心］を選択する。輪郭の上の部分の交点を中心とした円をスケッチする(図2.3.60)。［エンティティのトリム］を選択する。スケッチした円のトリムしたい部分を選択してトリムする(図2.3.61)。

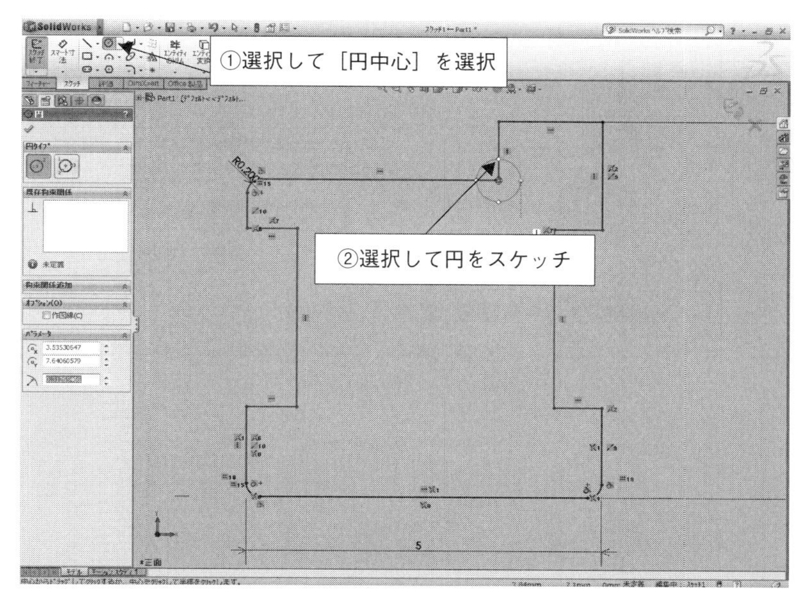

図2.3.60　円スケッチ画面

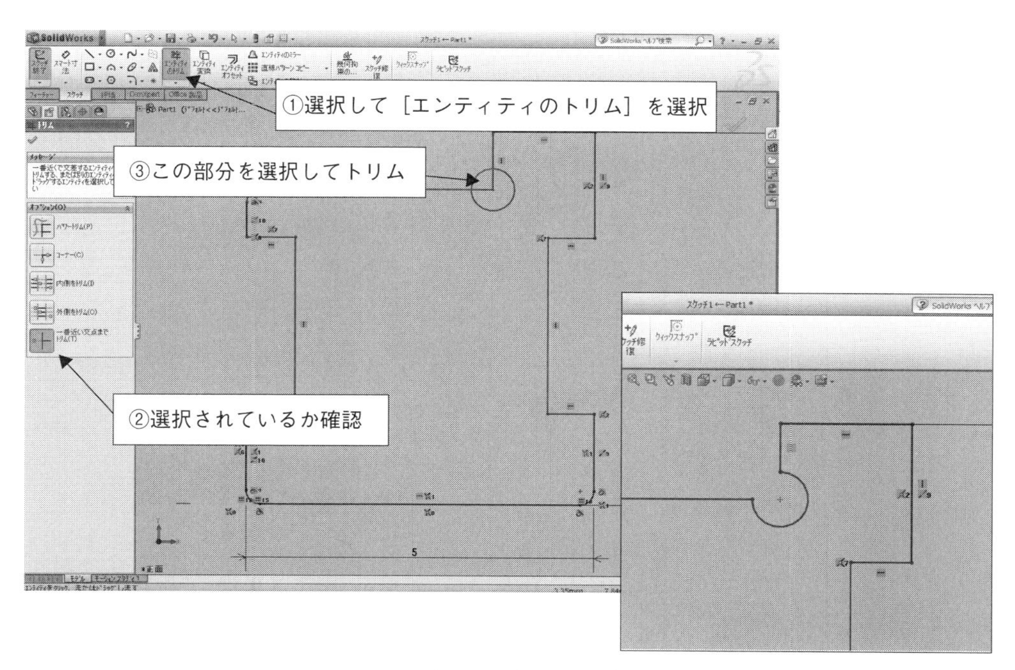

図2.3.61　円トリム画面

9 ［スケッチコマンド］内の［幾何拘束の表示］→［幾何拘束の追加］を選択する。最初に、中心線に近い2つの縦線を選択する。［フィーチャーマネージャー］内の［拘束関連追加］→［等しい値］をクリック後確定アイコンで確定する。これで、2つの線は同一の寸法になる(図 2.3.62)。続けて同様の方法で、図 2.3.63 のように、4つの横線を［等しい値］幾何拘束を追加して確定、2つの縦線の［等しい値］幾何拘束を追加して確定する。

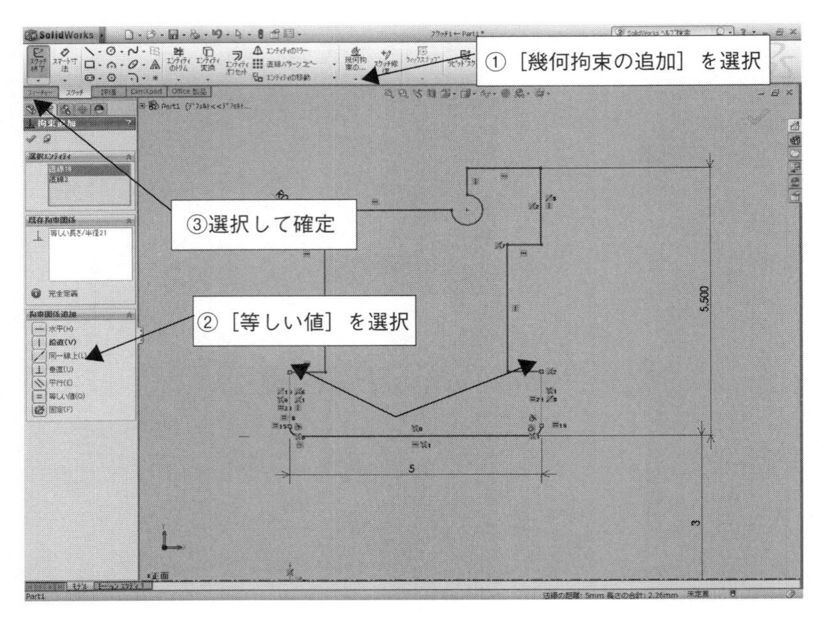

図 2.3.62　幾何拘束画面

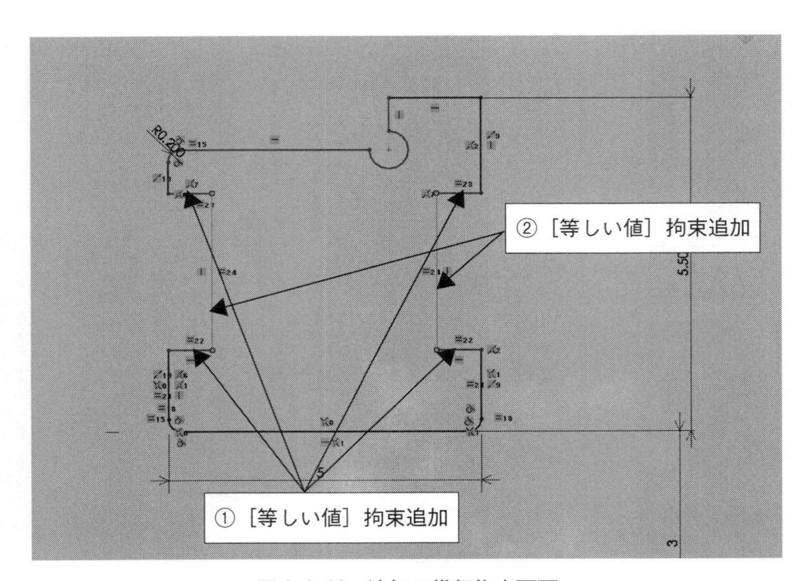

図 2.3.63　追加の幾何拘束画面

⑩［スマート寸法］を選択する。図 2.3.64 のように、輪郭の寸法をすべて修正する。

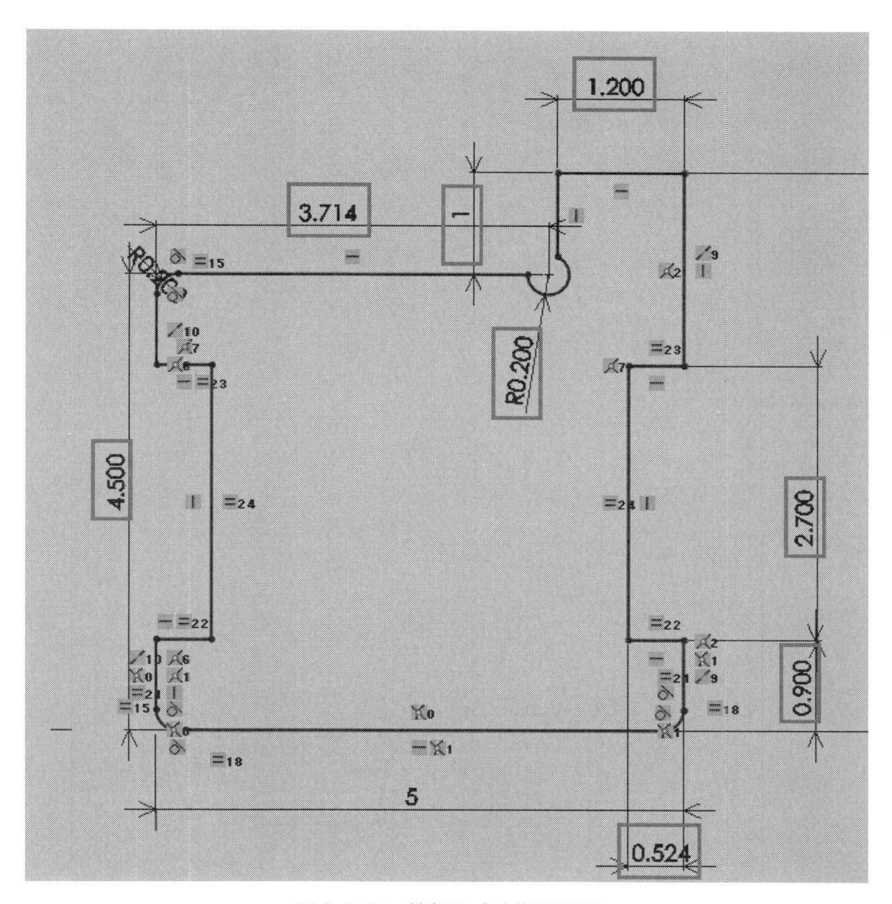

図 2.3.64　輪郭の寸法修正画面

⑪［スケッチ終了］をクリックする。［フィーチャーマネージャー］に回転パラメータが表示される。［回転軸］項目に［直線１］が選択されていることを確認する。［方向１(１)］項目で［ブラインド］を選択、「360deg」を入力して確定アイコンを選択する(図2.3.65)。これで、ベアリングが完成した(図2.3.66)。

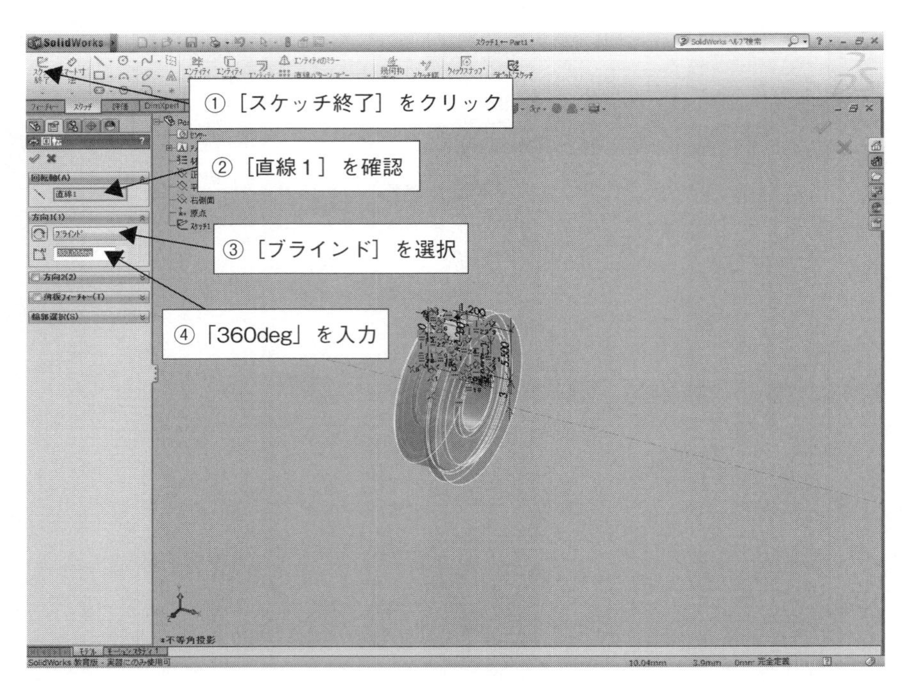

図2.3.65　回転フィーチャー画面

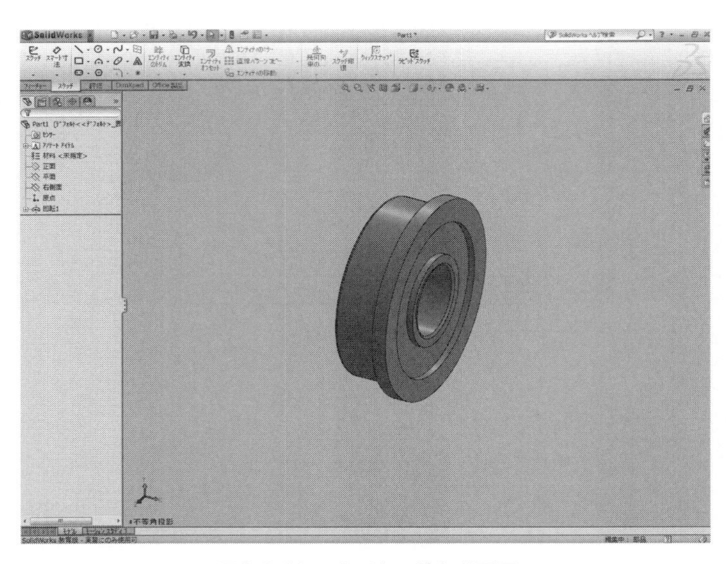

図2.3.66　ベアリング完成画面

⑫［ファイル］→［保存］をクリックする。ファイル名に「02_Bearing_FL696ZZ」を入力して保存する(図 2.3.67)。

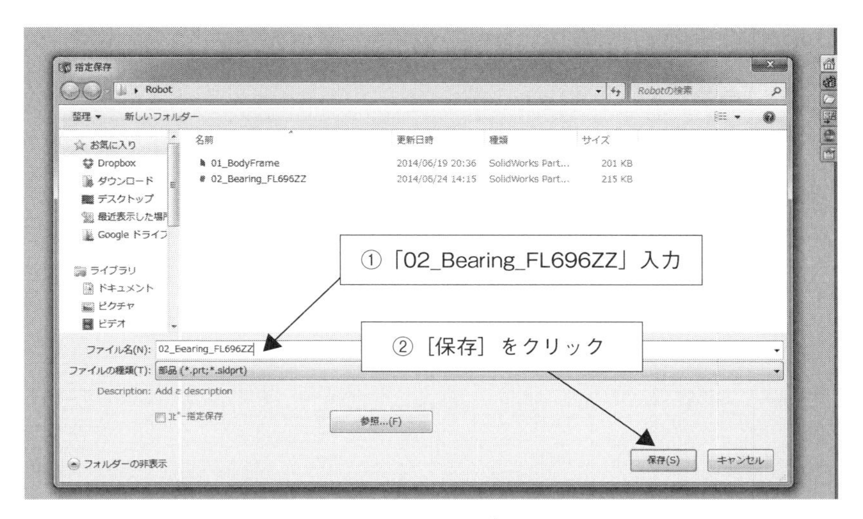

図 2.3.67　ベアリング保存画面

4. 車軸のモデリング

1 ［メニューバーメニュー］→［ファイル］→［新規］を選択する。［ポップアップメニュー］で［部品］を選択する（図2.3.2を参照）。

2 ［フィーチャーコマンド］内で［回転ボス/ベース］を選択後、三面中［正面］を選択する（図2.3.54を参照）。

3 ［直線］→［中心線］を選択する。原点左側の水平な位置にマウスのカーソルを移動し、水平補助線が現れたら左クリックする。そのまま原点を通して、原点右側の水平位置で再度左クリックする。最後に［Esc］キーを押し、スケッチを確定する。

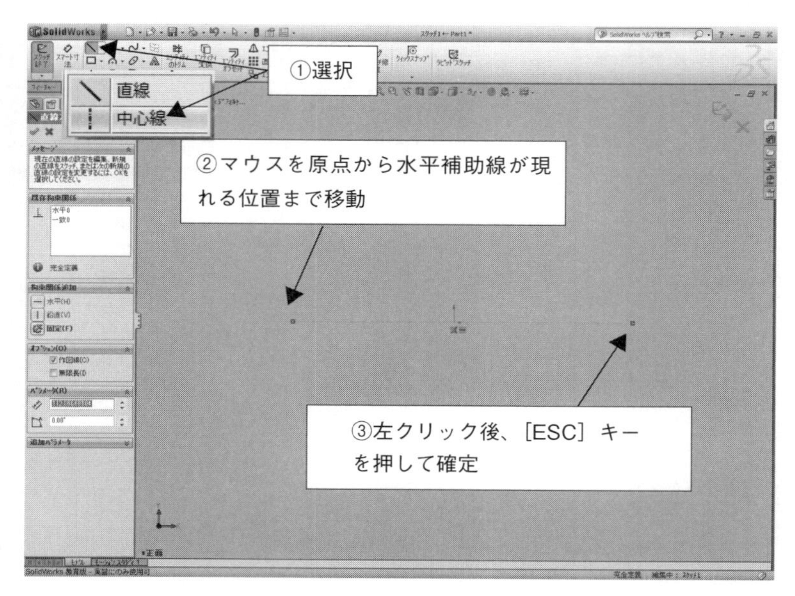

図2.3.68　原点に水平な直線の作成

④［スケッチコマンド］内の［矩形コーナー］を選択し、原点を選択する。マウスを右上方向へ移動して、任意の位置で左クリックをして形状を確定する（図 2.3.69）。［スマート寸法］を選択して寸法を修正する（図 2.3.70）。

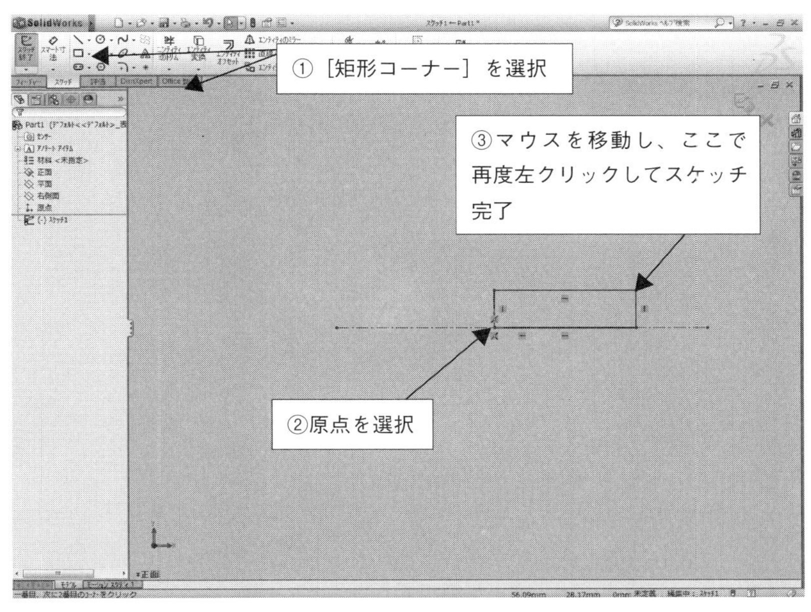

図 2.3.69　矩形四角スケッチ画面

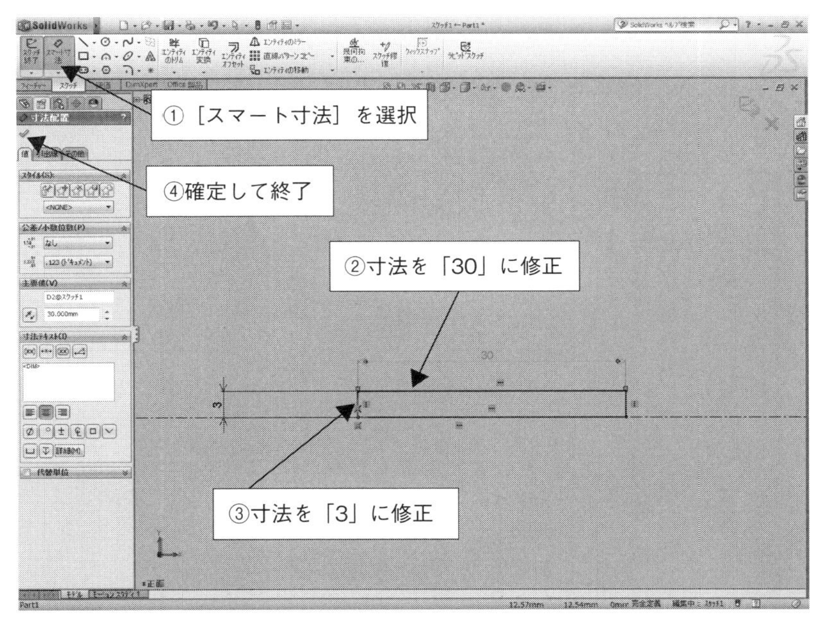

図 2.3.70　寸法修正画面

5スケッチで［直線］を選択する。四角の上部横線上の任意位置を左クリックする。そして、図 2.3.71 のように時計方向へ他 3 点を選択して直線をスケッチする。［スマート寸法］を選択し、スケッチした端の寸法を決定する（図 2.3.72）。

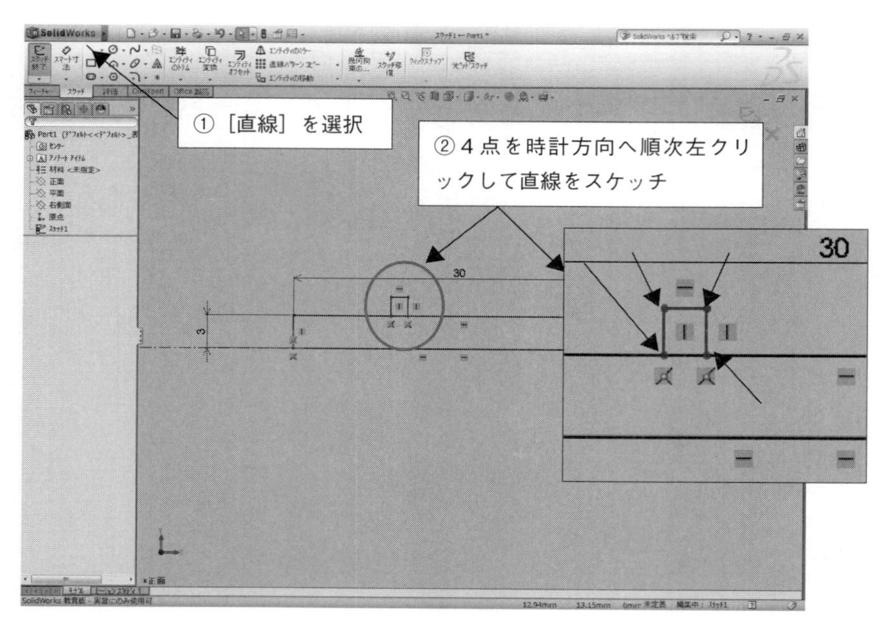

図 2.3.71　端スケッチ画面

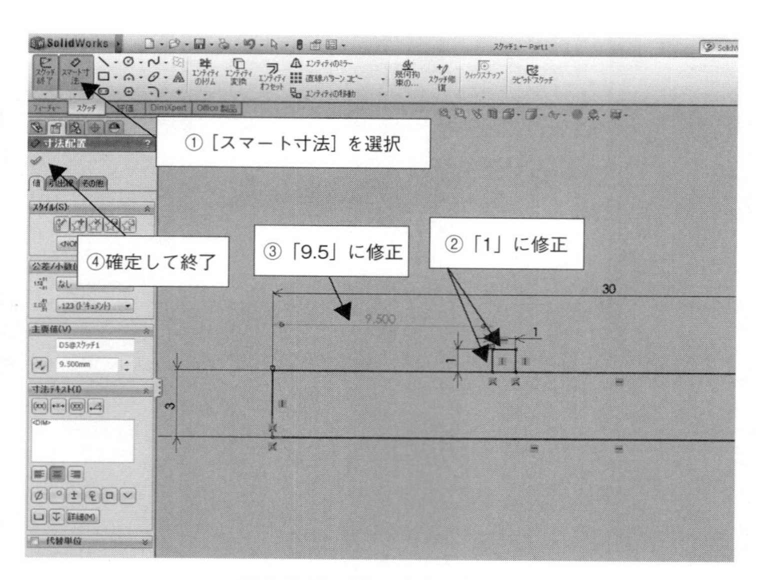

図 2.3.72　端の寸法入力画面

6 ［エンティティのトリム］を選択し、［一番近い交点までトリム］を選択する。端の下の横線を選択してトリムする。これでトリムの終了となる（図 2.3.73）。

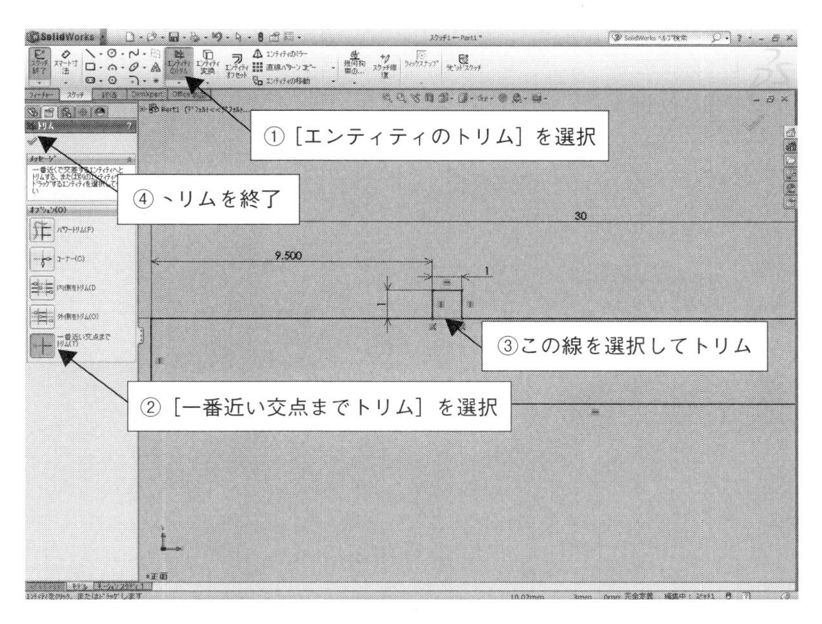

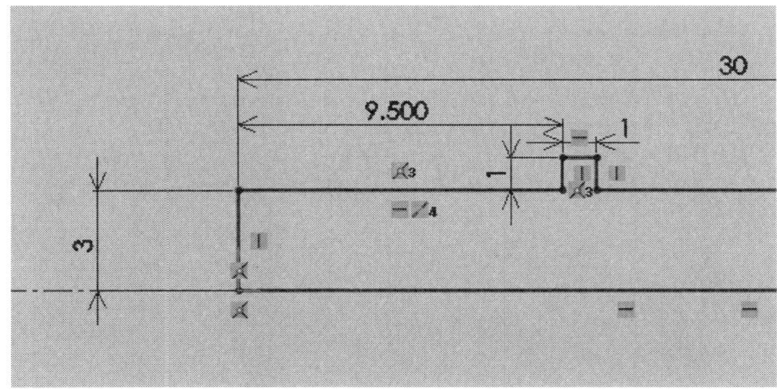

図 2.3.73　トリム画面

⑦［スケッチ終了］を選択し、スケッチを終了する（図 2.3.74）。フィーチャー画面に切り替わる。［フィーチャーマネージャー］領域で、［回転軸］に［直線 1］、［方向 1］に［ブラインド］に変更し、「360deg」を入力する。［✔］でフィーチャーを終了する（図 2.3.75）。

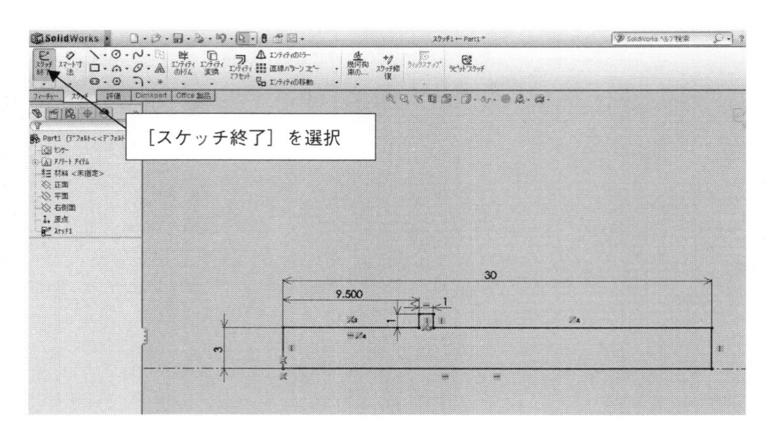

図 2.3.74　スケッチ終了画面

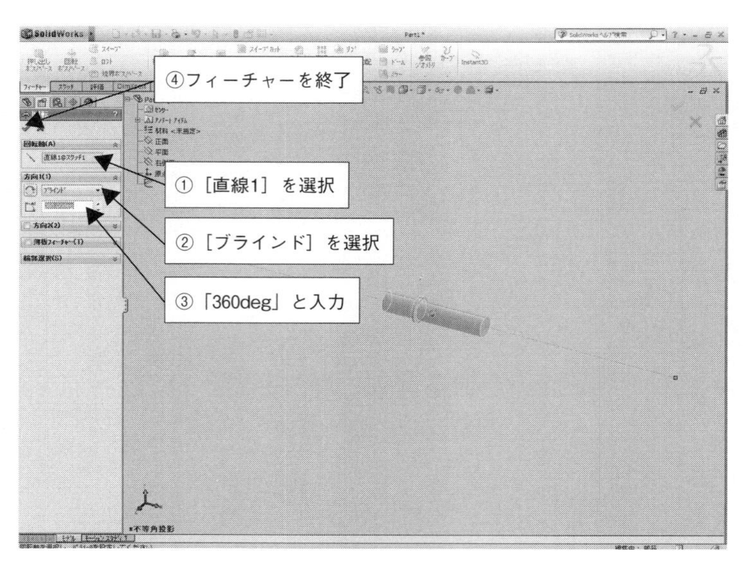

図 2.3.75　回転フィーチャー画面

8車軸が完成となる（図 2.3.76）。完成した部品を［メニューバーツール］内の［保存］アイコンを選択して「03_Shaft_0630」のファイル名で保存する（図 2.3.77）。

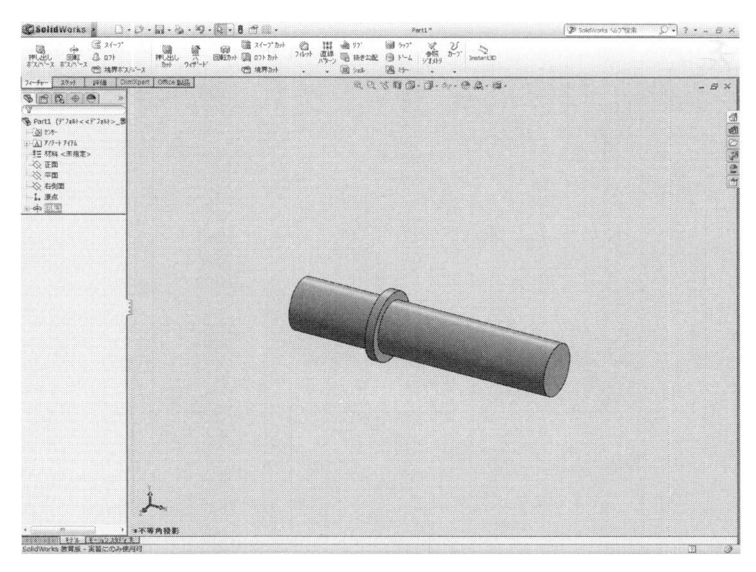

図 2.3.76　車軸完成画面

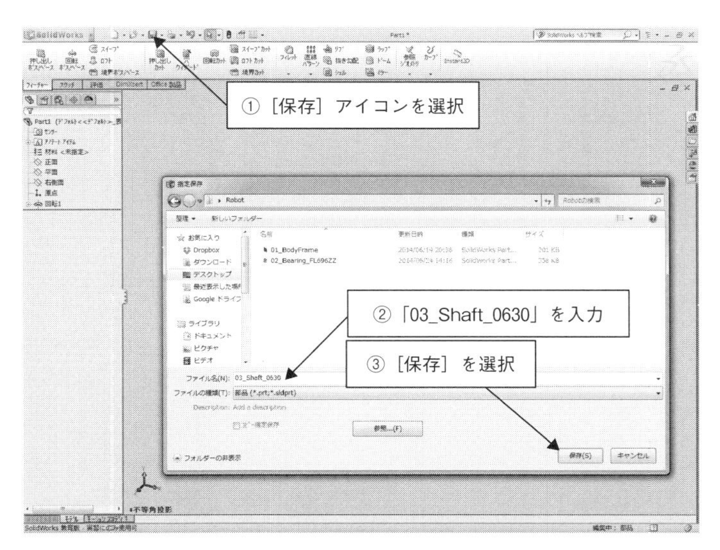

図 2.3.77　保存画面

5. 歯車のモデリング

1 ［メニューバーメニュー］→［ファイル］→［新規］を選択する。［ポップアップメニュー］で［部品］を選択する（図 2.3.2 を参照）。［フィーチャーコマンド］→［押し出し］を選択後、グラフィックス領域で［正面］を選択する（図 2.3.53 参照）。
2 ［円スケッチ］を選択する。原点を選択して円をスケッチする。終了アイコンをクリックして円スケッチを終了する。［スマート寸法］を選択する。スケッチした円を選択して寸法を「50.5」に修正する（図 2.3.78）。スケッチ終了する。［押し出し］画面に切り替わるので、［フィーチャーマネージャー］で 3 mm に修正する（図 2.3.79）。

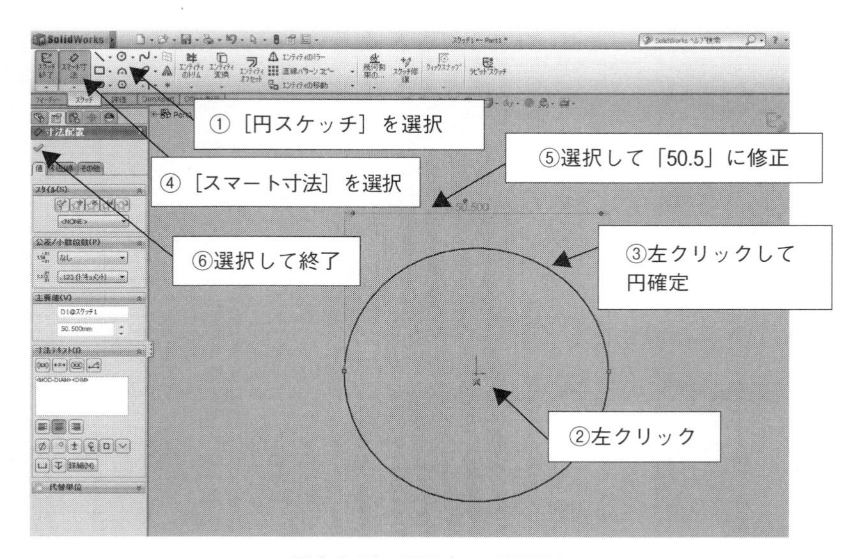

図 2.3.78 円スケッチ画面 1

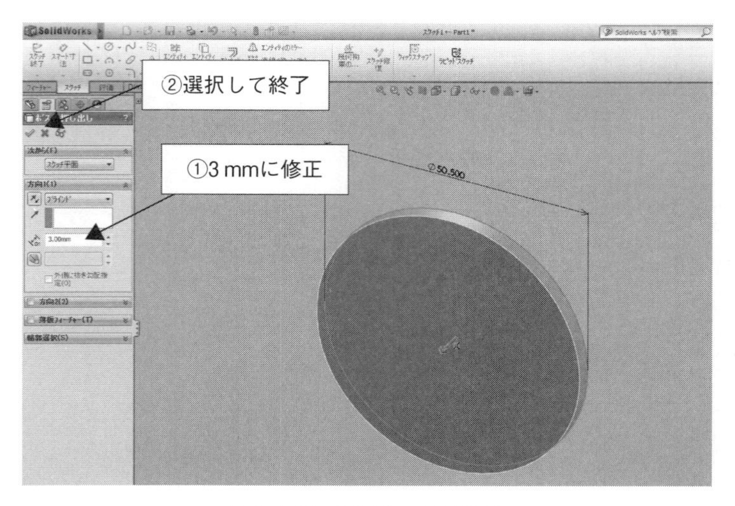

図 2.3.79 円スケッチ画面 2

③［フィーチャーコマンド］→［押し出し］を選択する。円の表面を選択してスケッチ状態にする（図 2.3.80）。

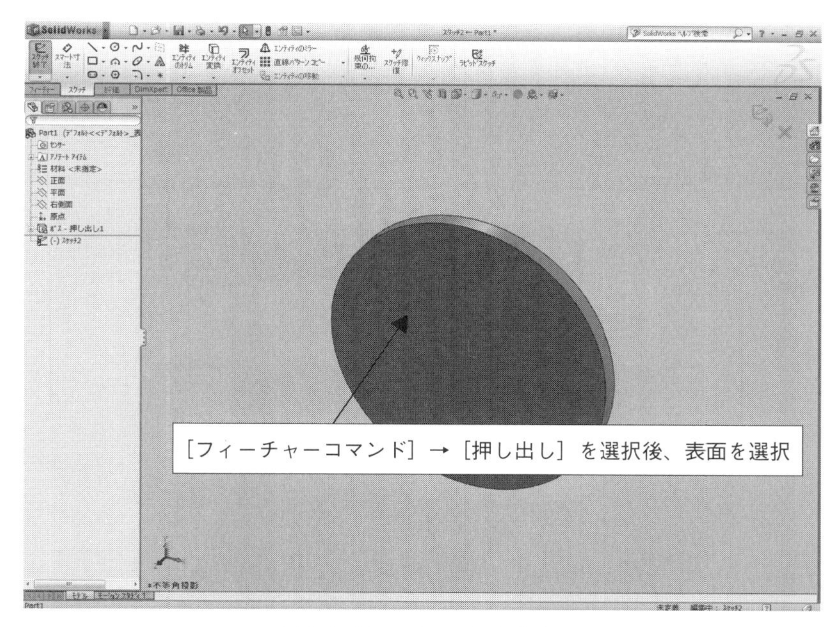

図 2.3.80　スケッチ平面選択

4表示方向を正面にする。円のエッジを選択して［エンティティ変換］を選択する。［✔］を選択して終了する（図 2.3.81）。変換された円を選択して作図線として変更する。［✔］を選択して終了する（図 2.3.82）。

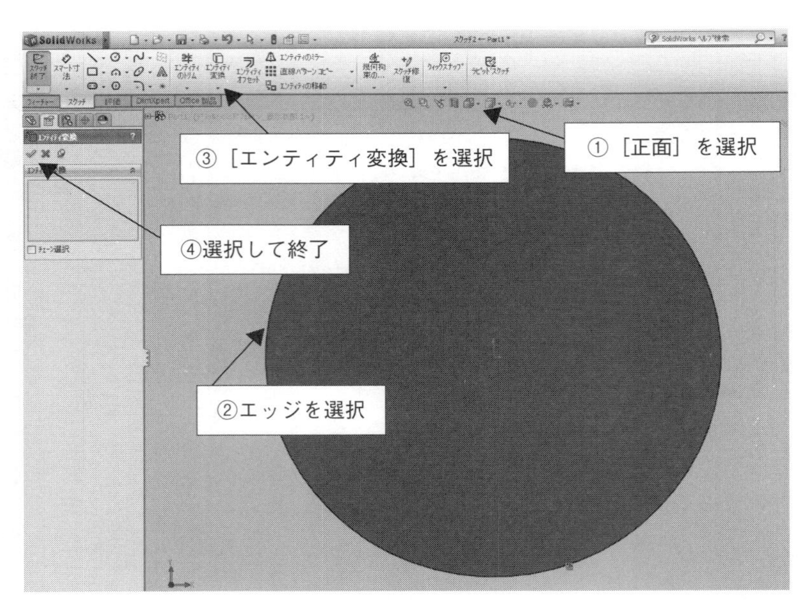

図 2.3.81　エンティティ変換画面

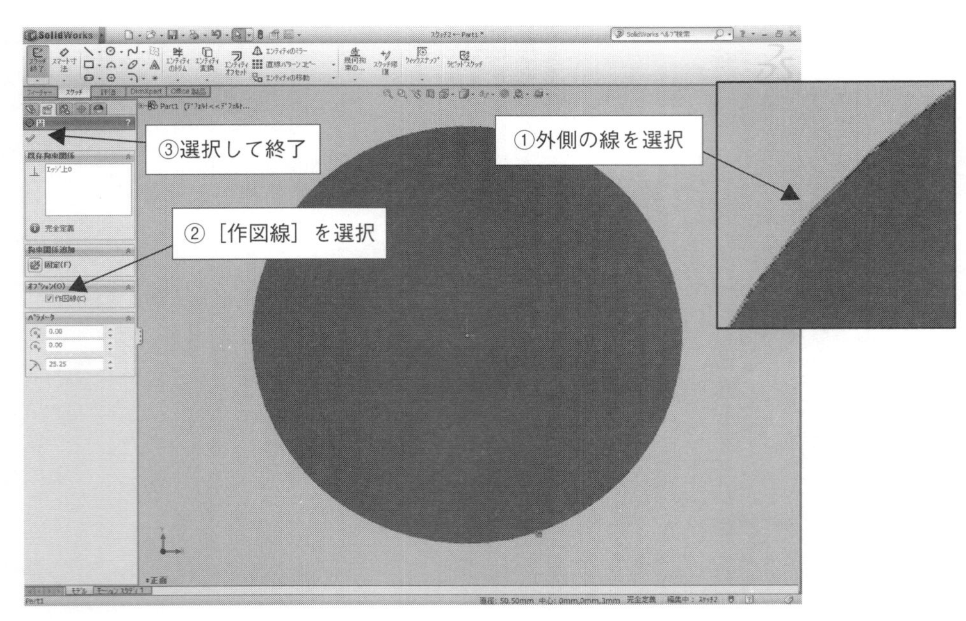

図 2.3.82　作図線への変更画面

5 ［円スケッチ］を選択する。原点を選択して円をスケッチする。［フィーチャーマネージャー］内で［作図線］を選択する。［✔］を選択する（図 2.3.83）。［スマート寸法］を選択する。作成した作図線を選択して「54」に修正する。［✔］を選択して終了する（図 2.3.84）。

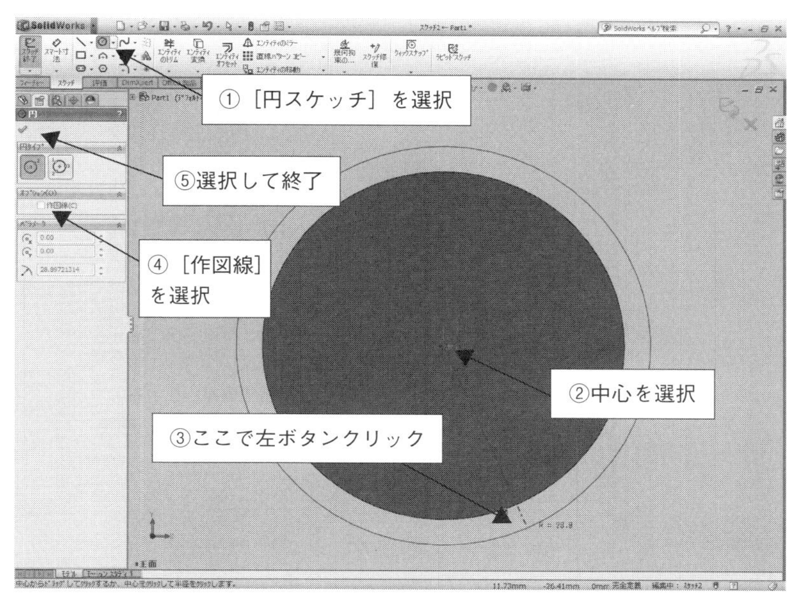

図 2.3.83　円作図線作成画面

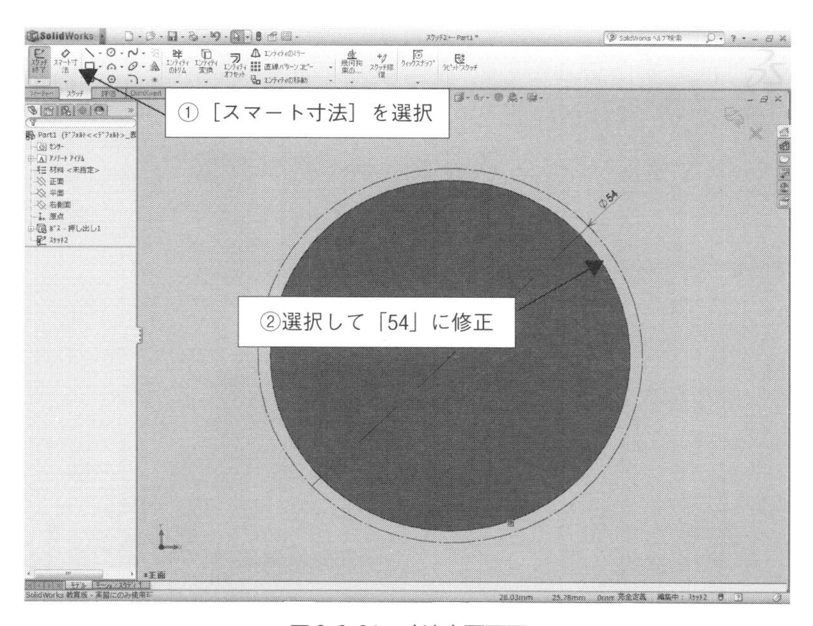

図 2.3.84　寸法変更画面

6 ［直線］→［中心線］を選択する。原点を選択する。鉛直方向へマウスを移動して再度左クリックして直線を作成する（図 2.3.85）。

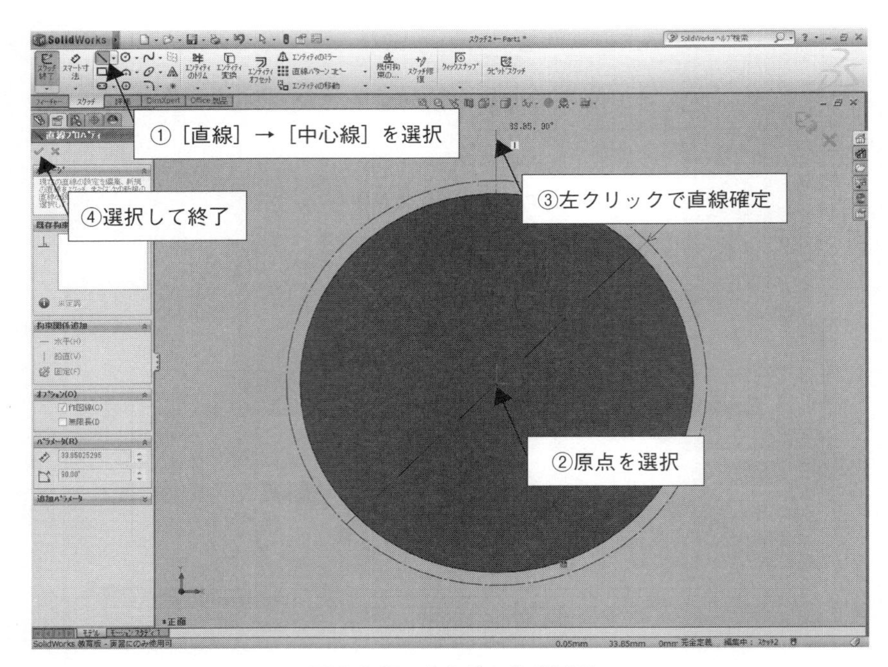

図 2.3.85　中心線の作成画面

7 ［直線］を選択する。円の上の部分で、中心線の左側を選択する。続けてマウスを水平に移動し、中心線の右側を選択して直線をスケッチする。［スマート寸法］で寸法を修正する（図 2.3.86）。

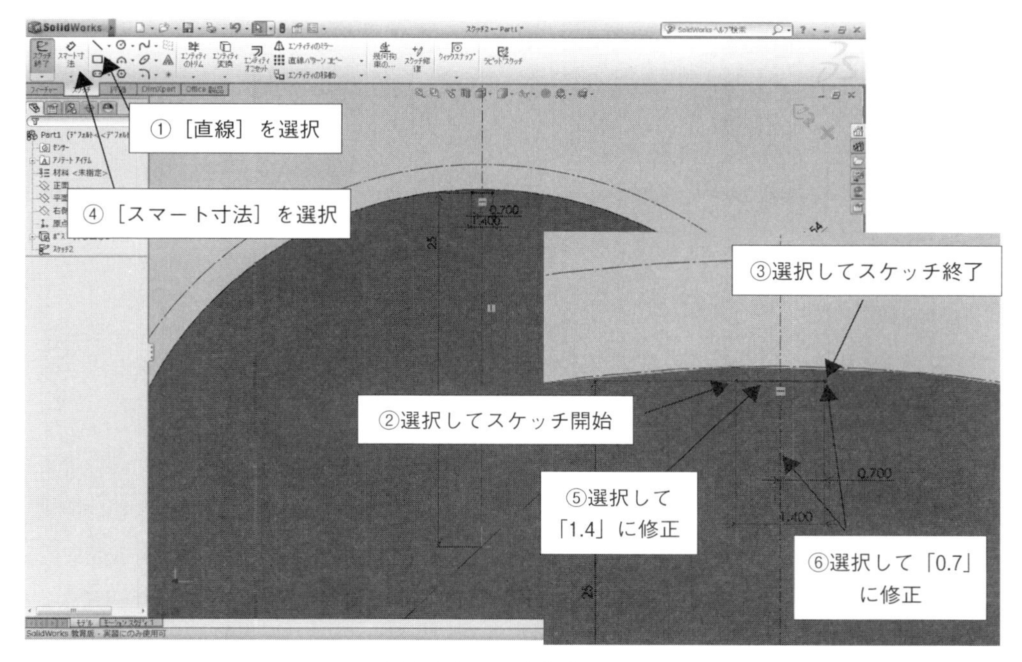

図 2.3.86　直線作成画面 1

8 ［直線］を選択する。スケッチした直線の左端をクリックする。マウスを移動して、54 mm の参照円をクリックして直線をスケッチする（図 2.3.87）。

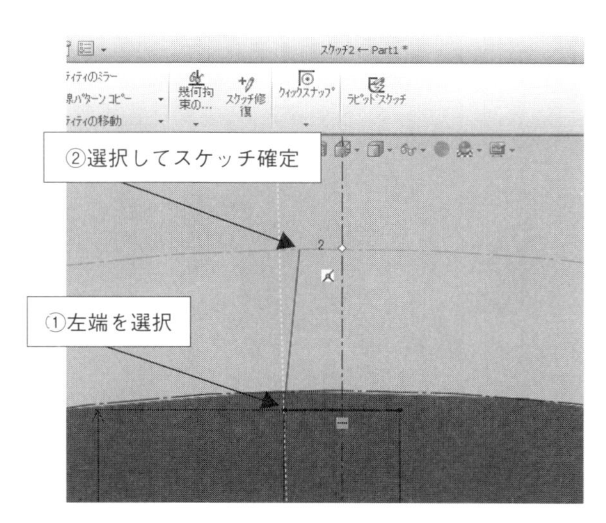

図 2.3.87　直線作成画面 2

9続けて、水平にマウスを移動して54 mm参照円上を選択して直線をスケッチする(図2.3.88)。最後に、最初にスケッチした直線の右端をクリックして歯形のスケッチを完成する（図2.3.89)。[スマート寸法]を選択して、寸法を修正する（図2.3.90)。

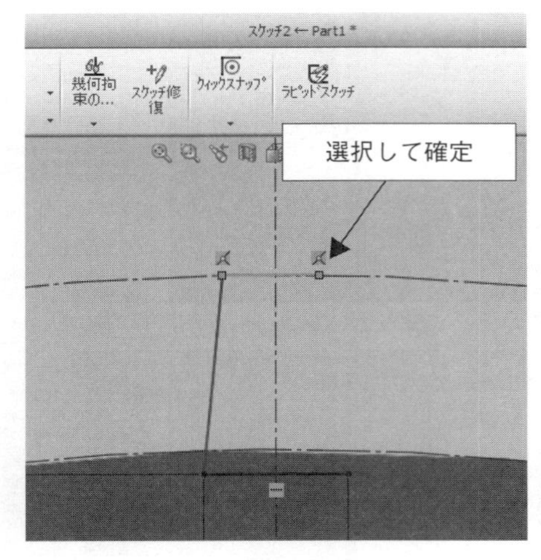

図2.3.88 直線作成画面1

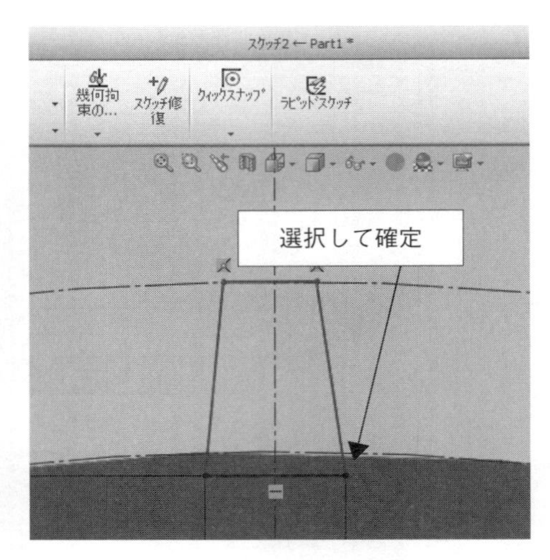

図2.3.89 直線作成画面2

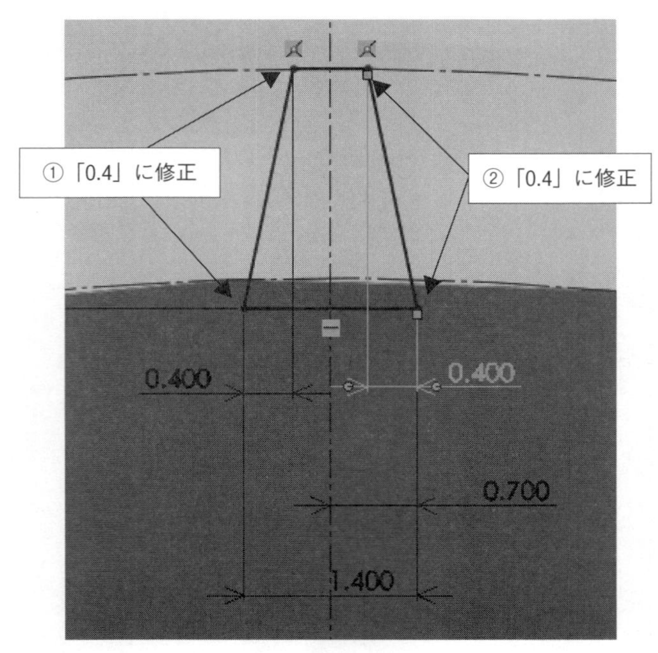

図2.3.90 歯形スケッチ作成画面

⑩［スケッチ終了］を選択する（図 2.3.91）。部品が立体に見えるように回転する。［フィーチャーマネージャー］内［方向 1（1）］第一項目で、［ブラインド］を選択、その前の矢印を左クリックして押し出し方向を［反対方向］にする。また、押し出し長さを 3 mm にする（図 2.3.92）。

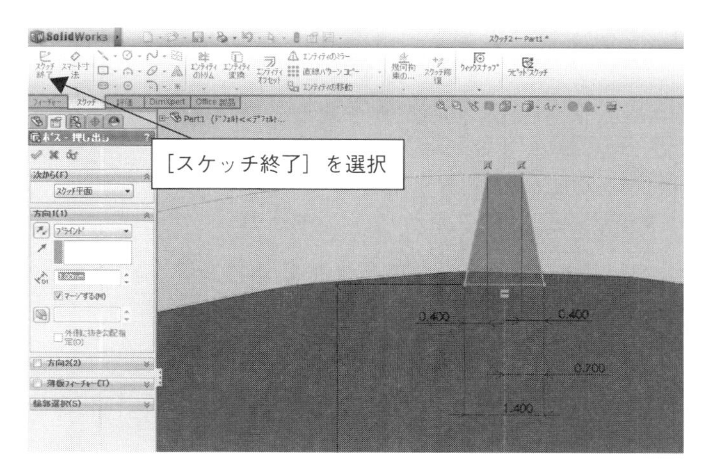

図 2.3.91　押し出し画面

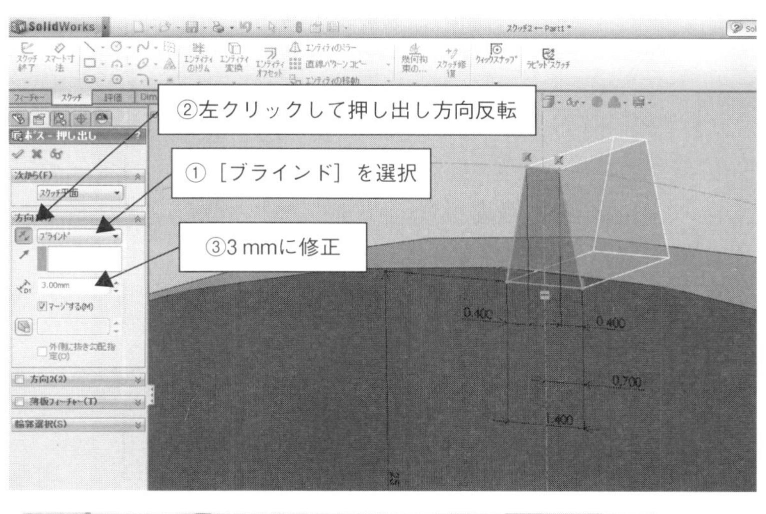

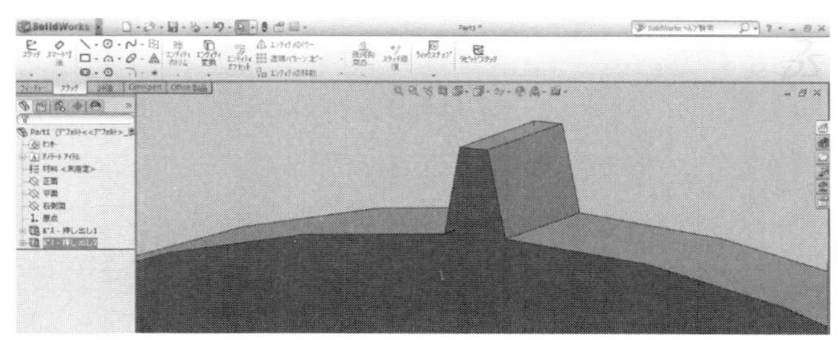

図 2.3.92　押し出し設定画面

⑪ヘッズアップ表示方向で表示方向を［正面］にする。［フィーチャーコマンド］→［円形パターン］を選択する（図 2.3.93）。［フィーチャーマネージャー］内の［パターン化するフィーチャー］に［ボス-押し出し 2］が選択されていることを確認する。選択されていなければ、グラフィックス領域でデザインツリーを展開して［ボス-押し出し 2］を選択する。［パラメータ］で一番上の箱が選択されていることを確認する。マウスで円のエッジを選択する。［パラメータ］で角度を 360 度とし、［等間隔］にチェックを入れる。［✔］を選択して終了する（図 2.3.94）。

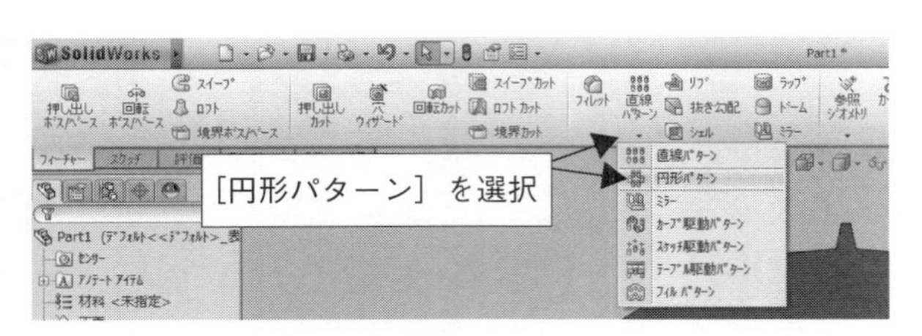

図 2.3.93　円形パターン選択画面

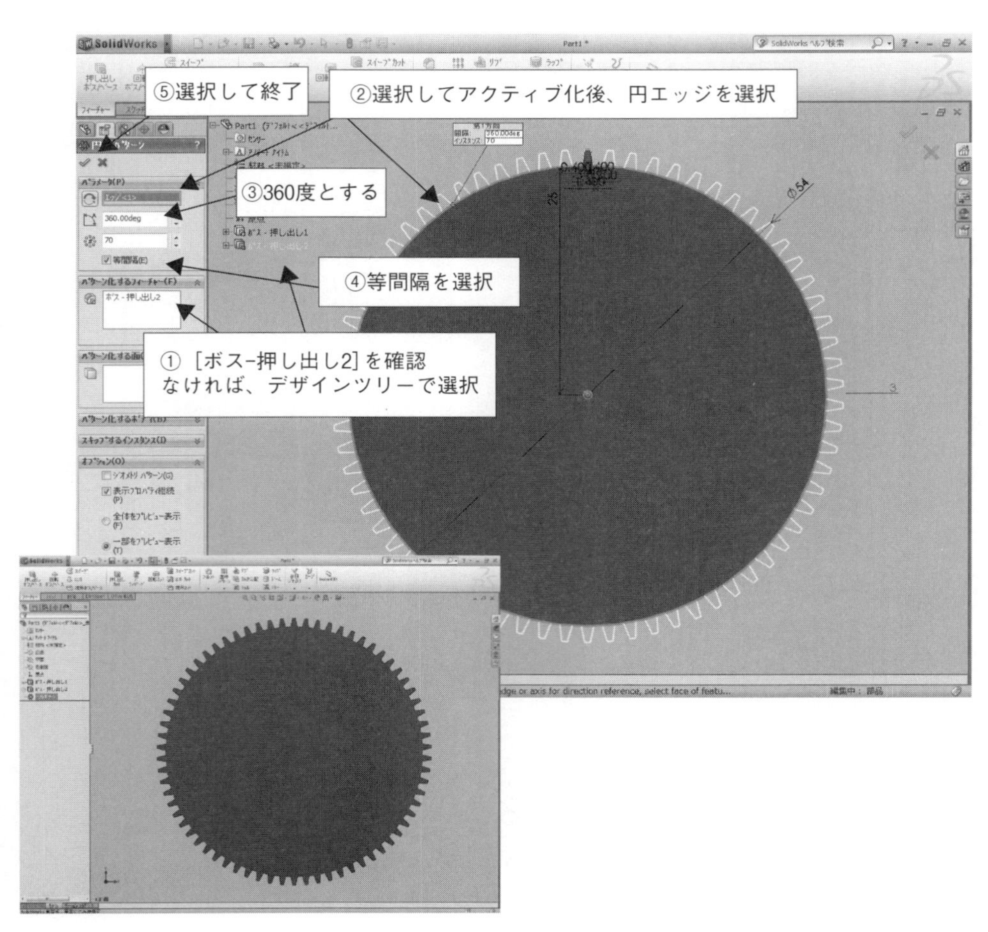

図 2.3.94　歯形の円形パターン作成画面

⑫［フィーチャーコマンド］→［押し出し］を選択する。円の正面を選択する（図2.3.95）。［円スケッチ］を選択する。原点を選択して円をスケッチする。左クリックでスケッチを確定する。［フィーチャーマネージャー］内の［パラメータ］の半径入力項目に「10」を入力する。確定後［スケッチ終了］を選択する（図2.3.96）。

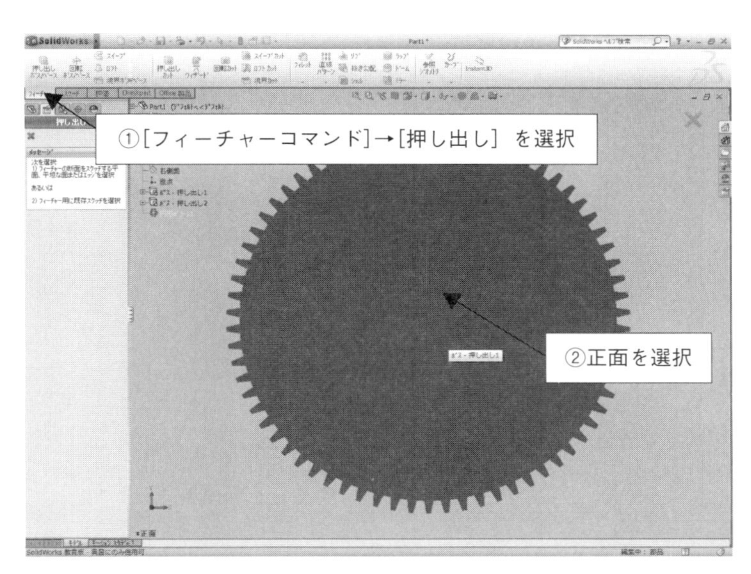

図2.3.95　押し出し選択画面

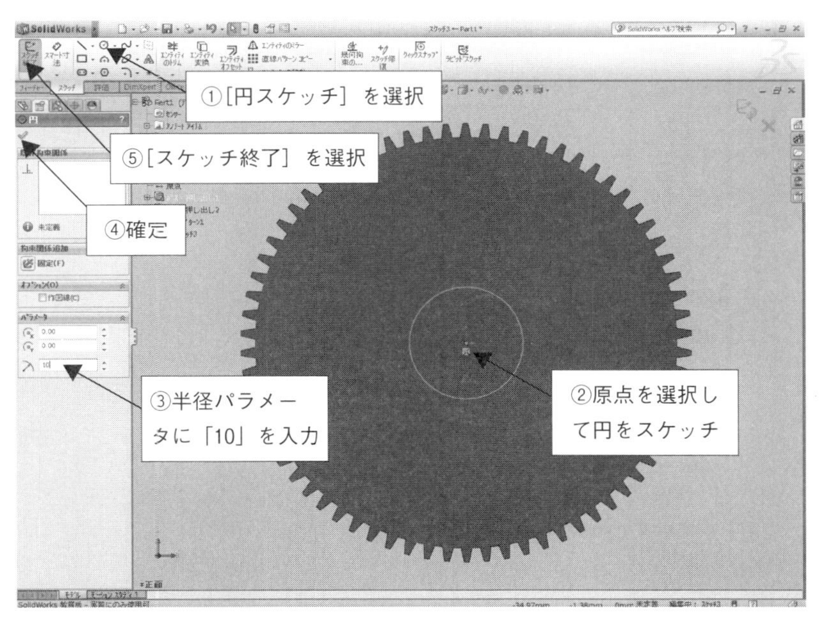

図2.3.96　円スケッチ画面

⑬グラフィカル領域内でマウスのホイルをクリックしながら移動して、部品を立体に見えるようにする。［フィーチャーマネージャー］内の［方向1（1）］で押し出し距離を「7」に修正する（図2.3.97)。［✔］をクリックしてボス-押し出しを終了する。

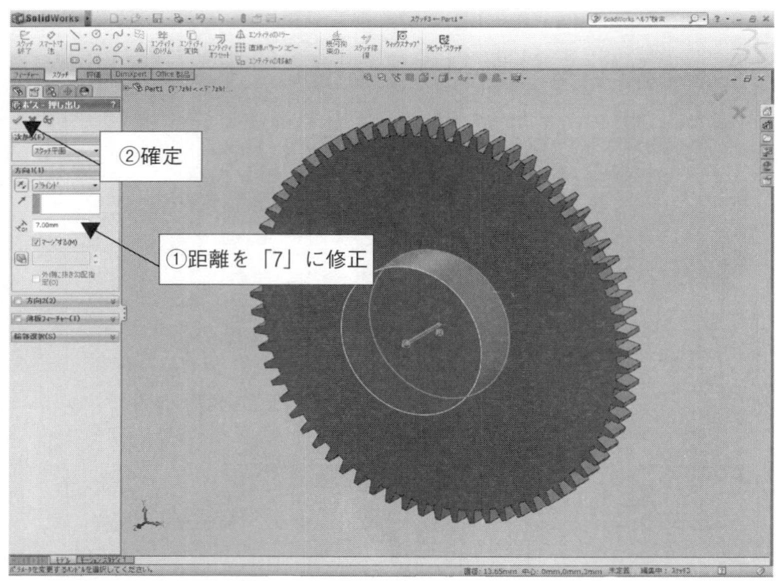

図2.3.97　ボス-押し出し画面

⑭［フィーチャーコマンド］→［押し出し］を選択する。ヘッズアップ表示方向で、［背面］を選択する（図 2.3.98）。円の表面を選択するとスケッチ状態になる（図 2.3.99）。

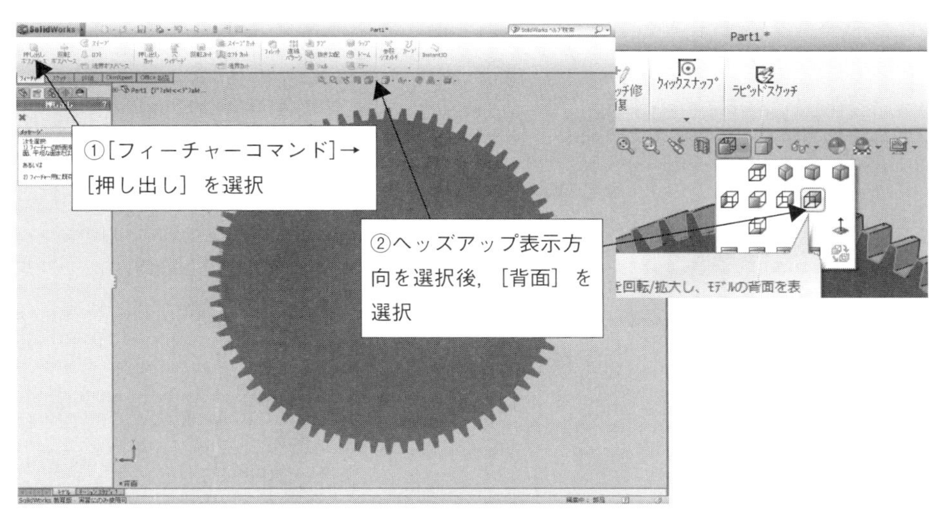

図 2.3.98　押し出し選択画面

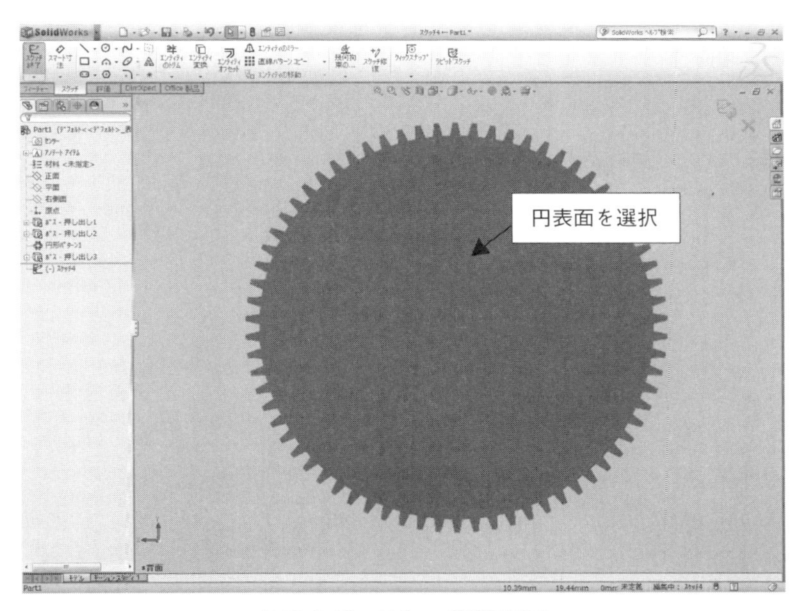

図 2.3.99　スケッチ選択画面

⑮［円スケッチ］を選択する。原点を選択して円をスケッチする。左クリックでスケッチを確定する。［フィーチャーマネージャー］内の［パラメータ］の半径入力項目に「7.5」を入力する。［スケッチ終了］を選択する（図 2.3.100）。［フィーチャーマネージャー］内の［方向1（1）］で押し出し量を「0.5」に修正し、［✔］を選択して確定する（図 2.3.101）。

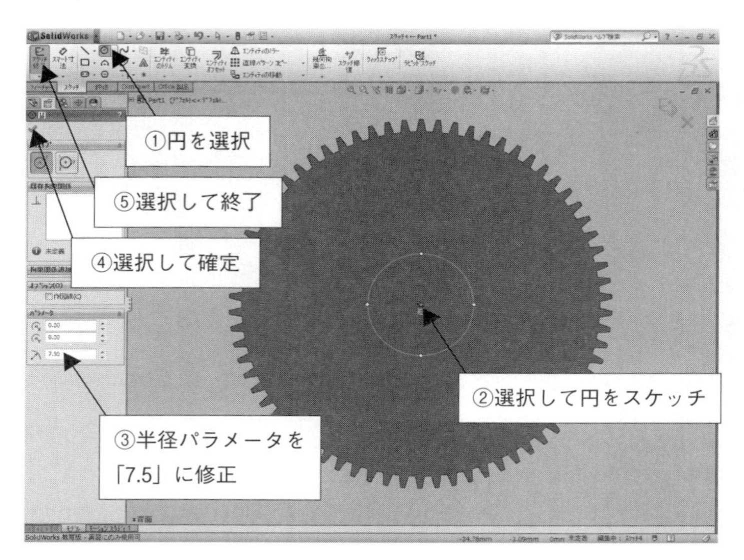

図 2.3.100　円スケッチ画面

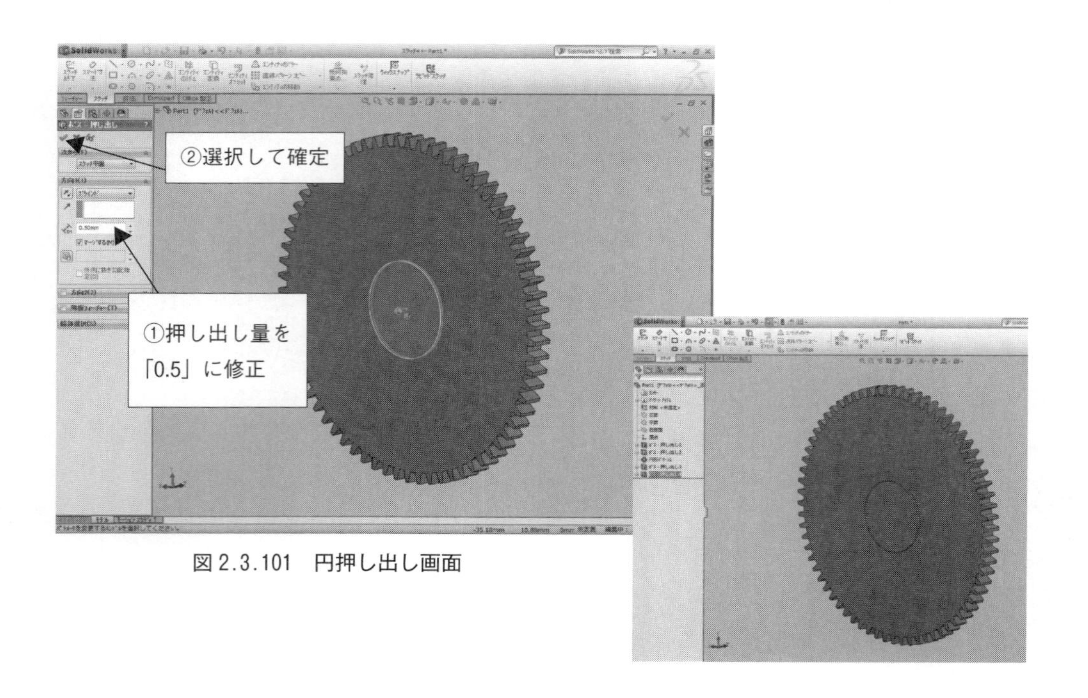

図 2.3.101　円押し出し画面

⑯［フィーチャーコマンド］→［押し出しカット］を選択する。⑮で押し出した円の表面を選択する。ヘッズアップ表示方向で［表示方向へ垂直］を選択する（図2.3.102）。

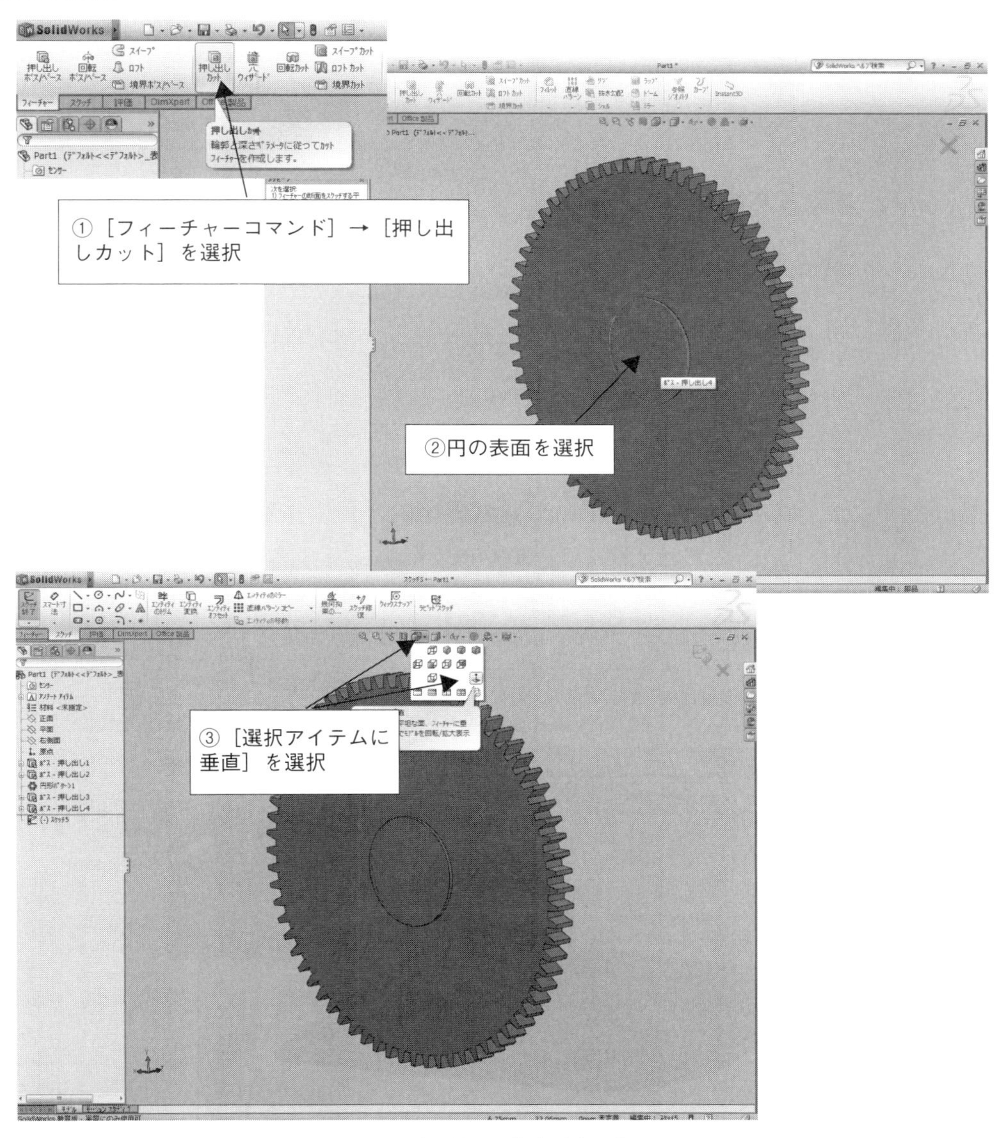

図 2.3.102　円押し出し画面

⑰［円中心］をクリックする。原点を選択して円をスケッチする。［フィーチャーマネージャー］内の［パラメータ］の半径項目を「3」に修正する。［✔］をクリックして終了する。［スケッチ終了］を選択する（図2.3.103）。［フィーチャーマネージャー］内の［カット-押し出し］→［方向1（1）］で方向を［全貫通］にする。部品を回転する。［✔］で終了する（図2.3.104）。

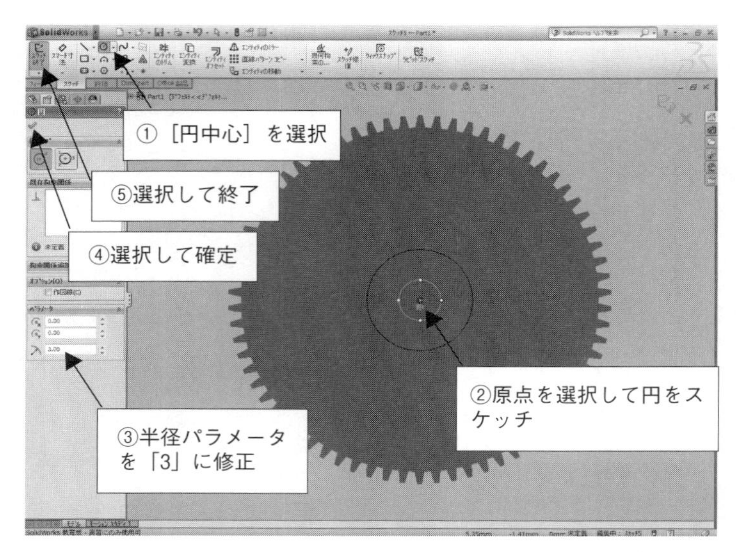

図2.3.103　円スケッチ画面

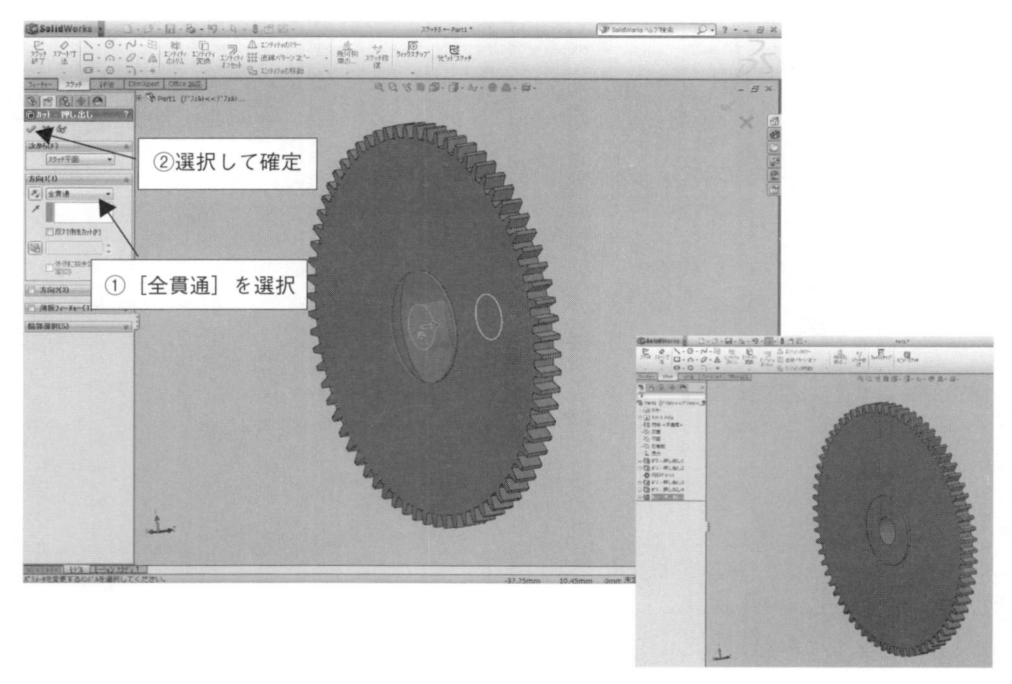

図2.3.104　円押し出しカット画面

⑱［フィーチャーコマンド］→［押し出しカット］を選択する。歯車本体表面を選択する。ヘッズアップ表示方向で［選択アイテムに垂直］を選択する（図2.3.105）。［円スケッチ］を選択する。原点を選択して円をスケッチする。［フィーチャーマネージャー］内の［パラメータ］の半径項目を「18」に修正する。［オプション］での作図線にチェックを入れる。［✔］を選択する（図2.3.106）。

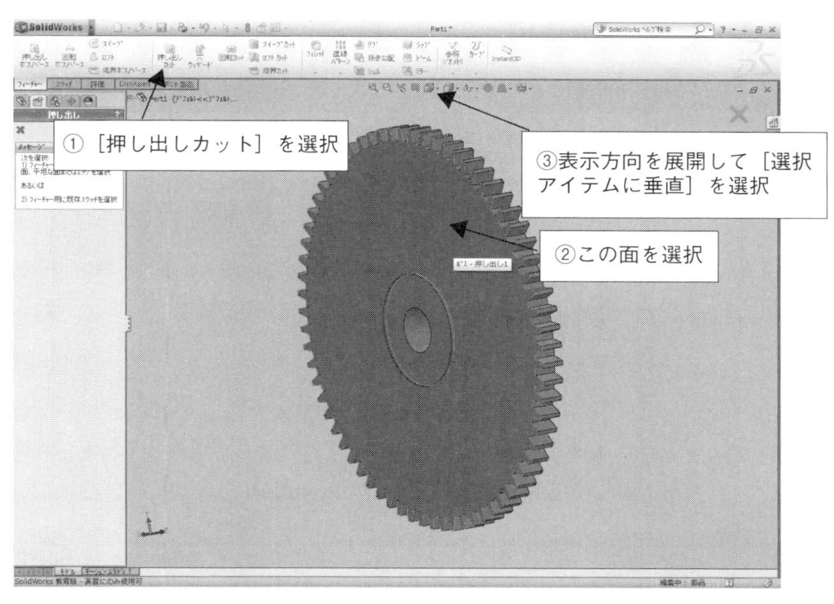

図2.3.105　押し出しカット選択画面

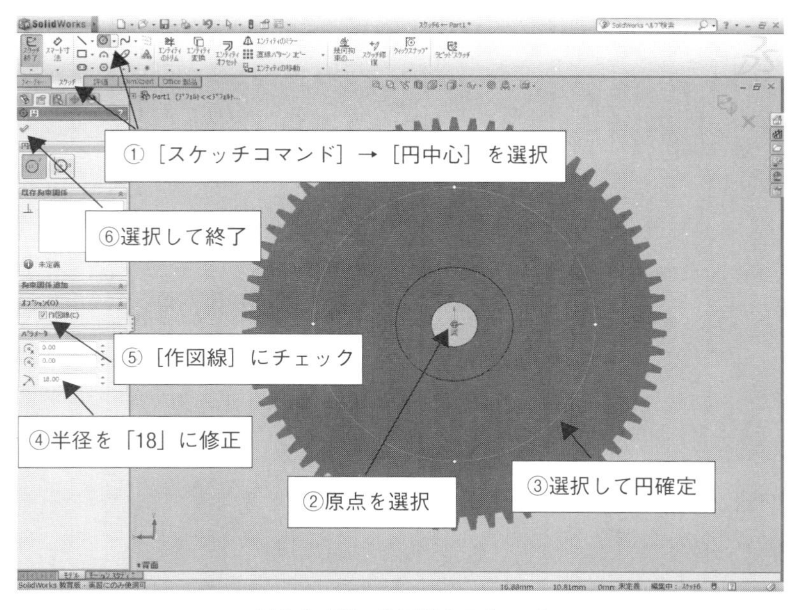

図2.3.106　作図線のスケッチ

⑲［直線］を選択する。⑱で作成した円作図線の下付近に鉛直補助線が現れるまでマウスを移動する。円作図線の少し下部分を選択して直線スケッチを開始する。（図2.3.107）。円中心を通って円作図線の上までマウスを移動してクリックする（図2.3.108）。［フィーチャーマネージャー］のオプションで［作図線］にチェックを入れて［✔］を選択する。

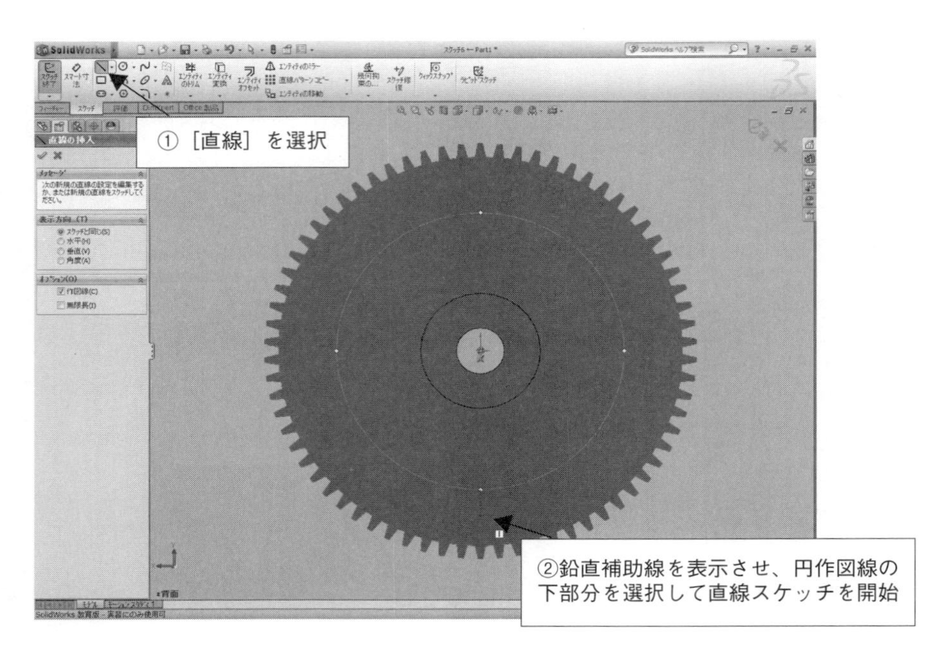

図 2.3.107　直線スケッチ開始画面

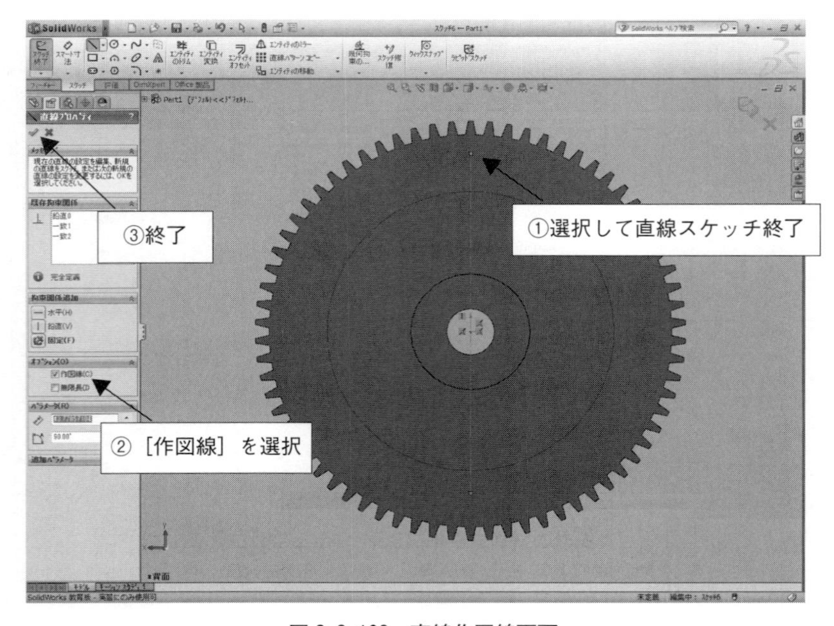

図 2.3.108　直線作図線画面

⑳［円スケッチ］→［円中心］を選択する。作図直線と作図円が交差する1点を選択して円をスケッチする。もう1個の点を選択して円をスケッチする（図2.3.109）。［スマート寸法］を選択する。1つの円を選択して「3.1」に修正する。もう1個の円の寸法も修正する（図2.3.110）。［✔］を選択する。

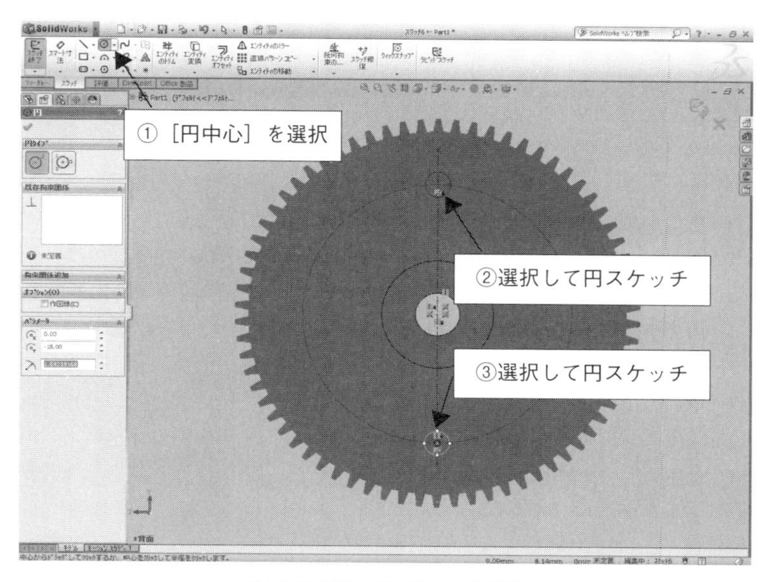

図2.3.109　円スケッチ画面

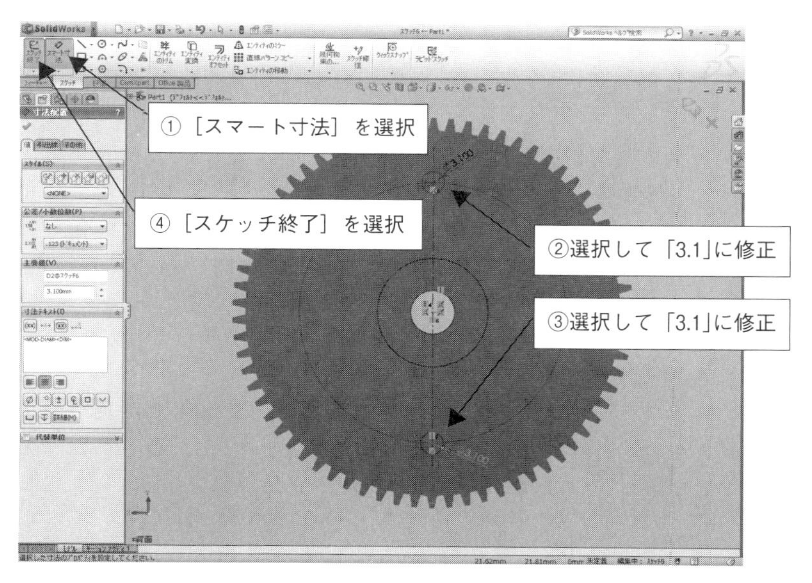

図2.3.110　円スケッチ終了

㉑部品を立体に見えるようにする。［フィーチャーマネージャー］内の［方向1（1）］で［全貫通］を選択する。［カット-押し出し］→［✔］を選択する（図2.3.111）。

図2.3.111　穴作成画面

㉒歯車が完成する。[メニューバーツール] で [指定保存] 選択する。ファイル名に「04_Gear」を入力して保存する。

図 2.3.112　歯車保存画面

SolidWorksを使った機構のモデリング（アセンブリと図面）

1. 移動ロボットの3Dモデリング（アセンブリ）

1 ［メニューバーメニュー］で［新規］を選択する。新規ポップアップ画面で［アセンブリ］アイコンを選択する。［OK］を選択する（図2.4.1）。

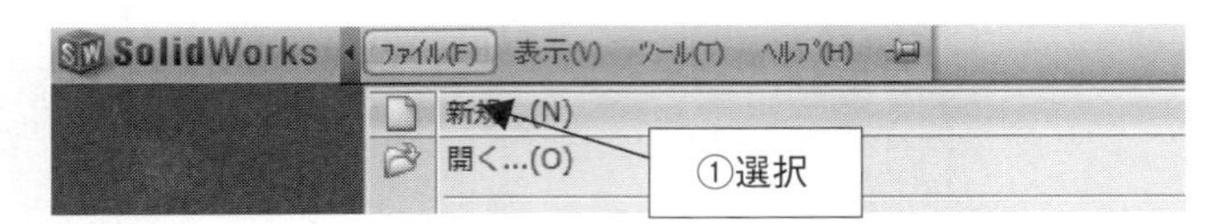

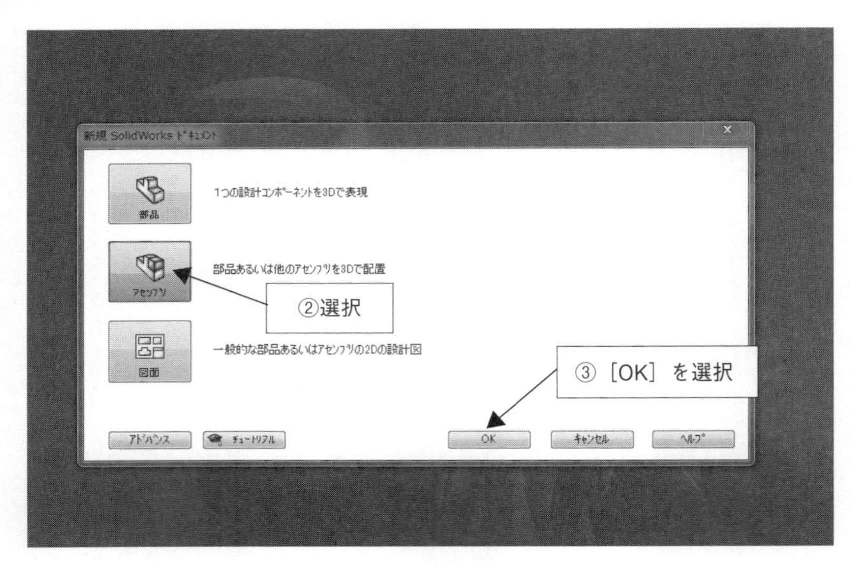

図2.4.1　アセンブリ選択画面

2 ［フィーチャーマネージャー］内の［アセンブリを開始］で［挿入する部品/アセンブリ］の［参照］を選択する。［開く］のポップアップ画面で「01_BodyFrame」を選択して［開く］を押す。グラフィックス領域の適当な場所にマウスを移動し、左クリックでボディを固定する（図 2.4.2）。

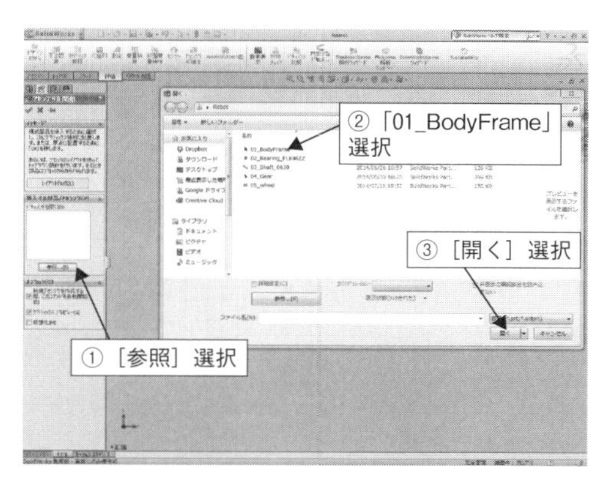

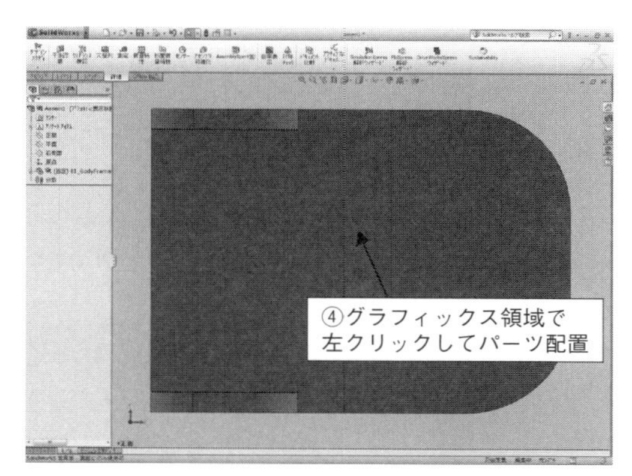

図 2.4.2　ボディの配置画面

3 部品を図のように立体的に見えるようにする（拡大縮小：ホイルを前後回転、回転：ホイルを押した状態で移動）。［既存の部品］を選択する。［参照］を選択してポップアップ画面で「02_Bearing_FL696ZZ」を選択して［選択］を押す（図 2.4.3）。グラフィックス領域で左クリックしてベアリングを配置する。再度［既存の部品］を選択してベアリングをもう 1 つ配置する（図 2.4.4）。

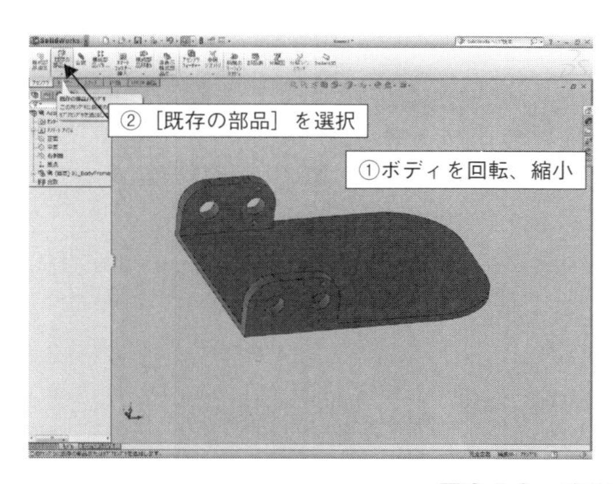

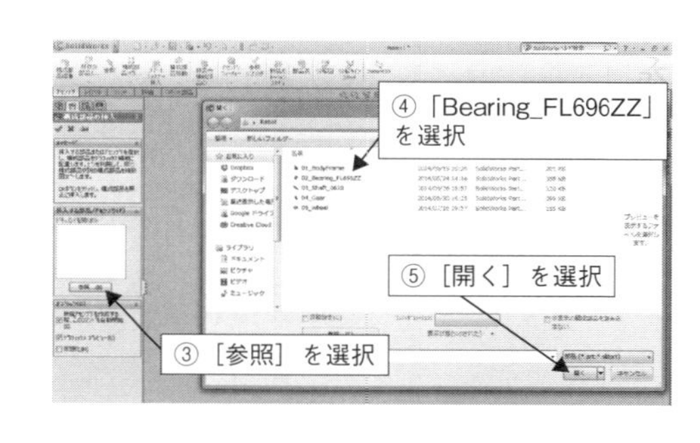

図 2.4.3　ベアリング選択画面

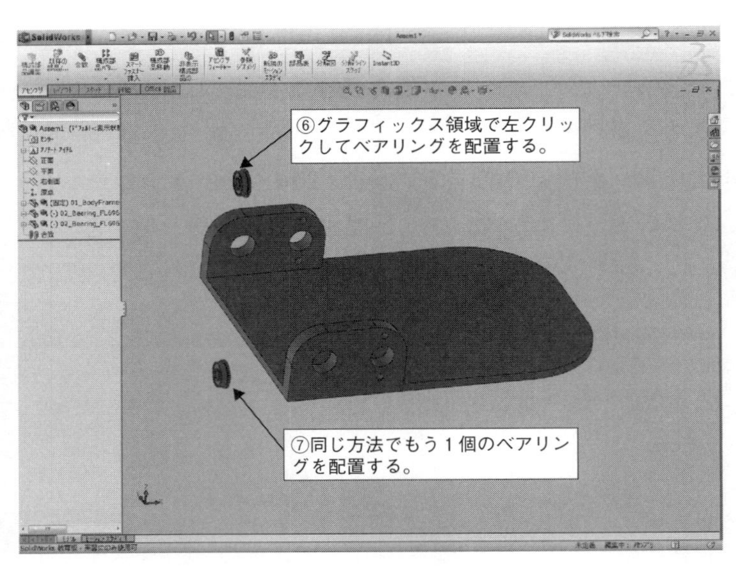

図 2.4.4　ベアリング2個配置画面

④ベアリングを拡大し、［アセンブリ］→［合致］を選択する。ベアリングの穴の円周面を選択する。次に、フレームの最初に作成した穴の円周面を選択する。ベアリングと車体が見えるように画面を縮小する。［フィーチャーマネージャー］の［標準合致］で［同心円］になっていることを確認する。［合致の整列状態］ボタンを切り替えて、ベアリングが図のように配置されるようにする。［フィーチャーマネージャー］の［✔］を1回クリックする（図2.4.5）。

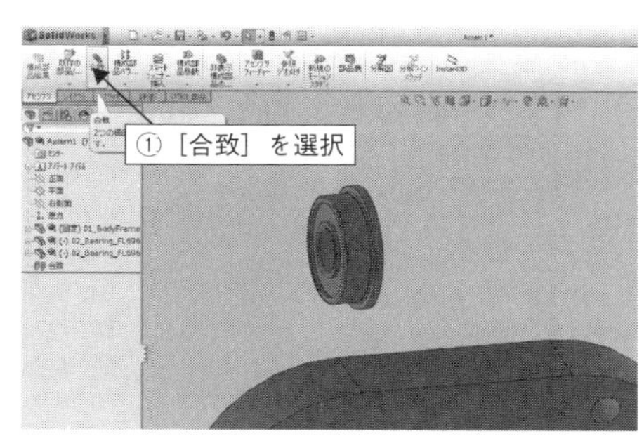

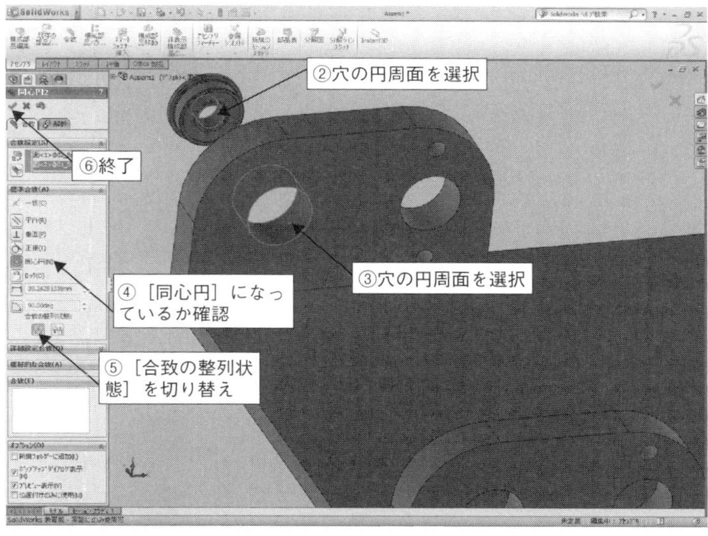

図2.4.5　ベアリングと穴の同心円合致画面

5合致状態で、今度は、ベアリングのつばの下面を選択する。次に、ボディを回転させ、ボディの外側面を選択する。ベアリングがフレームの外側面と合致する。［フィーチャーマネージャー］の［✔］をクリックする（図2.4.6）。

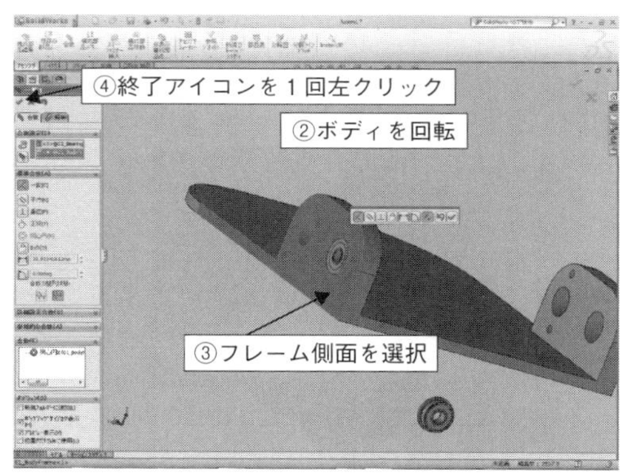

図2.4.6　ベアリングとフレーム一致合致画面

6 もう1個のベアリングを同じ方法でフレームの内側穴に合致させる（図2.4.7）。

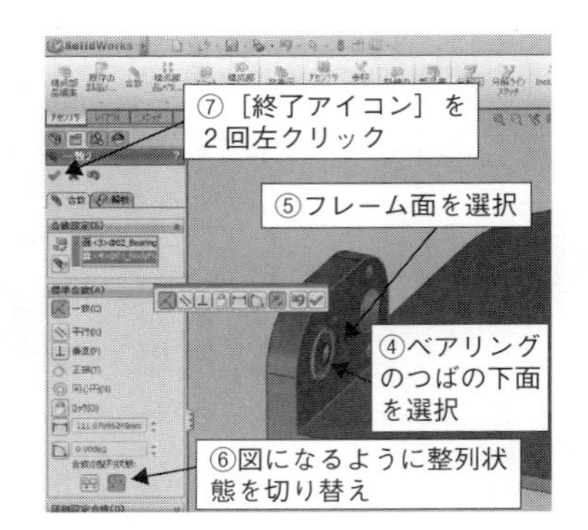

図2.4.7　ベアリングとフレーム合致画面

7［メニューツールメニュー］で［指定保存］を選択する。ファイル名に「Assem1」を入力する。［保存］をクリックして一時保存する（図2.4.8）。

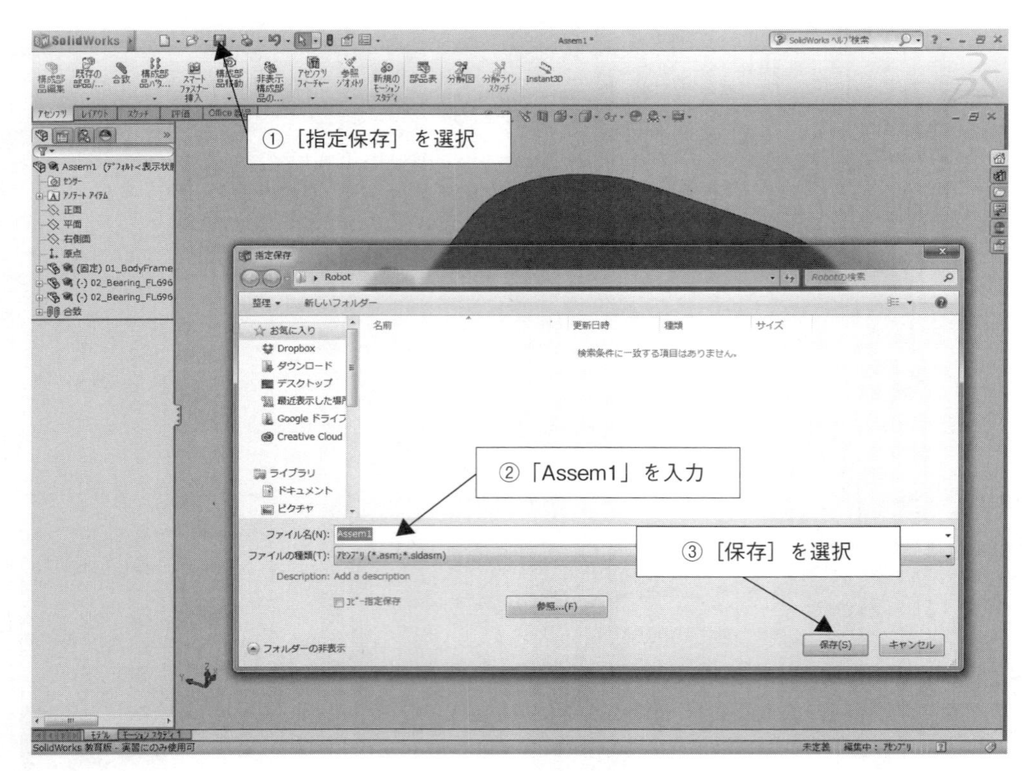

図2.4.8　一時保存画面

8 [アセンブリ] → [既存の部品] を選択する。[フィーチャーマネージャー] 内で [参照] を選択する。ポップアップ画面のファイルの中から「03_Shaft」を選択する。[選択] を押し、マウスをグラフィックス領域に移動する。適当な場所で左クリックしてシャフトを配置する（図2.4.9）。

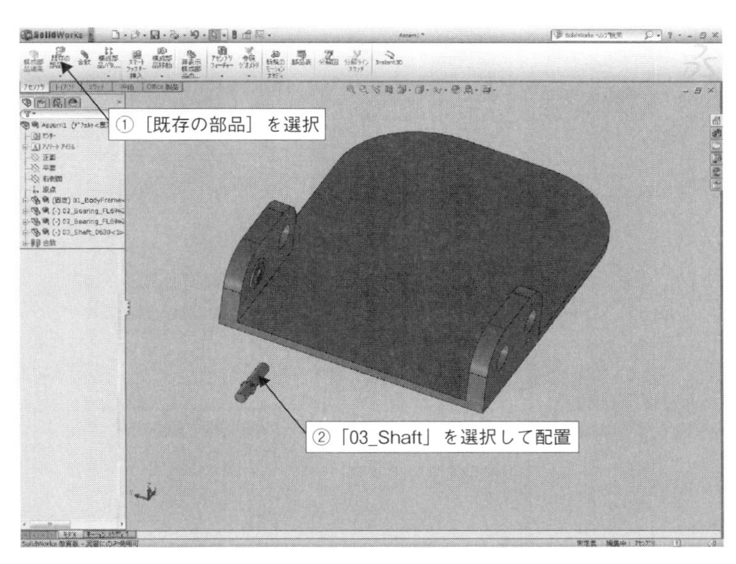

図2.4.9 シャフトの配置画面

9 [合致] を選択し、シャフトの円周面とベアリング穴の円周面を選択する。[フィーチャーマネージャー] 内の [標準合致] で [同心円] になっていることを確認する。図に示すように [合致の整列状態] を選択して切り替える。[✔] をクリックして合致を確定する（図2.4.10）。

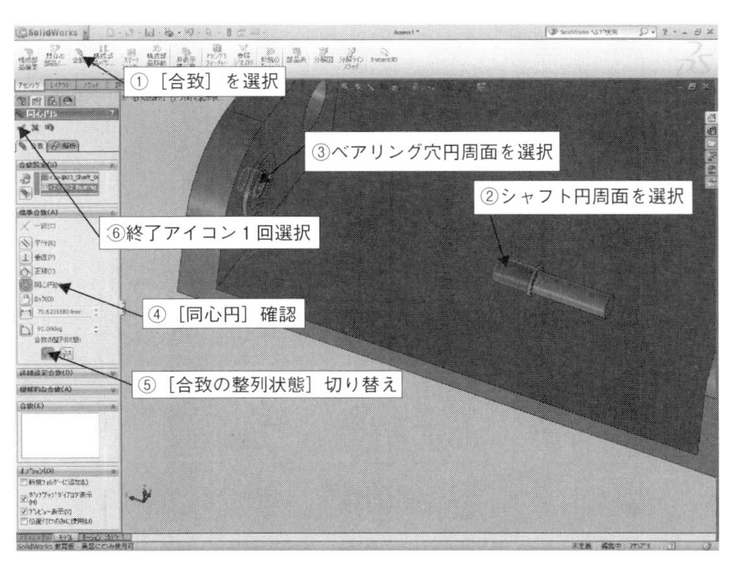

図2.4.10 シャフトとベアリング穴との同心円合致画面

⑩シャフトをドラッグしてベアリング内を通し、任意の位置に配置する（図2.4.11)。シャフトの段の内側側面を選択する。次に外側のベアリングが見えるようにパーツを回転する。ベアリングの穴側面を選択し、シャフトとベアリングが完全合致される。［✔］を2回押して合致を終了する（図2.4.12)。

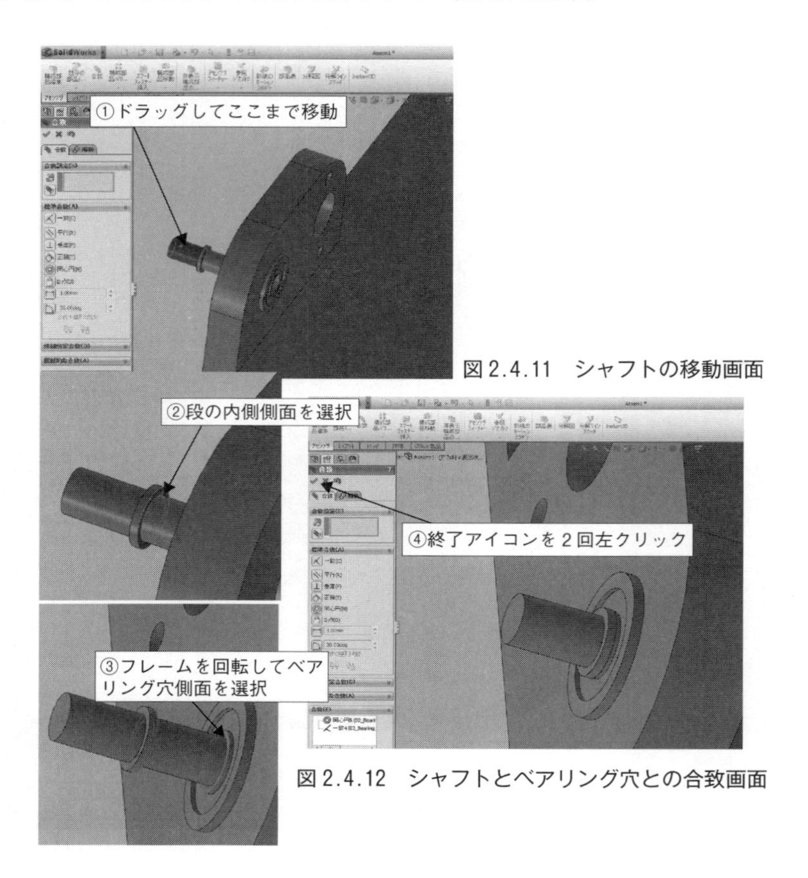

図2.4.11　シャフトの移動画面

図2.4.12　シャフトとベアリング穴との合致画面

⑪［既存の部品］を選択して「04_Gear」を配置し、［合致］を選択する。シャフトの外形円周面を選択する。次に、ギアのハブ穴円周面を選択する。［同心円］合致を確認し、［整列状態］を必要に応じて切り替える。［✔］を１回左クリックして同心円合致を終了する（図 2.4.13）。

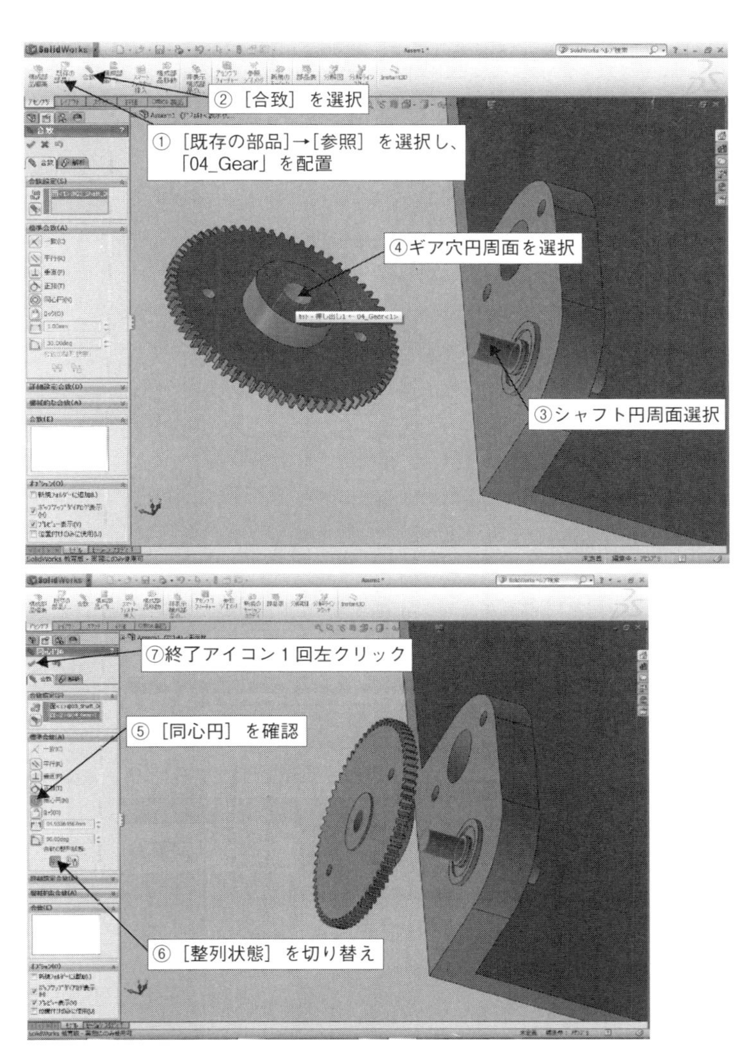

図 2.4.13　ギアとシャフトの同心円合致画面

⑫続けて、ギアハブの内側側面を選択する。パーツを回転してシャフト段の外側側面を選択する。シャフトとギアが［一致］合致していることを確認したら、［✔］を2回左クリックする（図2.4.14）。

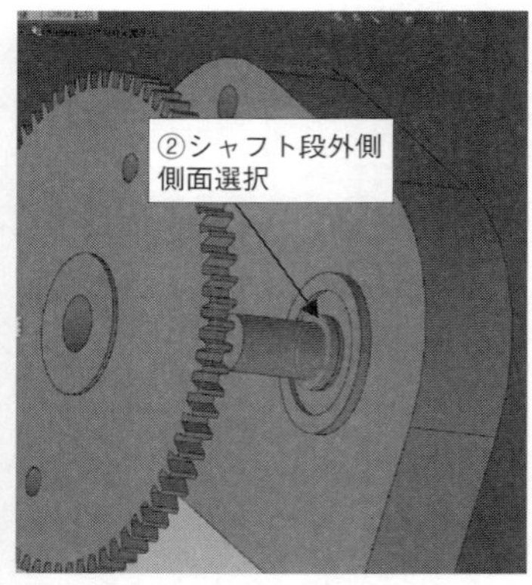

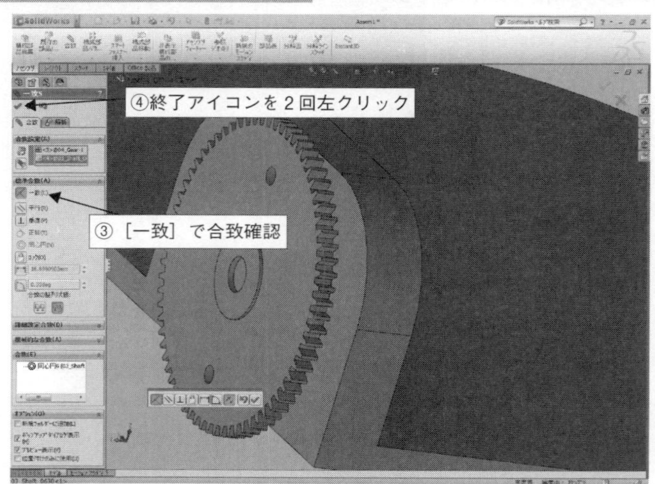

図2.4.14　ギアとシャフトの合致画面

⑬［既存の部品］を選択し、「05_wheel」をグラフィックス領域に配置する。それから［合致］を選択する。ギアのハブ穴円周面と車輪の中心穴円周面を選択する。［合致の整列状態］を切り替えて車輪がギアの左側に位置するようにする。［✔］を1回左クリックする（図2.4.15）。

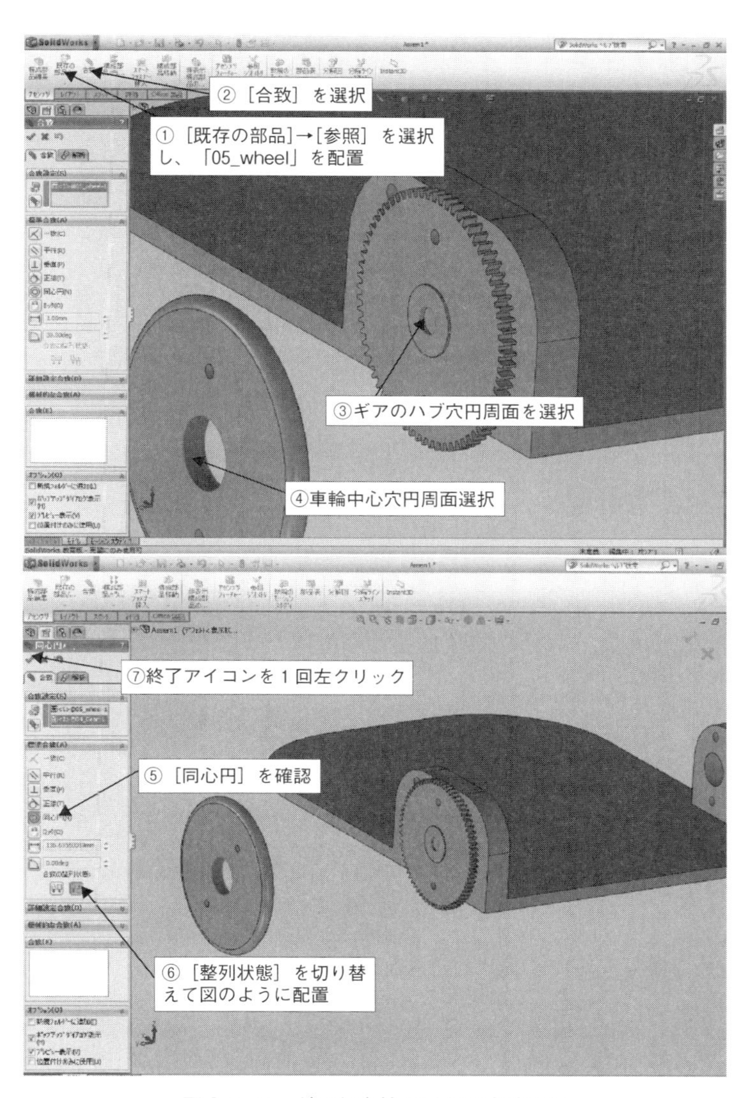

図2.4.15　ギアと車輪の同心円合致画面

⑭車輪の固定穴（上）の内側面と、ギアの固定穴（上）を選択して［同心円］合致する。［✔］を1回左クリックする。続けて、下の穴に対しても同じく［同心円］合致を行い、［✔］を1回左クリックする（図 2.4.16）。

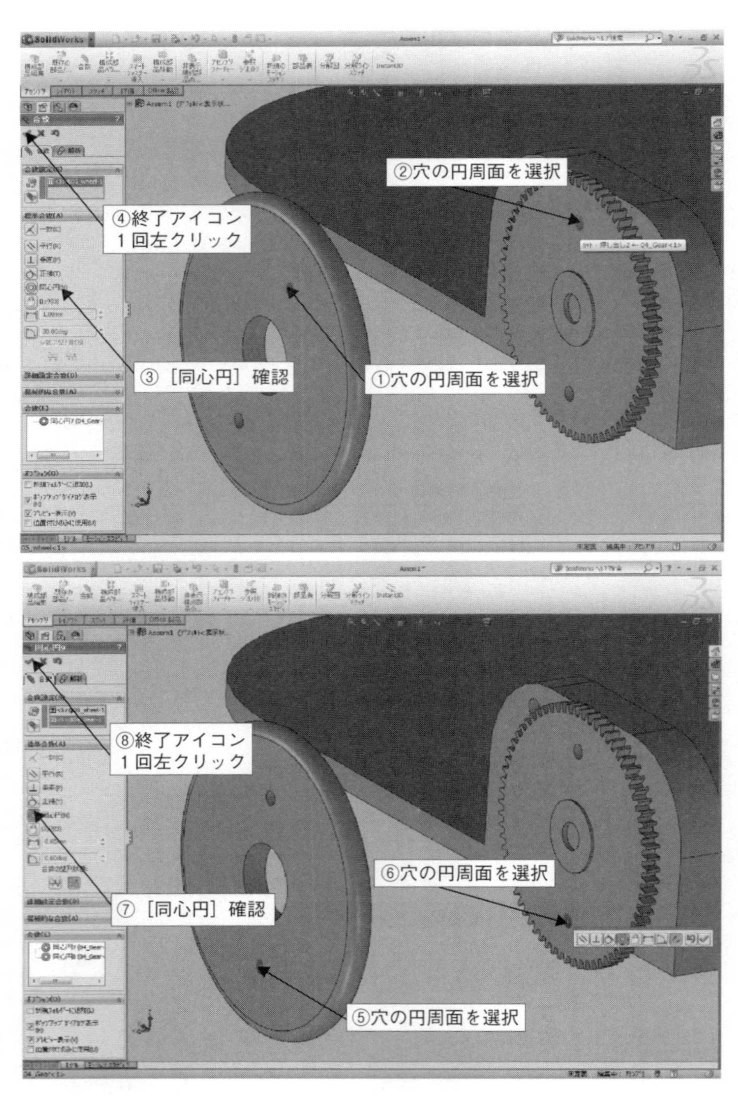

図 2.4.16　ギアと車輪固定穴の同心円合致画面

⑮最後に、車輪とギアの向かい合った面を選択して、一致合致を行う。[✔] を2回左クリックして、合致を終了する（図2.4.17)。

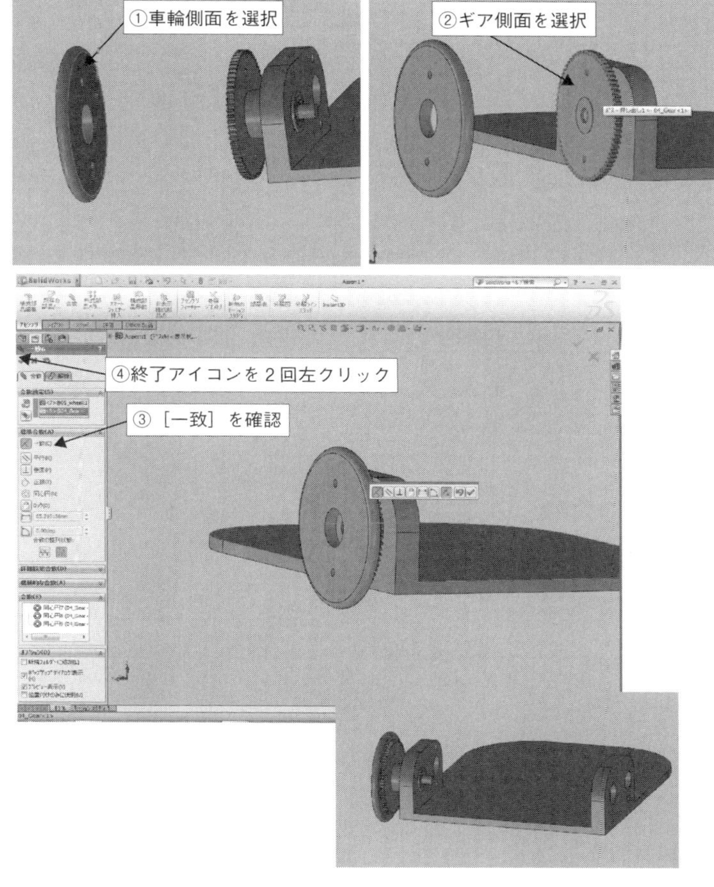

図2.4.17　ギアと車輪の合致完成画面

⑯反対側も同じ方法で各パーツを合致し、ロボットを完成する。

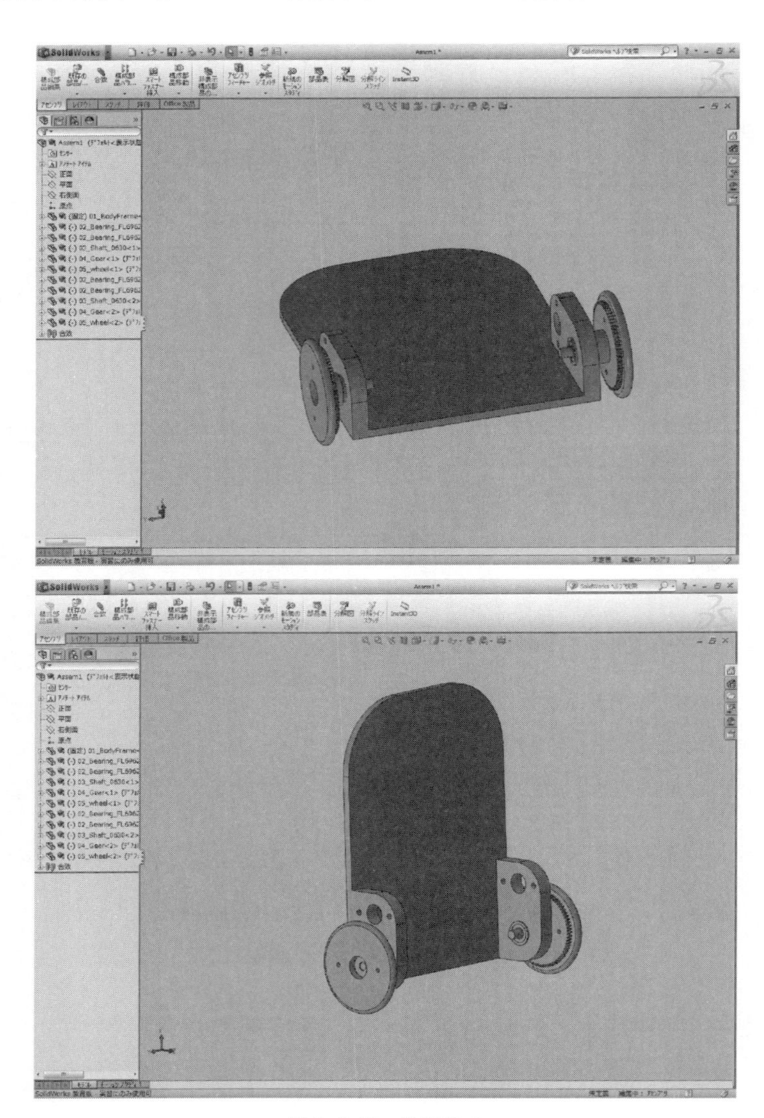

図 2.4.18　作品完成

2. 移動ロボットの3Dモデリング（図面）

1 ［メニューバーメニュー］で［新規］を選択し、［新規ポップアップメニュー］で［図面］を選択する。そのあと［OK］を選択する（図2.4.19）。

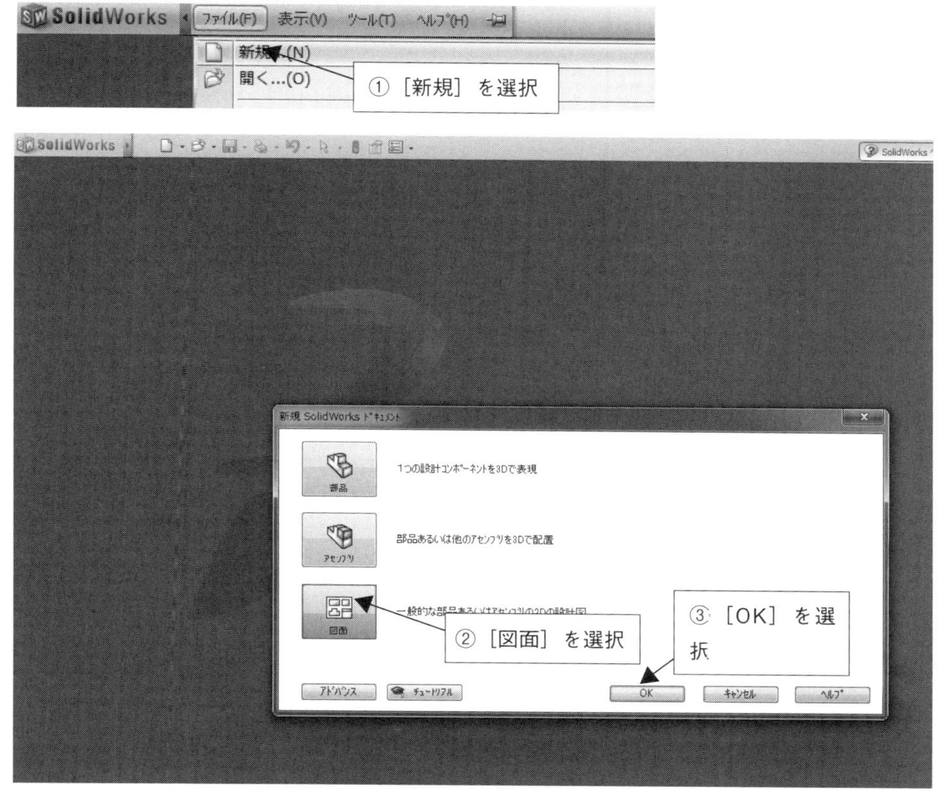

図2.4.19 図面選択画面

2 ［シートフォーマット］→［標準シートサイズ］で、［A3］を選択し、［OK］を選択する。「読み取り専用で開きますか？」のメッセージが表示される場合は、［読み取り専用で開く］を選択する。グラフィックス領域でマウスを右クリックし、［プロパティ］を選択する。［シートプロパティ］画面で［投影図タイプ］→［第3角法］にチェックを入れて［OK］を押す（図2.4.20）。

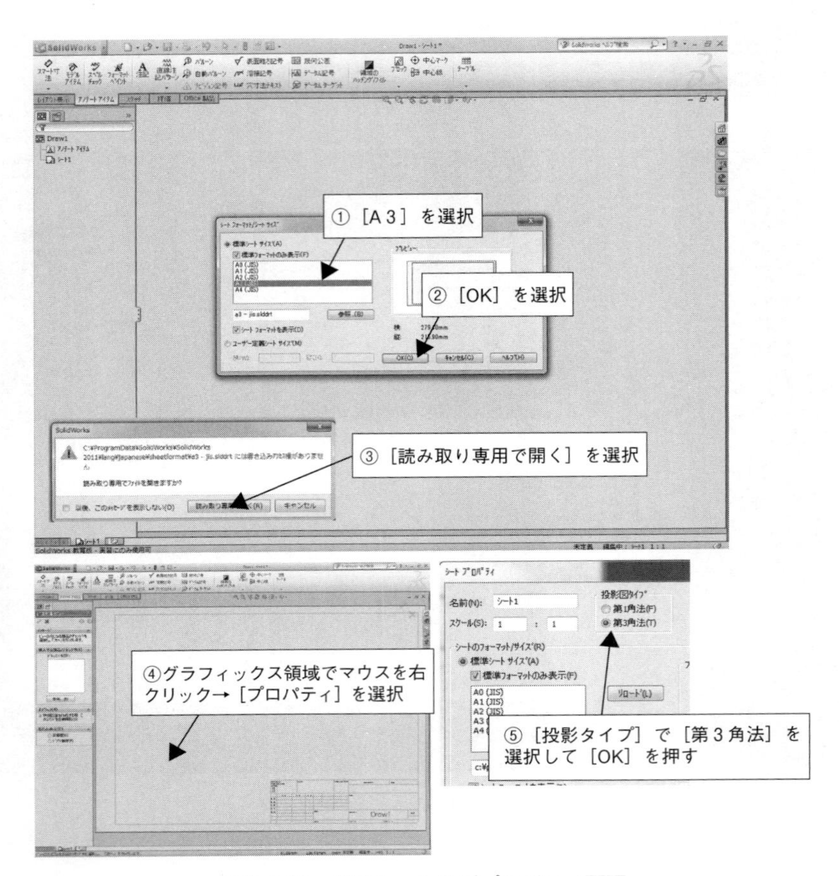

図2.4.20 標準シート及びプロパティ画面

3 ［フィーチャーマネージャー］の［挿入する部品］で［参照］を選択する。［開く］画面で「Assem 1」を選択し、［開く］を選択する。［表示方向］で［プレビュー］をチェックする。グラフィックス領域でマウスを移動し、左クリックする。そのまま、マウスを上に移動して左クリックする。また、側面にマウスを移動し、左クリックする。［✔］を選択する（図 2.4.21）。

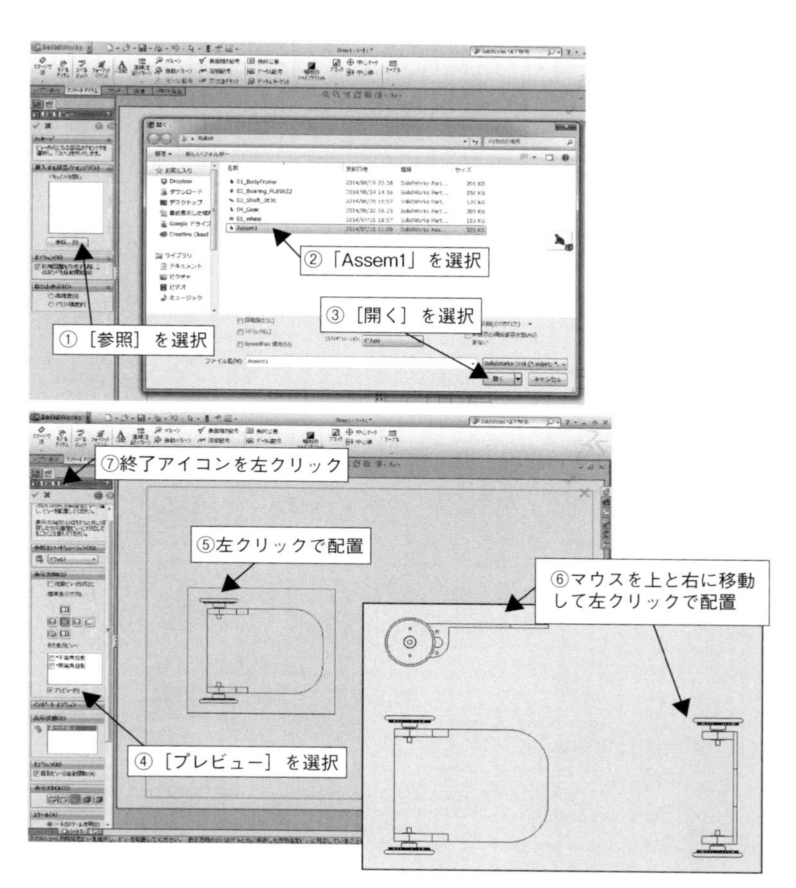

図 2.4.21　三面図配置画面

4 ［アノテートアイテム］で［スマート寸法］を選択する。フレームの左側縦線と右側縦線を順次左クリックする。マウスを下に移動して、左クリックして確定する。他の部分も同じく寸法を入力する。最後に［✔］を選択して終了する（図 2.4.22）。

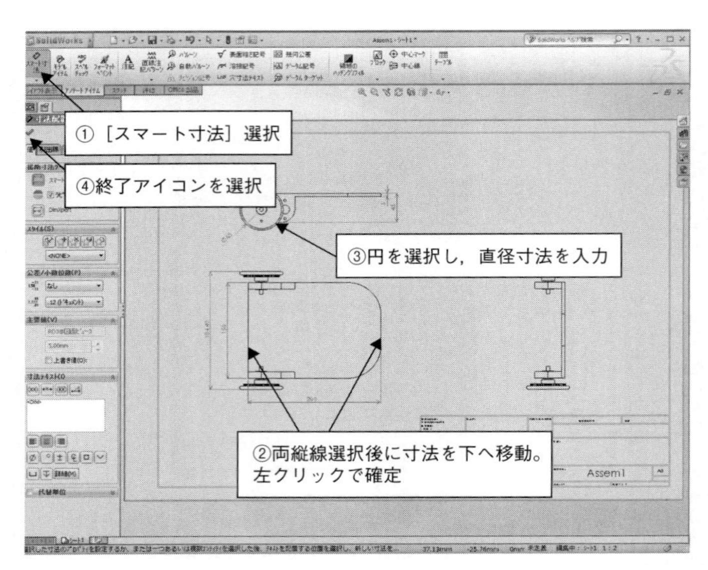

図 2.4.22　寸法入力画面

5 ［中心線］を選択し、フレームの上限横線を順次左クリックする。間に中心線が表示される。［✔］を選択して終了する（図 2.4.23）。

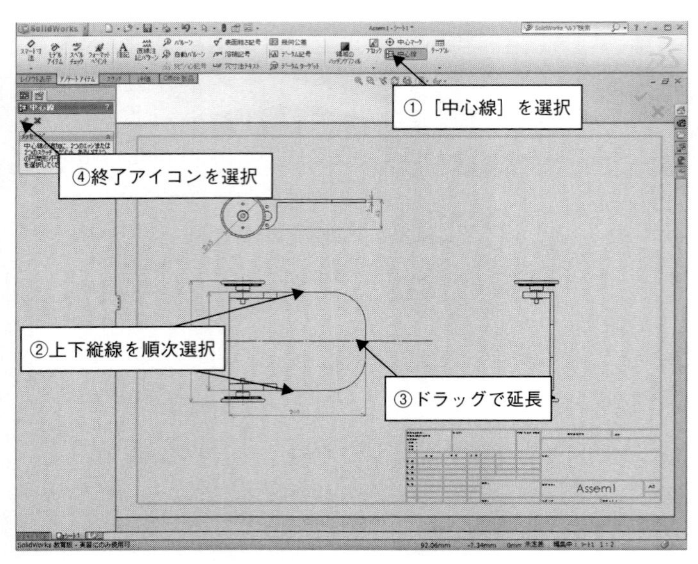

図 2.4.23　中心線作成画面

⑥構成部品のバルーンを作成し、［自動バルーン］を選択する。［フィーチャーマネージャー］の［バルーン］のレイアウトで［矩形］を選択し、正面の図面ビューを選択する。［✔］を選択し、バルーンが作成される（図 2.4.24）。

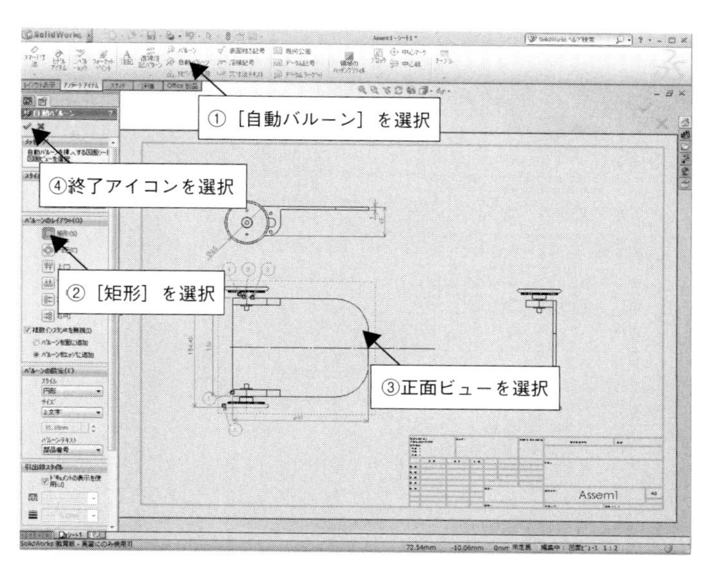

図 2.4.24　バルーン作成画面

7［テーブル］→［部品票］を選択し、部品票を作成する図面ビュー（正面図）を選択する。［フィーチャーマネージャー］内の［部品票タイプ］で［トップレベルのみ］を選択し、［✔］を選択する。部品票が作成されるので、グラフィックス領域内で移動し、左クリックで配置する（図 2.4.25）。

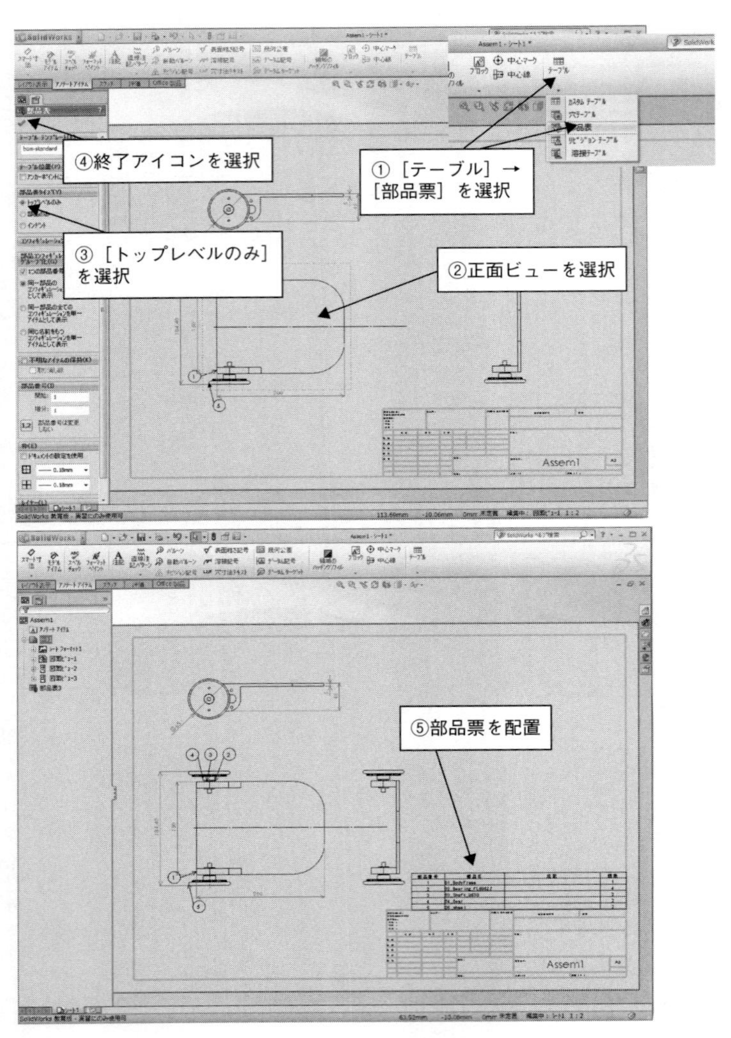

図 2.4.25　部品票作成

8正面図の上でマウスを右クリックし、［図面ビュー］→［投影図］を選択する。マウスを対角線方向へ移動すると立体図が表示され、左クリックで確定する。立体図上でマウスが十字マークになれば、左クリックしてドラックし、立体図を適当な場所へ移動する。立体図を左クリックする。［フィーチャーマネージャー］内の［表示スタイル］で［エッジシェイディング表示］を選択する。［✔］を左クリックする（図2.4.26）。

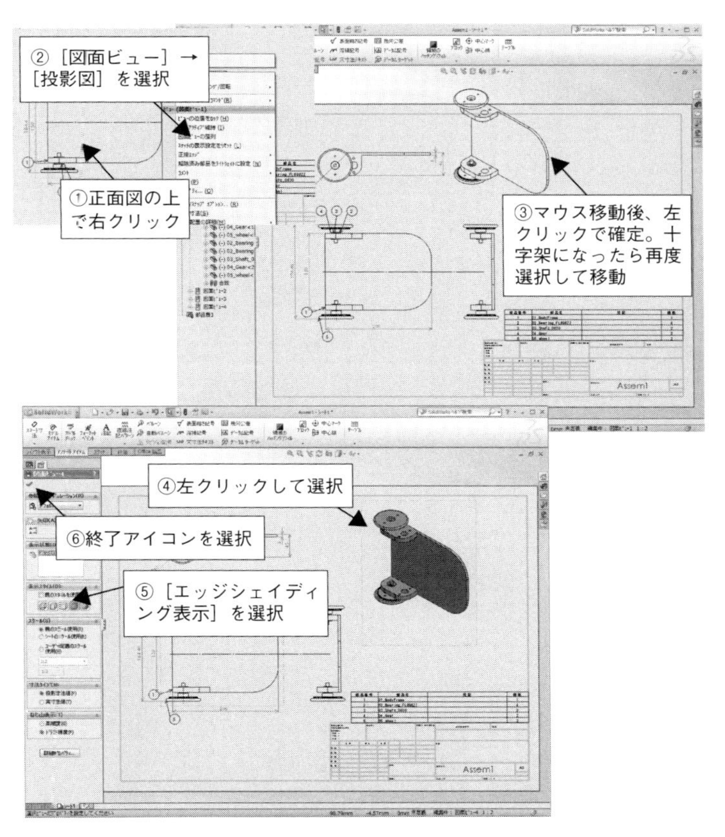

図 2.4.26　立体図作成

9図面の完成。メニューバーメニューで［指定保存］を選択する（図 2.4.27）。

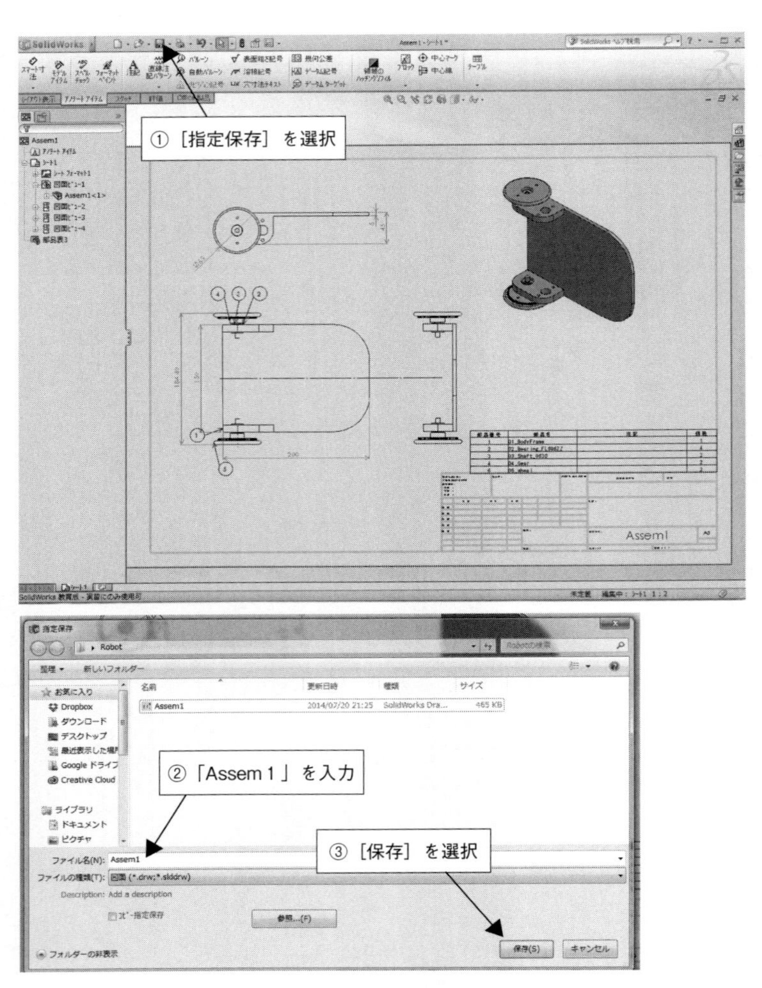

図 2.4.27　図面保存

第3編　3Dプリンタ

第1章 加工法の分類

製品の加工法は表3.1に示す3つの形式に分類される。素材から不要部分を取り除く（質量を除去する）加工が除去加工（Subtractive manufacturing）、逆に付加して必要な形状・寸法、品質にする（加工前に対して加工後に質量が増える）加工が付加加工（Additive Manufacturing）、型により成形する（加工前と後でほとんど質量変化がない）加工が成形加工（変形加工）である。これらの加工法が、製造工程のなかでどのように使われているかを図3.1.1に示す。なお、物理（熱、光）的加工と化学的・電気化学的加工を合わせて特殊加工という。

表3.1　加工法の分類

加工形式		加工に使われるエネルギー		
		機械的加工	物理的加工	化学的・電気化学的加工
付加加工	接合	圧接、圧入	レーザ、電子、溶接、焼きばめ	接着
	被覆	クラッディング、ラピッドプロトタイピング	電子、イオン、レーザ、ラピッドプロトタイピング、溶射、肉盛	めっき、電鋳（エレクトロフォーミング）、CVD
成形加工	液・粉	鋳造、射出成形、焼結	レーザ	
	固体	鋳造、圧延、押し出し、引き抜き、プレス（せん断、曲げ、絞り）、スピニング		
除去加工		切削、研削、研磨、超音波、噴射、ウォータジェット、微粒子噴射、バニッシング	放電、レーザ、電子、イオン、プラズマ	電解加工、電解研磨、電解研削、化学加工、化学研磨
表面改質		ショットピーニング	レーザ、電子、イオン	各種熱処理

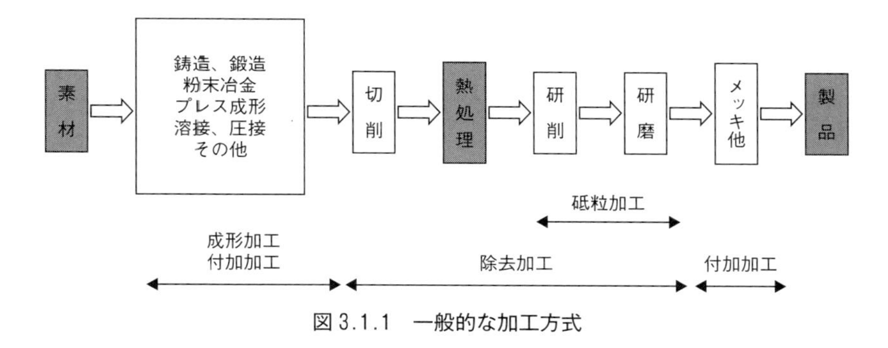

図 3.1.1　一般的な加工方式

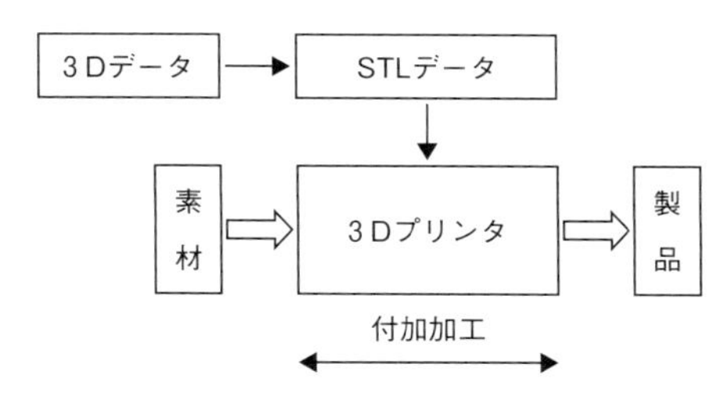

図 3.1.2　3D プリンタによる加工方式

第2章 3Dプリンタの概要

3Dプリンタは、正式には「付加製造法」（Additive Manufacturing, AM）と定義されている。これは表3.1の付加加工法の一つであるラピッドプロトタイピング（迅速な試作 Rapid Prototyping, RP）が発展した「積層化技術を利用した製造方法」のことを言うが、AM技術の造形原理は「材料を積層して加工する」ことであり、「ＳＴＬというファイル形式に変換することで、ディジタルデータから直接様々な造形物を作り出す（Direct Digital Manufacturing）」（図3.1.2）という生産方法である。AM技術では①型を経ない製造方法が可能になる、②どんな形状の製品でも製造できる、③新しい機能が自由に付加できる、④プラスチック、金属など様々な素材が使えるという利点があり、「自動車」、「航空宇宙」、「医療」、「福祉」、「美術工芸」、「教育」などの分野で様々に活用されている。特に医療の分野では、生きた細胞を何層にも積み重ねることで臓器を製造する「バイオプリンタ」が注目されている。

AM技術は、2012年2月13日の米国のオバマ大統領の「一般教書演説：3Dプリンタによるものづくり大国の再生」により、にわかに注目されるようになったが、その研究は30年以上も前から始まっており、1980年ごろの児玉秀男氏の光造形の特許出願、1986年チャック・ハル氏の米国特許の取得と3Dシステムズ社の創業、1989年ストラタシス社の熱溶解積層法の米国特許の出願、2009年英国のレップラッププロジェクト（Reprap, Repricating Raidprototyper）によるオープンソースの低価格3Dプリンタの発売、2012年クリス・アンダーソンの著書「MAKERS」の発表等々を経て、世界中に拡がってきたものである。

現在、米国、日本、ドイツ、中国、英国等で熾烈な開発競争が進められている。このうち米国では、15ヶ所の研究所からなるパイロット拠点NAMII（National Additive Manufacturing Innovation；2013年10月からAmerica Makersに呼称変更）を設置し、産学官による研究開発が行われている。わが国においても「日本再興戦略：成長分野進出に向けた専門的支援体制の構築」が平成25年6月14日に閣議決定され、「技術研究組合次世代3D積層造形技術総合開発機構 Technology Research Association for Future Additive Manufacturing（TRAFAM、トラファム）」を実施主体に、「３次元造形技術を核としたものづくり革命プログラム」が、国家プロジェクトとして推進されている。

3D プリンタの活用は止まることがなく地球を飛び出して宇宙空間まで広がろうとしている。アメリカ航空宇宙局 NASA は、2013 年 10 月、国際宇宙ステーション（ISS）に交換部品の約 3 割を、その場でつくることができる 3D プリンタを導入する計画を発表した。

また欧州宇宙機関（ESA）も、2013 年 10 月人工衛星をつくる費用の 50% 削減を目指し、3D プリンタで金属出力を実用化する「AMAZE」プロジェクトを発表した。3D プリンタにはユーザーの不正利用や環境への影響等多くの危険性をはらみつつ、発展していくものと思われる。

第3章 3Dプリンタのソフトウェア

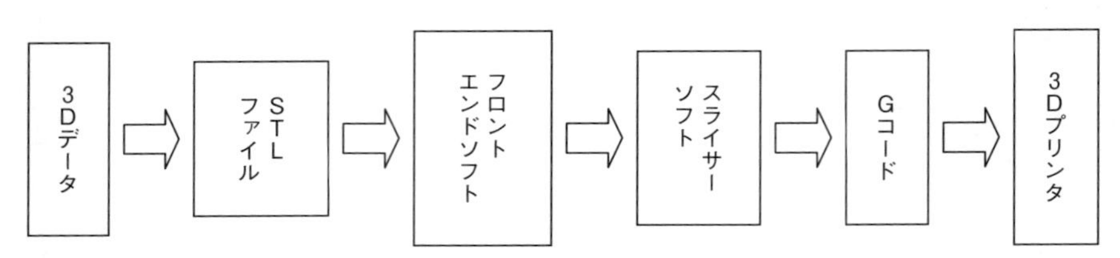

図 3.3　3D プリンタのソフトウェア

3D プリンタに関係するソフトウェアを図 3.3 に示す。3D プリンタの装置は、従来の数値制御（Numerical Control, NC）工作機械と同様、G コードというプログラムによって駆動される。図 3.3 に示すように、フロントエンドソフトで 3D モデルの STL ファイルを読み込み、スライサーソフトで積層モデルに変換し、G コードで 3D プリンタを制御する。通常の 3D プリンタでは、以上の操作は自動で行われる。

ここで、STL（Stereo Rithography、日本では Standard Triangulated Language）ファイルは、3D Systems 社が自社の 3D CAD 用に開発したファイルフォーマットであるが、現在 3D CAD からの Interface データの Defact-Standard として認知され、広く普及しているものである。

1. 3D データ取得方法

3D プリンタを使うためには 3D データが必要である。

3 次元（3Dimensional、3D）データを得る方法には、① 3D CAD（Computer Aided Design）、② 3DCG（Computer Graphics）、③ 3D スキャナ、④ CT、MRI、の 4 通りの方法がある。他に⑤インターネットからダウンロード、⑥ Web アプリを使ったカスタマイゼーションの 2 通りの方法も考えられる。

① 3D CAD による形状入力（人間が考え出した工業製品等の形状の入力）

直接ＳＴＬファイルに変換可能である。以下のソフトが用いられる。

◎ Rhinoceros（ライノセラス）：（アプリクラフト社）

NURBS 曲線によるモデリングが得意で、Mac 版は開発途中のものが無料で公開されている。レンダリングソフトなど、周辺環境の開発も活発である。10万円台であるが、CATIAに匹敵する性能でサーフェスモデリングが可能。

http://www.rhino3d.co.jp/

◎ SolidWorks（ソリッドワークス）：（Dassault System社）

自動車業界や家電メーカーなどプロダクト分野では、企業導入が最も多いスタンダードなCADである。100万台のミッドレンジCADソフトである。

http://www.solidworks.co.jp/

◎ CATIA（キャティア）：（Dassault System社）

航空機業界や自動車メーカーなど、曲面を扱う分野では企業導入が最も多いスタンダードなCADである。

http://www.3ds.com/jp/products/catia/

◎ SketchUp：（Trimble社）

無料の3D-CADとして一般ユーザーが多い。作成したモデルをGoogle Earthやダウンロードサイトにアップロードすることもできる。

http://www.sketchup.com/

◎ Fusion-360：（Autodesk社）

Autodesk社が3DCGを取り入れて開発したクラウドベースの最新の3D CADである。操作画面が簡易で取りかかりやすく、Windows、Macともに対応している。

② 3DCGによる形状入力（人間が考え出したキャラクタ等の形状の入力）

オブジェクト形式の場合はSTL形式に変換する必要がある。以下のソフトが用いられる。

◎ 3ds Max（Autodesk社）：

ゲームや映画業界でスタンダードな3DCGソフトで、モーショングラフィックスを得意とする。

http://www.sutodesk.co.jp/products/autodesk-3ds-max/overview/

◎ Shade（イーフロンティア社（日本））：

国内のメーカが提供しているソフトで、購入時に日本語マニュアルが付いてくるなど、日本語のリファレンスが充実している。2013年の夏に発売されたShade 14から、STL形式でのデータ保存が可能になり、3Dプリンタにも対応するようになった。

http://shade.e-frontier.co.jp/

◎ Cinema 4D（Maxon社）：

イメージレンダリングソフトとして使われることも多いソフトである。新機能でスカルプト機能も追加された。

http://www.maxon.net/jp/products/cinema-4d-prime.html

◎ Lightwave（storm 社）：

3D アバターによる群衆のシーンなどが作成でき、映画製作でもよく使われている。

http://www.dstorm.co.jp/dsproducts/

◎ Metasequoia（テトラフェイス社（日本））：

フリーソフトで一定のファンがいる。STL 形式でのエクスポート機能は有料版のみに搭載されている。

http://www.metaseq.net/metaseq/

③ 3D スキャナによる形状入力（実物が存在する場合の表面形状の入力）

◎ Artec EVA：

ハンディスキャナである。

http://www.artec3d.com/jp/

◎ Rexcan：

高精度な据え置き型モデル。中央にプロジェクションライト、左右にカメラレンズが配置されている。三脚に取り付けての使用が可能。

http://www.3d-solution.jp/products/3d_scanner/rexcan/

◎ Kinect：

Microsoft 社が 2010 年に発売したゲーム機 Xbox360 用の画像認識センサーである。Windows 版のプログラムが公開されてから、多くのユーザーが開発に参加している。

http://www.microsoft.com/en-us/kinectforwindows/

④ CT、MRI による形状入力（実物が存在する場合の内部形状の入力）

◎ CT（Computed Tomography）はコンピュータ断層撮影といい、X 線を用いて身体の横断像（輪切り像）が多数枚撮影できる。

◎ MRI（Magnetic Resonance Imaging）は核磁気共鳴画像法といい、核磁気共鳴現象を利用して生体内の内部情報を画像にする方法である。

CT や MRI といった医用画像データは、DICOM（Digital Imaging and COmmunications in Medicine）という標準フォーマットによって HTL 形式に変換される。

2. AM技術の分類（ASTM国際会議で決定）と3Dプリンタ装置の例

①液槽光重合法（Vεn photo-polymerization）

いわゆる光造形法（Stereo Rithography, STL）である。まず造形したい対象物の3次元データを、コンピュータ上で水平にスライスして、輪切りのデータを作成する。次にその輪切りのデータに沿って、主に液状のエポキシ系光硬化性樹脂（フォトポリマー）（紫外線の光を当てると硬化する樹脂）上で、レーザを走査させて1層分を硬化させる。この作業を繰り返し、積層することによって立体モデルを作製する。

（装置例）SLA：3D Systems社（米国）、Rapid Meister：シーメット（CMET）社（日本）、ACCULAS：DMEC社（日本）、Uni-rapid：ユニラピッド社（日本）

②シート積層法（Sheet lamination）

紙、アルミ箔等のシート状の材料を1枚ずつ切りとり、それを貼り合わせて立体造形物を作る。付加積層加工と切削・除去加工が複合した造形である。

（装置例）Soniclayer：Fabrisonic社（米国）

③結合剤噴射法（Binder jetting）

粉末固着法（石膏積層法）ともいう。石膏、砂、熱硬化型の複合プラスチック等の粉末に結合剤（バインダー）をインクジェットで吹き付け一層分を作り、これを一層ずつ積層することで造形する。砂型を直接造形できる。また、プラスチックの場合は造形後、熱を加えて硬化させる。

（装置例）ProMetal：Ex One社（米国）、Projet 4500：3D Systems社（米国）

④材料押出法（Material extrusion）

米国Stratasys社では熱溶解積層法（Fused Deposition Modeling, FDM）と呼ぶ。ABS樹脂、PLA樹脂、ナイロン樹脂等の熱可塑性樹脂（サーモプラスチック）を材料とする。まず材料となるフィラメント状の熱可塑性樹脂が、押出ノズルに供給される。次に、押出ノズルのヒータで溶かされた材料を、ノズルからテーブルに堆積させ、冷えて固まるまでに付加し、これを積層することで立体を造形する。このような製法の3Dプリンタでは、他に溶けたチョコレート、チーズ、砂糖などを使うことができる。材料押出法の利点は、室内で特別な設備がなくても可動できることである。また、装置価格が安価であること、複数のノズルを設けることで複数材料を用いて造形できることが挙げられる。このため、全世界で廉価版の材料押出法による3Dプリンタが続々と登場している。

なお、ABSは、アクリロニトリル（Acrlonitrile）、ブタジエン（Butadiene）、スチレン（Styrene）からなる熱可塑性樹脂の総称。PLA は、ポリ乳酸（Poly Lactic Acid）と呼ばれる植物由来の生分解性樹脂である。

（装置例）FDM：Stratasys 社（米国）、Replicator：Makerbot 社（米国）、Cube：3D Systems 社（米国）、ROBO 3D：ROBO 社（米国）、Blade-1：ホットプロシード（日本）、SCOOVO C170：オープンキューブ（日本）、BONSAI Mini：ボンサイラボ（日本）

⑤材料噴射法（Material jetting）

インクジェット紫外線硬化型積層造形（インクジェット法）とも呼ばれる。液体状の光硬化性樹脂（フォトポリマー）を材料に用いる。また、造形に使われるモデル材と、造形時にモデル材が垂れ下がらないように指示が必要な箇所に使われるサポート材が用いられる。ＨＧ樹脂をインクジェットプリンタヘッドから吹き付け、紫外線で硬化させながら一層ずつ造形する。

（装置例）EDEN：Object 社（イスラエル）、Projet：3D Systems 社（米国）、Agillista：キーエンス（日本）

⑥粉末床溶融結合法（Powder bed fusion）

粉末焼結法（Selective Laser Sintering, SLS）とも呼ばれる。まず、粉末樹脂や金属の薄い層を形成する。次にレーザ等の熱源で所望の部分を溶融・焼結する。そして、また新たな層を形成することで付着積層することで立体を造形する。

（装置例）Sinterstation：3D Systems 社（米国）、EOSINT：IOS 社（独国）、AM125/250：Renishaw（英国）、SLM：REALIZER 社（独国）、SLM50HL/SLM100HL：SLM Solution 社（独国）、PHENIX 900：PHENIX Systems 社（仏国）、M3 Linear：Concept Laser（独国）、PQ10/Q20/A2：Arcam 社（スウェーデン）、SEMplice：アスペクト社（日本）

⑦指向エネルギー堆積法（Directed energy）

まず、レーザで金属の対象物を過熱する。次に過熱された部位に金属粉末をまぶすことで、粉末金属が溶融し付着する。この方法により立体を造形する。

（装置例）LENS：Optmec 社（米国）、DMD：DM3D Technology 社（米国）、TruLaser Cell 7040：Trumpf 社（独国）、CIMP-3D：Sciaky 社（米国）

⑧複合装置

3D プリンタのいずれかと切削加工を組み合わせた複合加工を行う装置である。粉末床溶融結合と切削加工を組み合わせた装置としては、松浦機械製作所の LUMEX がある。

また指向性エネルギー堆積法と切削加工の複合装置としては、DMG MORI の Lasertec Saucr がある。

（装置例）LUMEX：松浦機械製作所（日本）、Lasertec Saucr：DMG MORI 社（独国）

第4章 3Dプリンタによる加工

1. 3Dプリンタ用ファイルの保存

作成した形状を3Dプリンタで作成したい場合に、形状のデータを指定の形式でファイル出力する必要がある。3Dプリンタの多くは、STL形式という統一された形式のファイルを読み込んで加工を行う。3次元CADの多くはこの出力機能を持っている。STL形式にはバイナリー（binary）形式とテキスト（text）形式がある。Solid Worksはバイナリー形式のSTLで、その中身は表示できないが、CATIAはテキスト形式のSTLで、その中身を表示することができる。以下にSolidWorksとCATIAの場合のSTL変換の方法を記す。

① SolidWorksデータのSTLファイルへの変換方法

SolidWorksで作成した形状をSTLファイルとして出力するためには、図3.4.1（a）に示すようにファイルメニューから［指定保存］を選択する（ファイルの保存の横の三角形を開く）。すると図3.4.1（b）に示すように、ファイル名を入力するダイアログが表示されるので、［ファイルの種類］をSTL（*.stl）に切り替える。ファイル名を指定して［保存］ボタンをクリックすれば、3Dプリンタで読み込めるファイルが作成できる。

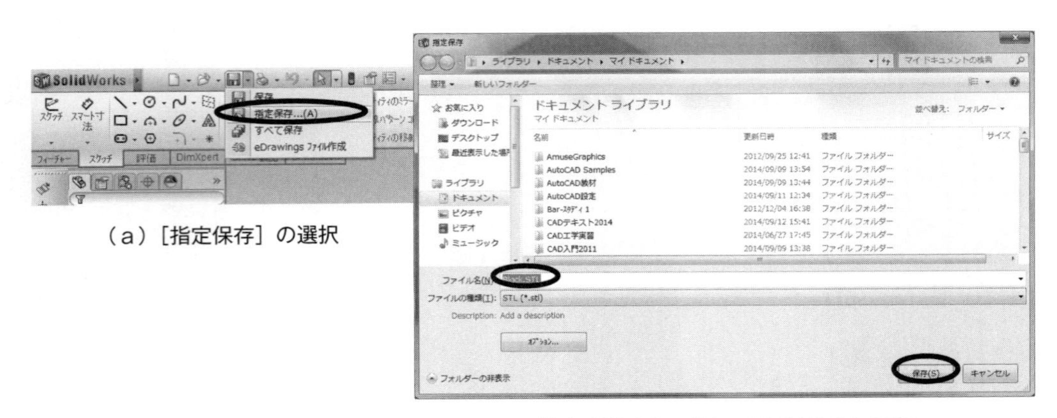

（a）［指定保存］の選択

（b）STLファイルへの切り替えと保存

図3.4.1　Solid WorksによるSTLファイルの保存

② CATIA データの STL ファイルへの変換方法

CATIA で作成した形状を STL ファイルとして出力するためには、図 3.4.2 (a) に示すようにファイルメニューから [名前を指定して保存] を選択する。ファイル名を入力するダイアログが表示されるので、図 3.4.2 (b) に示すように [ファイルの種類] を STL に切り替える。図 3.4.3 に示すようにファイル名を指定して [保存] ボタンをクリックすれば、3D プリンタで読み込めるファイルが保存できる。保存した STL ファイルは図 3.4.4 に示すように呼び出すことができる。STL ファイルは図 3.4.5 に示すように三角形データの集まりである。

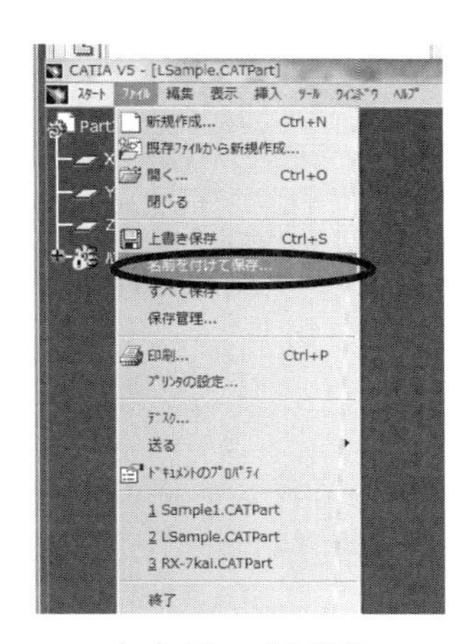

(a) ファイル保存

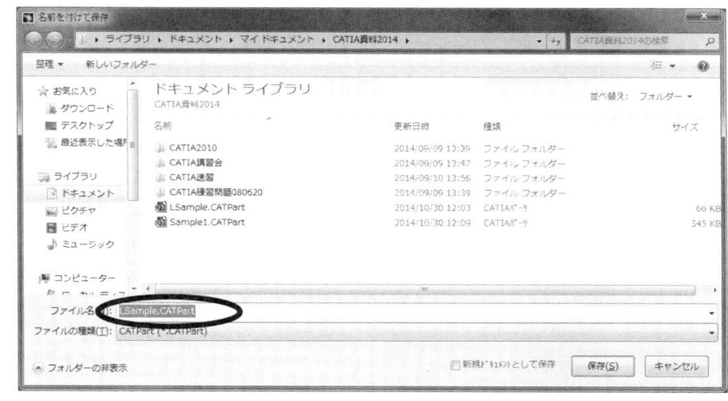

(b) ダイアログによるファイル指定

図 3.4.2 CATIA による STL ファイルの出力

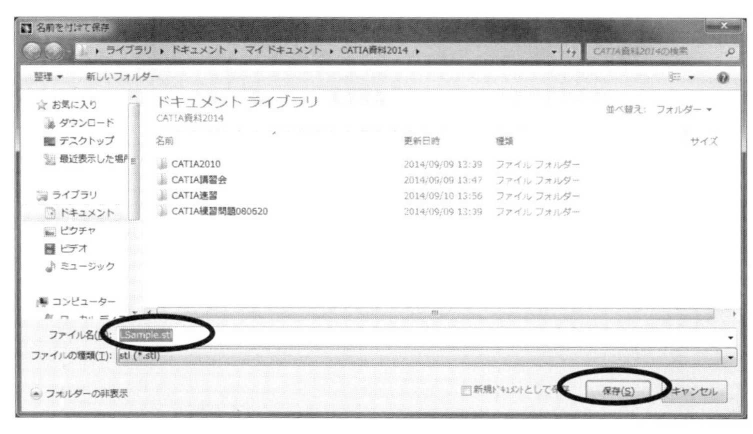

図 3.4.3 STL ファイルの保存

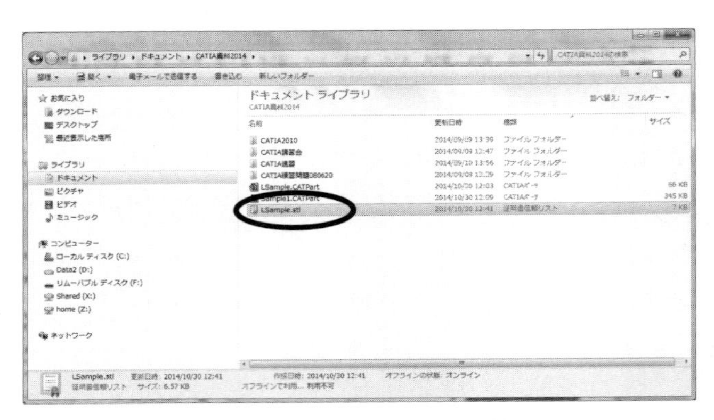

図 3.4.4　STL ファイルの呼び出し

```
LSample.stl - メモ帳
ファイル(F) 編集(E) 書式(O) 表示(V) ヘルプ(H)
solid CATIA STL
  facet normal  1.000000e+000  -0.000000e+000  0.000000e+000
    outer loop
      vertex  4.000000e+001  1.000000e+001  5.000000e+001
      vertex  4.000000e+001  0.000000e+000  5.000000e+001
      vertex  4.000000e+001  1.000000e+001  1.000000e+001
    endloop
  endfacet
  facet normal  1.000000e+000  0.000000e+000  0.000000e+000
    outer loop
      vertex  4.000000e+001  1.000000e+001  1.000000e+001
      vertex  4.000000e+001  0.000000e+000  5.000000e+001
      vertex  4.000000e+001  0.000000e+000  0.000000e+000
    endloop
  endfacet
  facet normal  1.000000e+000  0.000000e+000  0.000000e+000
    outer loop
      vertex  4.000000e+001  1.000000e+001  1.000000e+001
      vertex  4.000000e+001  0.000000e+000  0.000000e+000
      vertex  4.000000e+001  4.000000e+001  1.000000e+001
    endloop
  endfacet
  facet normal  1.000000e+000  0.000000e+000  0.000000e+000
```

図 3.4.5　STL ファイルの内容

2. 3D 造形機の使用方法

ここでは 3D プリンタ FORTUS 360mc-S、金属光造形複合加工機 LUMEX Avance-25、3D スキャナ Artec EVA、3D スキャナ ATOS Core 300 の使用方法について解説する。

① 3D プリンタ FORTUS 360mc-S（Stratasys 社製）（図 3.4.6 参照）

3D プリンタ FORTUS 360mc-S とは、3D CAD データや 3D スキャナデータ（STL データ）をもとに、主に樹脂の層を細かく積層させて立体モデルを手軽に製作できる機械である。

FORTUS 360mc-Sは、最小積層ピッチが0.127 mmのため、非常に細かい造形物を出力することができる。使用可能材料・積層ピッチ、造形の流れを以下示す。また図3.4.7に学生実験による造形作品例を示す。

ワークサイズ	355（W）×254（D）×254（H）mm
使用可能材料	ABS樹脂、ポリカーボネート
積層ピッチ	0.127，0.178，0.254，0.330 mm

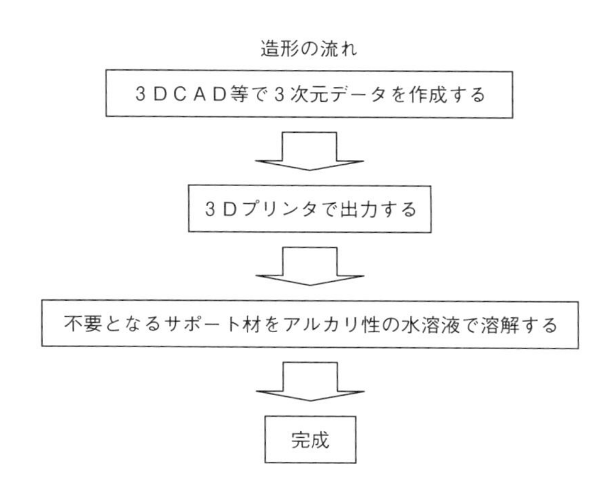

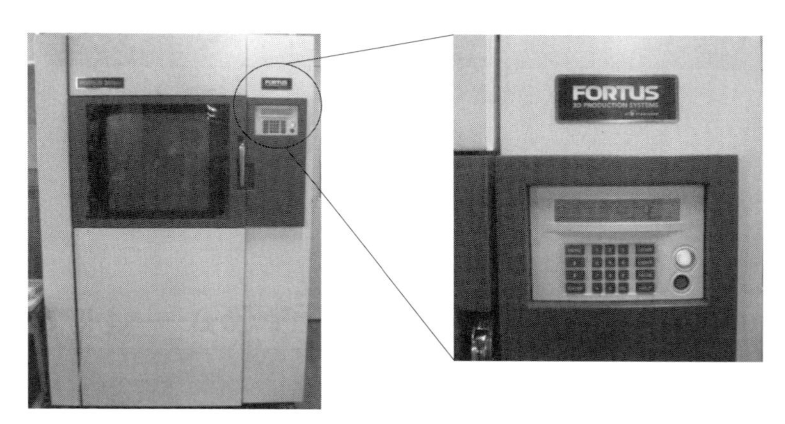

（a）前面写真　（b）拡大写真

図3.4.6　3DプリンタFORTUS 360mc-s（Stratasys社製）

（a）SolidWorks を用いての作品例 1

（b）SolidWorks を用いての作品例 2

（c）CATIA を用いての作品例 1

（d）SolidWorks を用いての作品例 3

（e）CATIA を用いての作品例 2

図 3.4.7　完成作品

②金属光造形複合加工機 LUMEX Avance-25（松浦機械製作所製）（図 3.4.8（a）、（b）参照）

LUMEX Avance-25 は、金属粉末にレーザを照射して焼結する工程と、高速切削仕上げを行う工程とを繰返しながら造形する機械である。実際には、金属粉末を 0.05 mm 厚にした後にレーザを照射し、それを 10 回繰り返した後、0.5 mm 厚になった時点で、エンドミルで造形物の輪郭を高速・精密にして切削する。造形終了後の金属粉末は回収し、再利用が可能である。対応金属、造形の流れを以下に示す。また図 3.4.8（c）、（d）には、学生実験における作品例を示す。

レーザ発信機	Yb ファイバーレーザ
レーザ出力	400W
最大工作物寸法	250（W）× 250（D）mm
主軸回転速度	45,000rpm
対応金属	鉄系、チタン系

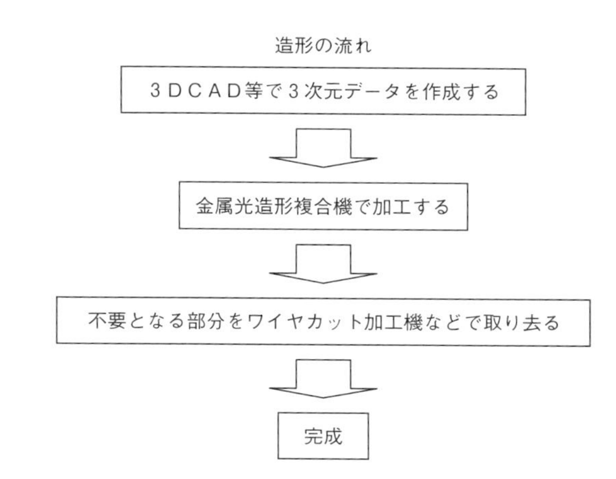

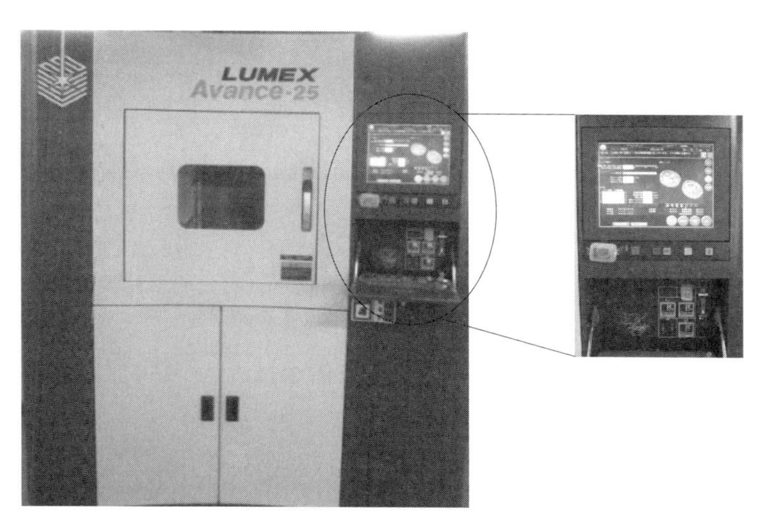

（a）前面写真　　（b）拡大写真

（c）作品例１

（d）作品例２

図 3.4.8　金属光造形複合加工機 LUMEX Avance-25（松浦機械製作所製）と作品例

③ 3D スキャナ Artec EVA（図 3.4.9 参照）

3D スキャナ Artec EVA は、光を測定対象物へ照射して、物体や人体などを計測し、3 次元データへ変換する機械である。Artec EVA は、ビデオカメラのようにハンディタイプで、高速に 3 次元データを取得することができる。また、対象物へのマーカー貼付も必要ない。3D 解像度、スキャンの流れを以下に示す。

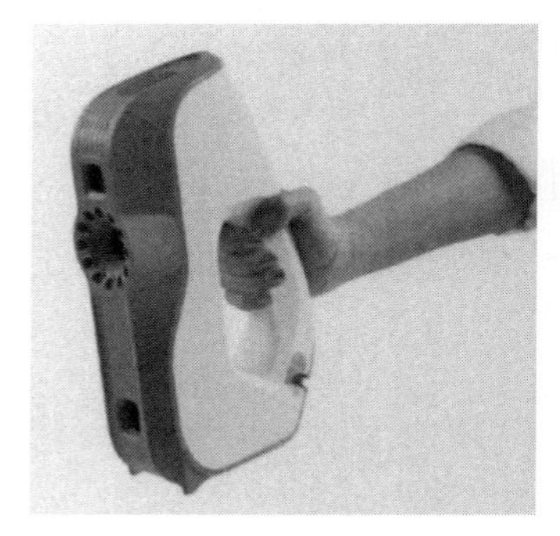

図 3.4.9　3D スキャナ Artec EVA

3D 解像度	0.5 mm
3D 精度	0.1 mm
光源	フラッシュバルブ
スキャンスピード	16 フレーム/秒

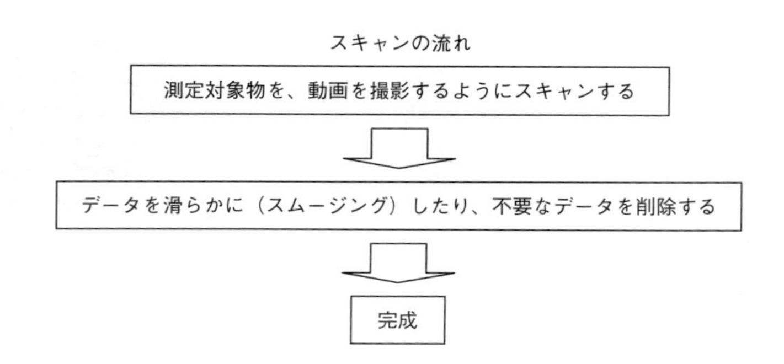

④ 3D スキャナ ATOS Core 300（図 3.4.10 参照）

3D スキャナ ATOS Core 300 は、光を測定対象物へ照射して、物体や人体などを計測し、3 次元データへ変換する機械である。ATOS Core 300 は、2 個の CCD カメラによるトリプルスキャン方式により、高精度の 3 次元データを取得することができる。測定距離・点間距離、スキャンの流れを以下に示す。

測定範囲	300（W）×230（D）×230（H）mm
測定距離	440 mm
点間距離	0.12 mm（500万画素）
スキャンスピード	2秒/ショット

スキャンの流れ

測定対象物を全方向からスキャンする

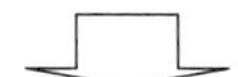

ポイントシールを対象物に貼付して、特徴、点をもとに3次元データを自動合成する

スキャンした後、データの修正（修復）や不要なデータを削除する

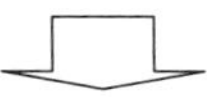

完成

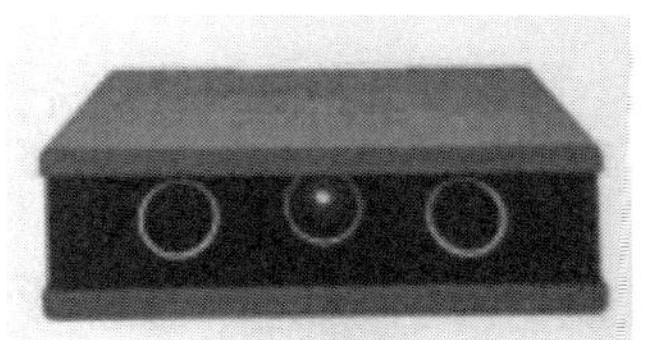

（a）本体写真

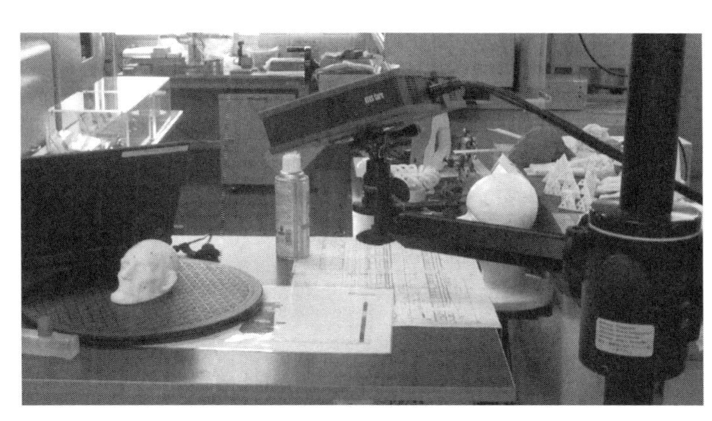

（b）撮影風景

（c）撮影対象の拡大写真

図3.4.10　3DスキャナATOS Core300

索 引

数字・アルファベット

かな

●著者紹介●

西原　一嘉（にしはら　かずよし）
大阪電気通信大学名誉教授
工学博士

1968 年 3 月　大阪大学工学部機械工学科卒業
1970 年 3 月　大阪大学大学院工学研究科機械工学専攻修士課程修了
1973 年 3 月　大阪大学大学院工学研究科機械工学専攻博士課程修了
1974 年 9 月　工学博士（大阪大学）
1975 年 4 月　大阪電気通信大学工学部精密工学科講師
1977 年 4 月　大阪電気通信大学工学部精密工学科助教授
1986 年 4 月　大阪電気通信大学工学部精密工学科教授
1996 年 4 月　大阪電気通信大学工学部知能機械工学科教授
2001 年 4 月　大阪電気通信大学工学部医療福祉工学科教授
2005 年 4 月　大阪電気通信大学工学部機械工学科教授
2012 年 4 月　大阪電気通信大学工学部機械工学科特任教授
2013 年 4 月　大阪電気通信大学名誉教授
2013 年 4 月～2015 年 3 月　大阪電気通信大学工学部機械工学科非常勤講師
2013 年 4 月～2019 年 3 月　大阪電気通信大学　客員研究員
2016 年 4 月～2018 年 9 月　京都工科自動車大学校　非常勤講師
2020 年 9 月～2024 年 2 月　大阪市立大学（現大阪公立大学）工学部機械工学科　非常勤講師

西原　小百合（にしはら　さゆり）
博士（工学）
法学修士

1970 年 3 月　関西大学法学部法律学科卒業
1972 年 3 月　関西大学大学院法学研究科（公法学）修士課程修了
1972 年 3 月　法学修士（関西大学）
2000 年 4 月～2011 年 3 月　大阪電気通信大学工学部非常勤講師
2001 年 4 月～2017 年 3 月　大阪府立大学（現大阪公立大学）総合科学部　非常勤講師
2011 年 3 月　博士（工学）（大阪電気通信大学）
2017 年 4 月～2019 年 3 月　大阪電気通信大学　客員研究員

森　幸治（もり　こうじ）
大阪電気通信大学教授
博士（工学）

1981 年 3 月　大阪大学工学部機械工学科卒業
1983 年 3 月　大阪大学大学院工学研究科機械工学専攻博士前期課程修了
1983 年 4 月　新日本製鉄（株）入社
1988 年 2 月　大阪大学工学部機械工学科助手
1996 年12月　博士（工学）（大阪大学）
1998 年 4 月　大阪電気通信大学工学部知能機械工学科助教授
2001 年 4 月　大阪電気通信大学工学部機械工学科教授

新関　雅俊（にいぜき　まさとし）
大阪電気通信大学教授
工学博士

1987 年 3 月　早稲田大学理工学部機械工学科卒業
1989 年 3 月　早稲田大学大学院理工学研究科機械工学専攻修士課程修了
1992 年 3 月　早稲田大学大学院理工学研究科機械工学専攻博士課程修了
1992 年 4 月　早稲田大学理工学部助手
1993 年 3 月　工学博士（早稲田大学）
1995 年 4 月　大阪電気通信大学工学部電子機械工学科講師
1998 年 4 月　大阪電気通信大学工学部電子機械工学科助教授
2008 年 4 月　大阪電気通信大学工学部電子機械工学科准教授
2016 年 4 月　大阪電気通信大学工学部電子機械工学科教授

鄭　聖熹（ぢょん　そんひ）
大阪電気通信大学教授
博士（情報科学）

2000 年 2 月　韓国国立全南大学工学部機械工学科卒業
2002 年 9 月　東北大学大学院情報科学研究科博士前期課程修了
2005 年 9 月　東北大学大学院情報科学研究科博士後期課程修了
2005 年 9 月　博士（情報科学）（東北大学）
2005 年10月　福島大学研究員（プロジェクト）
2008 年 7 月　産業技術総合研究所知能システム研究部門研究員
2009 年 9 月　大阪電気通信大学工学部電子機械工学科講師
2012 年 4 月　大阪電気通信大学工学部電子機械工学科准教授
2017 年 4 月　大阪電気通信大学工学部電子機械工学科教授

添田　晴生（そえだ　はるお）
大阪電気通信大学准教授
博士（工学）

1998 年 3 月　大阪大学工学部環境工学科卒業
2000 年 3 月　大阪大学大学院工学研究科環境工学専攻博士前期課程修了
2003 年 3 月　大阪大学大学院基礎工学研究科システム人間系専攻機械科学分野博士後期課程修了
2003 年 3 月　博士（工学）（大阪大学）
2003 年 4 月　大阪電気通信大学工学部第 2 部機械工学科講師
2006 年 4 月　大阪電気通信大学工学部第 1 部環境技術学科講師
2011 年 4 月　大阪電気通信大学工学部環境科学科講師
2014 年10月　大阪電気通信大学工学部環境科学科准教授
2015 年 4 月　大阪電気通信大学工学部機械工学科准教授
2018 年 4 月　大阪電気通信大学工学部建築学科准教授
2024 年 4 月　大阪電気通信大学建築・デザイン学部建築・デザイン学科　准教授

吉田　晴行（よしだ　はるゆき）
大阪電気通信大学准教授
博士（工学）

1997 年 3 月　立命館大学理工学部機械工学科卒業
1999 年 3 月　立命館大学大学院理工学研究科博士前期課程修了
2002 年 3 月　大阪大学大学院基礎工学研究科システム人間系専攻博士後期課程修了
2002 年 3 月　博士（工学）（大阪大学）
2002 年 4 月　大阪電気通信大学工学部機械工学科講師
2015 年 4 月　大阪電気通信大学工学部機械工学科准教授

改訂新版 今すぐ使える 2D CAD 3D CAD 3D プリンタ

2015 年 4 月 6 日 第 1 版第 1 刷発行
2019 年 9 月25日 改訂第 1 版第 1 刷発行
2024 年 5 月 2 日 改訂第 1 版第 2 刷発行

編著者 西原（にしはら） 一嘉（かずよし）
発行者 田中 聡

発 行 所
株式会社 電 気 書 院
ホームページ www.denkishoin.co.jp
（振替口座 00190-5-18837）
〒101-0051 東京都千代田区神田神保町 1-3 ミヤタビル 2F
電話 (03)5259-9160／FAX (03)5259-9162

印刷 亜細亜印刷株式会社
Printed in Japan／ISBN 978-4-485-30111-1

・落丁・乱丁の際は，送料弊社負担にてお取り替えいたします．
・正誤のお問合せにつきましては，書名・印刷を明記の上，編集部宛に郵送・FAX (03-5259-9162) いただくか，当社ホームページの「お問い合わせ」をご利用ください．電話での質問はお受けできません．